Tu Li Xue
土 力 学

温淑莲　李明田　**主　编**
贾雪娜　何君莲　张建国　**副主编**

人民交通出版社股份有限公司
北京

内 容 提 要

本书根据高等学校土木工程专业土力学教学大纲以及最新相关规范编写，注重理论与实践的结合，内容包括：土的物理性质及工程分类、土中水的运动规律、土中应力计算、土的压缩性与地基沉降计算、土的抗剪强度、土压力计算、土坡稳定性分析、地基承载力、土工试验与原位测试等内容。

本书可作为高等学校土木工程、地下工程、港航工程等专业的教学用书，亦可供其他相关专业师生及技术人员参考。

图书在版编目(CIP)数据

土力学/温淑莲,李明田主编. —北京:人民交通出版社股份有限公司,2021.11
ISBN 978-7-114-17544-2

Ⅰ.①土… Ⅱ.①温… ②李… Ⅲ.①土力学—高等学校—教材 Ⅳ.①TU43

中国版本图书馆 CIP 数据核字(2021)第156243号

书　　名：	土力学
著 作 者：	温淑莲　李明田
责任编辑：	崔　建
责任校对：	孙国靖　宋佳时
责任印制：	张　凯
出版发行：	人民交通出版社股份有限公司
地　　址：	(100011)北京市朝阳区安定门外外馆斜街3号
网　　址：	http://www.ccpcl.com.cn
销售电话：	(010)59757973
总 经 销：	人民交通出版社股份有限公司发行部
经　　销：	各地新华书店
印　　刷：	北京鑫正大印刷有限公司
开　　本：	787×1092　1/16
印　　张：	11.5
字　　数：	282千
版　　次：	2021年11月　第1版
印　　次：	2021年11月　第1次印刷
书　　号：	ISBN 978-7-114-17544-2
定　　价：	34.00元

(有印刷、装订质量问题的图书由本公司负责调换)

前 言

本书为普通高等教育应用型本科规划教材之一,是高等学校土木工程的一门必修课,按照土木工程专业培养高级应用型人才的要求编写,在编写过程中,采用国家及有关行业的最新规范与规程,力图吸收和反映近代土力学的国内外最新成果,同时采纳有关院校在教学过程中的经验与要求。本书适用于土木工程、地下工程、港航工程等专业,亦可供相关技术人员参考。

本书系统地介绍了土力学的基本原理与分析计算方法,其内容包括:土的物理性质及工程分类、土中水的运动规律、土中应力计算、土的压缩性与地基沉降计算、土的抗剪强度、土压力计算、土坡稳定性分析、地基承载力、土工试验与原位测试等知识内容,本书每章均有相应的例题、练习题与思考题,便于学生复习与自学。书后还给出了必要的参考文献,便于教师备课时参考,也可为希望深入学习的学生提供便利。

本书由温淑莲、李明田主编,贾雪娜、何君莲、张建国副主编,吴京波、任洁参编,其中第六、八章由温淑莲编写,第七章由李明田编写,第一、二章由何君莲编写,第三、五章由贾雪娜编写,第四章由张建国编写。第九章由吴京波编写,第十章由任洁编写。

土力学是一门理论性与实践性都很强的课程,本书充分强调理论联系实际,尽可能地给出一些既经过实践考验又符合教学要求的内容,以更好地满足土木工程专业的教学要求,希望有助于培养学生适应实践和分析实际问题的能力。

书中不当之处,恳请读者批评指正。

编 者
2021 年 3 月

目 录

第一章　绪论 ……………………………………………………………………………… 1
第二章　土的物理性质及工程分类 ……………………………………………………… 3
　第一节　土的三相组成 …………………………………………………………………… 3
　第二节　土的三相比例指标 ……………………………………………………………… 7
　第三节　黏性土的物理特性 ……………………………………………………………… 12
　第四节　无黏性土的密实度 ……………………………………………………………… 15
　第五节　土的压实性 ……………………………………………………………………… 17
　第六节　土的工程分类 …………………………………………………………………… 20
　练习题 ……………………………………………………………………………………… 23
　思考题 ……………………………………………………………………………………… 24
第三章　土中水的运动规律 ……………………………………………………………… 25
　第一节　土的毛细性 ……………………………………………………………………… 25
　第二节　土的渗透性 ……………………………………………………………………… 28
　第三节　动水力及渗透破坏 ……………………………………………………………… 36
　第四节　土在冻结过程中水分的迁移和积聚 …………………………………………… 39
　练习题 ……………………………………………………………………………………… 41
　思考题 ……………………………………………………………………………………… 42
第四章　土中应力计算 …………………………………………………………………… 43
　第一节　概述 ……………………………………………………………………………… 43
　第二节　土中自重应力计算 ……………………………………………………………… 44
　第三节　基底压力分布与计算 …………………………………………………………… 46
　第四节　竖向集中力作用下土中应力计算 ……………………………………………… 49
　第五节　竖向分布荷载作用下土中应力计算 …………………………………………… 52
　第六节　应力计算中的其他问题 ………………………………………………………… 66
　第七节　饱和土有效应力原理 …………………………………………………………… 68
　练习题 ……………………………………………………………………………………… 70
　思考题 ……………………………………………………………………………………… 71
第五章　土的压缩性与地基沉降计算 …………………………………………………… 72
　第一节　概述 ……………………………………………………………………………… 72
　第二节　土的压缩性试验及指标 ………………………………………………………… 72
　第三节　地基沉降实用计算方法 ………………………………………………………… 80
　第四节　饱和黏性土地基沉降与时间的关系 …………………………………………… 91

练习题·······101
　　　思考题·······103
第六章　土的抗剪强度·······104
　　第一节　概述·······104
　　第二节　土的强度理论与强度指标·······104
　　第三节　土的抗剪强度指标试验方法及其应用·······108
　　第四节　关于土的抗剪强度影响因素的讨论·······113
　　　练习题·······115
　　　思考题·······115
第七章　土压力计算·······116
　　第一节　概述·······116
　　第二节　静止土压力计算·······117
　　第三节　朗金土压力理论·······120
　　第四节　库仑土压力理论·······126
　　第五节　朗金理论与库仑理论的比较·······131
　　　练习题·······132
　　　思考题·······133
第八章　土坡稳定性分析·······134
　　第一节　概述·······134
　　第二节　砂性土土坡稳定分析·······134
　　第三节　黏性土土坡稳定分析·······135
　　第四节　土坡稳定分析的几个问题·······145
　　　练习题·······147
　　　思考题·······148
第九章　地基承载力·······149
　　第一节　概述·······149
　　第二节　临界荷载的确定·······152
　　第三节　极限荷载计算·······155
　　第四节　按规范方法确定地基容许承载力·······163
　　第五节　关于地基承载力的讨论·······169
　　　练习题·······171
　　　思考题·······172
第十章　土工试验与原位测试·······173
　　第一节　概述·······173
　　第二节　土的物理性质试验·······174
　　第三节　土的力学性质试验·······176
　　第四节　原位测试·······176
参考文献·······178

第一章 绪 论

一、土力学的研究对象

地球是人类赖以生存的星球,人类在地球上的工程活动已有几千年的历史。人类建造的各种土木工程构筑物或修建于地表,或埋置于地下,但都不可避免地要与地球表层的土体或岩体发生联系。土是由岩石的风化产物沉积下来的松散堆积物,是由矿物或岩石碎屑构成的集合体。风化作用使原来完整的岩石发生一系列复杂的物理、化学变化后成为土颗粒,再经过流水、风力、重力或冰川等的携带搬运,使土颗粒进一步破碎分散,同时经过磕碰与磨蚀还会改变土颗粒的外形,使其变得浑圆和分选,最后在不同的环境中沉积下来,形成既有一定结构和构造,又具有明显碎散性的堆积物——土。

由此可见,土是由固体颗粒和孔隙组成的分散体系,土颗粒之间没有或只有很弱的联结,因此土的强度低,易变形。土的主要特征是分散性、复杂性和易变性。土的性质与成因有关,由于土的成因历史不同,使土的性质也各有差异,因此土的分布及其性质复杂。由于土的分散性,其性质极易受到外界环境(温度、湿度)的变化而发生变化。

土力学就是研究土的一门学科,是为了解决工程中有关土的问题。它是利用力学的一般原理,研究土的物理、化学和土体的应力、应变、强度、渗流及长期稳定性等工程性状的一门应用科学。

二、土力学的研究内容及方法

在工程建设中,土在三个方面充当了重要的角色:①作为地基,如在土层上修建房屋、桥梁、道路堤坝等,土被用来支承建筑物传来的荷载;②作为建筑材料,填土路堤、土坝等土工构筑物用土作填料;③作为建筑介质或建筑环境,如隧道、涵洞及地下建筑等以土为周围介质,基坑边坡、路堑边坡等以土为建筑环境。可见,土与建筑物和构筑物有密切联系。

土力学就是围绕着土的这些工程用途,对土的工程性状进行研究的。例如,作为地基时,土力学研究了地基土的承载能力、沉降变形等问题;作为建筑材料,土力学研究了土的物理性质、压实特性以及强度特性等问题;作为建筑介质或建筑环境,土力学则研究了土的渗透性、土压力与土坡稳定性等问题。

土是自然地质的历史产物,以及土的分散性,使得土力学除了运用一般连续体力学的基本原理外,还应该密切结合土的实际情况进行研究。在土力学计算中提出的一些力学计算模型,必须通过土的现场勘察及室内土工试验测定土的计算参数,因此土力学是一门实践性很强的学科。

三、土力学与专业的关系

土力学既是工程力学的一个分支学科,又是土木工程学科的一部分。土是一种自然地质的历史产物,是一种特殊的变形体材料,它既服从连续介质力学的一般规律,又有其特殊的应力—应变关系和特殊的强度、变形规律。而土力学的理论与分析计算方法又是学习土木工程专业课程以及从事土木工程技术工作所必需的基础知识,是一门介于基础课与专业课之间的技术基础课。

所有的工程建设项目,包括高层建筑、高速公路、机场、铁路、桥梁、隧道及水利工程等,都与它们赖以存在的土体有着密切的关系,在很大程度上取决于土体能否提供足够的承载力,取决于工程结构是否遭受超过允许的沉降和差异变形等,所以从事土木工程的技术人员在工程实践中必然会遇到大量与土有关的工程技术问题。

在建筑工程中,土被作为建筑物的地基,上部结构的荷载通过基础传递给土层,如果基础下的地基土体失稳或变形过大,都会造成建筑物的破坏或影响其正常使用,因此需要对地基承载力加以验算,并对地基变形进行控制,这就涉及土中应力计算、土的压缩性、土的抗剪强度以及地基极限承载力等土力学基本理论。

在路基工程中,土既是修筑路堤的基本材料,又是支承路堤的地基。路堤的临界高度和边坡的取值都与土的抗剪强度指标及土体的稳定性有关;为了获得具有一定强度和良好水稳定性的路基,需要采用碾压的施工方法压实填土,而碾压的质量控制方法正是基于对土的击实特性的研究成果;挡土墙设计的侧向荷载 土压力的取用,需借助于土压力理论计算;近年来我国高速公路及铁路大量修建,对路基的沉降与控制提出了很高的要求,而解决沉降问题需要对土的压缩特性进行深入的研究。

在路面工程中,土基的冻胀与翻浆冒泥现象在我国北方地区是非常突出的问题,防治冻害的有效措施是以土力学的原理为基础的;稳定土是比较经济的基层材料,它就是根据土的物理化学性质提出的一种土质改良措施,目前深层搅拌水泥土桩在公路的软基处理中得到了广泛应用。

在桥梁工程中,基础常常是建桥成败的关键,基础工程的造价占桥梁总造价的比重很大,经济、合理的桥梁基础设计需要依靠土力学基本理论的支持;对于超静定的大跨径桥梁结构,基础的沉降、倾斜或水平位移是引起结构过大次生应力的重要因素;在软土地区高速公路建设中的"桥头跳车"是影响工程质量的技术难题,解决这一难题的技术关键在于如何处理好桥墩与高路堤之间沉降差,这涉及桩基和高路堤的沉降计算与控制、填土的碾压质量控制以及软基的加固处理等问题。

由此可见,土力学这门课程与土木工程专业课的学习和今后的土木工程技术工作有着非常密切的关系。土力学还十分注重实践经验,因此,在学习本课程时,应尽可能地与工程实践结合起来,以便能更好地解决有关土的工程问题。

第二章　土的物理性质及工程分类

土是由岩石经过物理化学风化作用后的产物，是由各种大小不同的土粒按各种比例组成的集合体，土粒之间的孔隙中包含着水和气体，因此土是一种三相体系。本章主要讨论土的物质组成以及定性、定量描述其物质组成的方法，包括土的三相组成、土的三相比例指标、黏性土的界限含水率、砂土的密实度、土的压实性和土的工程分类等。这些内容是学习土力学所必需的基本知识，也是评价土的工程性质、分析与解决土木工程技术问题的基础。

第一节　土的三相组成

土是由固体颗粒、水和气体三部分组成的，通常称之为土的三相组成（固相、液相和气相）。土的三相组成比例会随着环境条件的变化而改变，例如天气的晴雨、季节变化、温度高低、地下水的升降以及建筑物荷载的施加等。当土的三相比例不同，土的状态和工程性质也随之各异，如干燥的黏性土呈坚硬状态，饱和的、松散的粉细砂遇强烈地震可能产生液化。因此，要研究土的性质首先需从土的最基本的三相（即固相、液相和气相）本身开始研究。

一、土的固体颗粒（固相）

土的固体颗粒形成土的骨架，是土的三相组成中的主体，是决定土的工程性质的主要成分。研究土的固相主要从以下三个方面着手：

1. 土粒的矿物成分

土粒的矿物成分分为三类。

（1）原生矿物。

由岩石物理风化而成，其成分与母岩相同，如石英、长石、云母、角闪石和辉石等。

（2）次生矿物。

母岩岩屑经化学风化，改变了原来的化学成分，成为一种很细小的新的矿物，主要为黏土矿物，还有次生二氧化硅与难溶盐等。黏土矿物是对土的性质影响最大的一类矿物，主要有蒙脱石、伊利石和高岭石三种，由于其亲水性不同，当其含量不同时，土的工程性质也就不同。蒙脱石亲水性很强，所以当土中蒙脱石含量较大时，会具有较大的吸水膨胀和脱水收缩的特征；伊利石亲水性不如蒙脱石，其吸水膨胀性和脱水收缩性也较蒙脱石小；高岭石的亲水性、膨胀性、收缩性比伊利石还小，属于较稳定的黏土矿物。

（3）腐殖质。

在风化过程中，由于微生物作用，土中会产生复杂的腐殖质矿物，此外还会有动植物残体等有机物，如泥炭等。有机颗粒紧紧地吸附在无机矿物颗粒的表面，形成了颗粒间的联结，但是这种联结的稳定性较差。因此土中腐殖质含量多，使土的压缩性增大。

2. 土粒的大小与形状

天然土是由大小不同的颗粒组成的，土粒的大小称为粒径，又称粒度。但自然界中土颗粒大小相差悬殊,有大于200mm的漂石,也有小于0.005mm的黏粒,两者相差几万倍。颗粒不同的土,其工程性质也各异。天然土的粒径一般是连续变化的,为便于研究,工程上常把大小相近的土粒合并为组,称为粒组。对粒组的划分,各个国家,甚至一个国家的各个部门都有不同的规定。表2-1所示为《公路土工试验规程》(JTG 3430—2020)对粒组的划分,《土的工程分类标准》(GB/T 50145—2007)仅在黏粒和粉粒的分界粒径方面与其稍有不同,为0.005mm。

土粒粒组的划分　　　　　　　　表2-1

粒组统称	细粒组		粗粒组						巨粒组	
粒组名称	黏粒	粉粒	砂			砾(角砾)			卵石	漂石
			细	中	粗	细	中	粗	(小块石)	(块石)
粒径范围(mm)	<0.002	0.002~0.075	0.075~0.25	0.25~0.5	0.5~2	2~5	5~20	20~60	60~200	>200

每个粒组内土的工程性质相似。一般而言,粗粒土的压缩性低、强度高、渗透性大。

土颗粒的形状对土体的密度及稳定性有显著的影响。大部分粉砂粒及砂粒是浑圆的或棱角状的,而云母颗粒往往是片状的,黏土颗粒则往往是薄片状的。土粒的形状取决于矿物成分。棱角状的颗粒由于互相嵌挤咬合,形成比较稳定的结构,强度较高。磨圆度好的颗粒之间容易滑动,土体稳定比较差。

3. 土的粒径级配

天然土很少是一个粒组的土,往往由多个粒组混合而成,土的颗粒有粗有细。土中各粒组所占比例不同,其工程性质也不同。工程上常用土中各种不同粒组的相对含量(以干土质量的百分比表示)来描述土的颗粒组成情况,这种指标称为土的粒径级配或粒度成分。这是决定无黏性土的重要指标,是粗粒土的分类定名的标准。

(1)粒径级配分析方法。

常用的粒径级配分析方法有两种,对粒径大于0.075mm的土粒常用筛分法,而对粒径小于0.075mm的土粒则用沉降分析法。

筛分法是用一套不同孔径的标准筛把风干、分散的代表性土样中的各种粒组分离出来。这和建筑材料的粒径级配筛分试验是相似的。对于很细的粒组,难以用筛分分离出来,这就需要用沉降分析法。将筛分法和沉降分析法的结果综合在一起就可以确定土的粒径级配。

沉降分析法有密度计法(比重计法)和移液管法,其理论基础是土粒在水中的沉降原理,如图2-1所示。将定量的土样与水混合倾注入量筒中,悬液经过搅拌,在刚停止搅拌的瞬时,各种粒径的土粒在悬液中是均匀分布的,此时单位体积悬液内含有的土粒质量即悬液浓度在上下不同深度处是相等的。但静置一段时间后,土粒在悬液中下沉,较粗的颗粒沉降较快,图中在深度L_i处只含有不大于d_i粒径的土粒,悬液浓度降低了。如在L_i深度处考虑一小区段mn,通过mn段悬液的浓度与开始浓度之比,可求得不大于d_i的累计百分含量。

(2)粒径级配表示方法。

①表格法:是以列表形式直接表达各粒组的百分含量,见表2-2;或以累计百分含量表示,见表2-3。累计百分含量是直接由试验求得的结果,而以粒组表示的土粒分析结果则是由相邻两

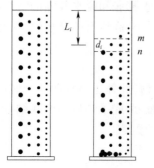

图2-1　土粒在悬液中的沉降

个粒径的累计百分含量之差求得的。

土的粒度成分表　表2-2

粒组 （mm）	粒组成分（以质量百分比计）		
	土样a	土样b	土样c
10～5	—	25.0	—
5～2	1.1	20.0	—
2～1	6.0	12.3	—
1～0.5	14.4	8.0	—
0.5～0.25	41.5	6.2	—
0.25～0.10	26.0	4.9	8.0
0.10～0.05	9.0	4.6	14.4
0.05～0.01	—	8.1	37.6
0.01～0.005	—	4.2	11.1
0.005～0.002	—	5.2	18.9
<0.002	—	1.5	10.0

粒组成分的累计百分含量　表2-3

粒径d_i （mm）	粒径小于或等于d_i的累计百分含量p_i(%)		
	土样a	土样b	土样c
10	—	100.0	—
5	100.0	75.0	—
2	98.9	55.0	—
1	92.9	42.7	—
0.50	76.5	34.7	—
0.25	35.0	28.5	100.0
0.10	9.0	23.6	92.0
0.075	—	19.0	77.6
0.010	—	10.9	40.0
0.005	—	6.7	28.9
0.001	—	1.5	10.0

②累计曲线法：是一种图示方法，通常用半对数纸绘制，横坐标（按对数坐标尺）表示粒径，纵坐标为小于某一粒径土粒的累计百分含量，如图2-2所示。

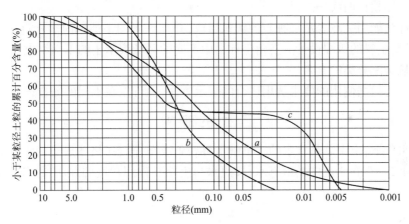

图2-2　粒组成分累计曲线

在累计曲线上，可确定两个描述土的级配指标。

不均匀系数C_u：

$$C_u = \frac{d_{60}}{d_{10}} \tag{2-1}$$

曲率系数（或称级配系数）C_c：

$$C_c = \frac{d_{30}^2}{d_{60} d_{10}} \tag{2-2}$$

式中：d_{10}、d_{30}、d_{60}——相当于累计百分含量为10%、30%和60%的粒径（mm）；d_{10}称为有效粒径、d_{60}称为限制粒径。

不均匀系数C_u反映大小不同粒组的分布情况，$C_u < 5$的土称为匀粒土，其级配不好。C_u越大，表示粒组分布范围越广，但如C_u过大，可能缺失中间粒组，即级配不连续，故需同时用曲

率系数 C_c 来评价。曲率系数 C_c 是描述曲线整体形状的指标。在工程中,当同时满足不均匀系数 $C_u \geq 5$ 和曲率系数 $C_c = 1 \sim 3$ 这两个条件时,土为级配良好的土;如不能同时满足,土为级配不良的土。

③三角坐标法:也是一种图示法,它利用等边三角形内任意一点至三个边的平行距离的总和等于三角形的边的原理,可取边长为1,如图2-3所示。三角坐标法只适用于划分三个粒组的情况。例如,当把黏性土划分为砂粒、粉粒和黏粒组时,就可以用图2-3所示的三角形坐标图来表示。从图中的 m 点分别向三条边作平行线,得到 m 点的坐标分别为黏粒含量28.9%,粉粒含量48.7%,砂粒含量22.4%,三粒组之和为100%。对照表2-1及表2-3的数据可以发现,此土样即为表中的土样c。

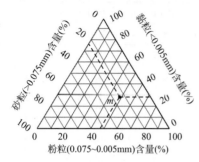

图2-3 三角坐标表示粒组成分

上述三种土粒组成的表示方法各有其特点和适用条件。

表格法用于粒组成分的分类是十分方便的,但对于大量土样之间的比较无直观概念,使用比较困难。

累计曲线法能用一条曲线表示一种土的颗粒组成,而且可以在一张图上同时表示多种土的颗粒组成,因此能直观地比较各土样之间的颗粒级配状况。目前,在土的颗粒分析试验成果整理中大多采用累计曲线法。

三角坐标法能用一点表示一种土的颗粒组成,并在一张图上能同时表示许多种土的颗粒组成,便于进行土料的级配设计。三角坐标图中不同的区域表示土的不同组成,因而还可以用来确定按颗粒级配分类的土名。

在工程上可根据使用的要求选用适合的表示方法,也可以在不同的场合选用不同的方法。

二、土的液相

在自然条件下,土中总是含水的。土中水可处于液态、固态(呈冰形态的水)或气态(呈水蒸气形态的水)。存在于土中的液态水,按照水与土相互作用程度的强弱,可分为结合水和自由水两大类。

1. 结合水

结合水是指受电分子吸引力吸附在土粒表面的土中水(图2-4)。这种电分子吸引力高达几千到几万个大气压,使水分子和土粒表面牢固地黏结在一起。它又可分为强结合水和弱结合水两种。

强结合水紧靠土粒表面,其性质接近于固体,密度约为 $1.2 \sim 2.4 \text{g/cm}^3$,冰点为 $-78℃$,不能传递静水压力,具有极大的黏滞性、弹性和抗剪强度。黏土只含强结合水时,呈固体状态,磨碎后呈粉末状态;砂土的强结合水很少,仅含强结合水时呈散粒状。

在强结合水外围的结合水膜称为弱结合水,它仍然不能传递静水压力,其性质随离开颗粒表面的距离而变化,由近固态到近自由态,不能自由流动,但水膜较厚的弱结合水会向邻近较薄的水膜缓慢移动,因而弱结合水使黏性土具有可塑性,冻结温度为 $-0.5 \sim -30℃$。

2. 自由水

自由水是离土粒较远,存在于土粒表面电场作用以外的水。水分子自由排列,能够传递静水压力,可在土的孔隙中流动,冰点为0℃,有溶解盐类的能力。

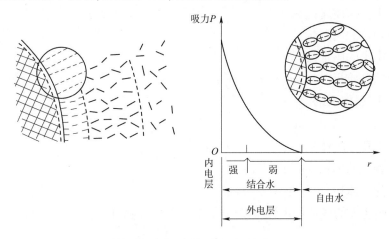

图2-4 黏土矿物和水分子的相互作用

自由水按所受作用力的不同,又可分为重力水和毛细水两种。

重力水是土体孔隙中受重力作用而运动,并能产生浮力的水。当存在水头差时,它将产生流动。重力水对土中的应力状态和开挖基槽、基坑以及修筑地下构筑物时所应采取的排水、防水措施有重要的影响。

毛细水不仅受到重力作用,还受到表面张力的支配,能沿着土中细小的孔隙从潜水面上升到一定高度。在工程中,毛细水的上升高度和速度对于建筑物地下部分的防潮措施和地基土的浸湿、冻胀等有重要影响。此外,在干旱地区,地下水中的可溶盐随毛细水上升后不断蒸发,盐分便积聚于靠近地表处而形成盐渍土。

三、土的气相

土中的气体存在于土孔隙中未被水所占据的部位。与大气相连通的气体对土的力学性质影响不大,在受到外力作用时,这种气体能很快地从孔隙中被挤出;而与大气隔绝的封闭气泡对土的工程性质影响很大,在受到外力作用时,随着压力的增大,这种气泡可被压缩或溶解于水中,压力减少时,气泡会恢复原状或重新游离出来,这样使得土体的弹性变形增加,透水性减小。这种含气体的土称为非饱和土,对其工程性质的研究已成为土力学的一个新分支。

第二节 土的三相比例指标

土的松密程度和软硬程度主要取决于组成土的三种成分在数量上所占的比例。土中三相之间相互比例不同,土的工程性质也不同。研究土的状态,首先就要分析三者的比例关系。土的三相物质在体积和质量上的比例关系称为土的三相比例指标,也称土的物理性质指标,反映了土的工程性质特征,具有重要的实用价值。

为了推导土的三相比例指标,通常把土体中实际上是分散的三相物质理想化地分别集合在一起,构成如图2-5所示的三相草图。

在图2-5中,右边注明各相的体积,左边注明各相的质量

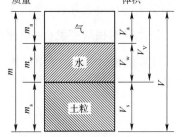

图2-5 土的三相草图

(也可用重量),图中各符号的物理意义及各部分间的数量关系如下:

m_a——土中气体质量(g);

m_s——土颗粒的质量(g);

m_w——土中水的质量(g);

m——土的总质量(g),$m = m_s + m_w$;

V_a——土中气体的体积(cm^3);

V_w——土中水的体积(cm^3);

V_V——土中孔隙的体积,$V_V = V_a + V_w$(cm^3);

V_s——土颗粒的体积(cm^3);

V——土的总体积,$V = V_s + V_V$(cm^3)。

下面分类阐述土的各项物理性质指标的名称、符号和物理意义。

一、土的三项基本物理性质指标

土的三项基本物理性质指标均由试验室直接测定,因此也称试验指标。

1. 土的密度 ρ 和土的重度 γ

土的密度是指单位体积土的质量,单位为 g/cm^3 或 kg/m^3。可由式(2-3)表示:

$$\rho = \frac{m}{V} \tag{2-3}$$

土的重度是指单位体积土所受的重量,单位为 kN/m^3。可由式(2-4)表示:

$$\gamma = \frac{G}{V} = \frac{mg}{V} = \rho g \tag{2-4}$$

土的密度通常采用环刀法来测定,环刀法适用于黏性土和粉土,就是采用一定体积的环刀取土样,并称出环刀内土的质量,求得它与环刀体积之比值即为土的密度。常见值 $\rho = 1.6 \sim 2.2 g/cm^3$,$\gamma = 16 \sim 22 kN/m^3$。

2. 含水率 ω

土的含水率是指土中水的质量与固体颗粒的质量之比,通常以百分数计,即

$$\omega = \frac{m_w}{m_s} \times 100\% \tag{2-5}$$

土的含水率一般采用烘干法测定,先称小块土样的湿土质量,然后置于烘箱内维持 105 ~ 110℃烘至恒重,湿、干土质量之差与干土质量的比值,即为土的含水率。

土的含水率是描述土的干湿程度的重要指标,其变化范围很大,从干砂的接近于 0 一直到饱和黏土的百分之几百。

3. 土粒的相对密度(土粒比重)G_s

土粒的相对密度是指单位体积土颗粒的质量与4℃纯水单位体积的质量之比,可由式(2-6)表示

$$G_s = \frac{m_s / V_s}{\rho_{\omega 4℃}} = \frac{\rho_s}{\rho_{\omega 4℃}} \tag{2-6}$$

式中:$\rho_{\omega 4℃}$——纯水在4℃时的密度,为 $1g/cm^3$;

ρ_s——土粒的密度,即土颗粒单位体积的质量(g/cm^3)。

从上式可看出,土粒相对密度在数值上等于土粒的密度,但两者含义不同,前者是两种物质密度之比,无量纲;后者是土粒一种物质的密度,有量纲。土粒相对密度可在试验室内用比重瓶法测定。但土粒相对密度主要取决于土的矿物成分,不同土类的土粒相对密度变化幅度不大。通常可按表2-4的经验数值选用。

土粒相对密度参考值　　　　　表2-4

土名	泥炭	有机质土	砂土	粉土	黏性土	
					粉质黏土	黏土
土粒相对密度	1.5～1.8	2.4～2.52	2.65～2.69	2.70～2.71	2.72～2.73	2.74～2.76

二、反映土的松密程度指标

1. 土的孔隙比 e

土的孔隙比 e 为土中孔隙体积与固体颗粒的体积之比,可由公式(2-7)表示:

$$e = \frac{V_v}{V_s} \tag{2-7}$$

孔隙比 e 是土的重要物理性质指标的之一,用小数表示,它可以用来评价天然土层的密实程度,砂土 $e < 0.6$ 时,呈密实状态,为良好地基;黏性土 $e > 1.0$ 时,为疏松高压缩土,属软弱地基。

2. 孔隙率 n

孔隙率 n 是指土中孔隙体积与总体积之比,以百分数表示,即

$$n = \frac{V_v}{V} \times 100\% \tag{2-8}$$

孔隙率与孔隙比之间存在着下述换算关系:

$$n = \frac{e}{1+e} \text{ 或 } e = \frac{n}{1-n} \tag{2-9}$$

三、反映土中含水程度的指标

1. 含水率 ω

含水率是表示土中含水程度的一个重要指标,其物理意义、表达式见前文所述。

2. 土的饱和度 S_r

土的饱和度是指孔隙中水的体积与孔隙体积之比,即水在孔隙中充满的程度,其表达式为:

$$S_r = \frac{V_w}{V_v} \times 100\% \tag{2-10}$$

$S_r = 1.0$ 为完全饱和,$S_r = 0$ 为完全干燥的土。

在工程上,按饱和度可以将砂土和粉土划分为三种状态:$0 < S_r \leq 0.5$ 为稍湿的,$0.5 < S_r \leq 0.8$ 潮湿(很湿),$0.8 < S_r \leq 1$ 饱和。

四、特定条件下土的密度(重度)

1. 土的干密度 ρ_d 和土的干重度 γ_d

土的干密度是指土颗粒的质量与土的总体积之比,即单位体积土中干土的质量,单位为 g/cm³,以式(2-11)表示:

$$\rho_d = \frac{m_s}{V} \tag{2-11}$$

土的干重度 γ_d 为单位体积土中干土所受的重力,即 $\gamma_d = \rho_d g$。

土的干密度(或干重度)越大,则土越密实,强度也就越高,水稳定性也好。所以土的干密度通常用作填方工程(如土坝、路基和人工压实地基等),土体压实质量控制的标准。

2. 土的饱和密度 ρ_{sat} 和土的饱和重度 γ_{sat}

土的饱和密度是指孔隙中全部被水充满时,单位体积土的质量,即

$$\rho_{sat} = \frac{m_s + V_s \rho_w}{V} \tag{2-12}$$

式中:ρ_w ——水的密度,为 1g/cm³。

土的饱和重度是指孔隙中全部被水充满时,单位体积土所受的重量,即 $\gamma_{sat} = \rho_{sat} g$。

3. 土的有效重度 γ'

当土浸没在水中时,土的颗粒受到水的浮力作用,单位土体积中土粒的重力扣除同体积水的重力后,即为单位土体积中土粒的有效重力,称为土的有效重度(亦称浮重度或浸水重度),单位为 kN/m³,可由式(2-13)表示:

$$\gamma' = \frac{m_s g - V_s \gamma_w}{V} = \frac{m_s g + V_V \gamma_w - (V_s \gamma_w + V_V \gamma_w)}{V} = \gamma_{sat} - \gamma_w \tag{2-13}$$

综上所述,土的物理性质指标有:土的密度 ρ(土的重度 γ)、土粒的相对密度 G_s、土的含水率 ω、土的孔隙比 e、孔隙率 n、土的饱和度 S_r、土的干密度 ρ_d(土的干重度 γ_d)和土的饱和密度 ρ_{sat}(土的饱和重度 γ_{sat})。这些指标中,ρ、G_s 和 ω 是基本指标,由试验室测定的,亦称试验指标;其余指标则可以通过三相草图换算求得,因此其余指标也叫换算指标。其换算关系见表 2-5。

土的三相比例指标换算公式　　　　　　　　　　　　表 2-5

换算指标	表 达 式	用试验指标计算的公式	用其他指标计算的公式
孔隙比 e	$e = \dfrac{V_V}{V_s}$	$e = \dfrac{G_s \rho_w (1+\omega)}{\rho} - 1$ $e = \dfrac{G_s \gamma_w (1+\omega)}{\gamma} - 1$	$e = \dfrac{G_s \rho_w}{\rho_d} - 1$ $e = \dfrac{\omega G_s}{S_r}$
孔隙率 n	$n = \dfrac{V_V}{V} \times 100\%$	$n = 1 - \dfrac{\gamma}{G_s(1+\omega)\gamma_w}$	$n = \dfrac{e}{1+e}$
饱和度 S_r	$S_r = \dfrac{V_w}{V_V} \times 100\%$	$S_r = \dfrac{\gamma G_s \omega}{G_s(1+\omega)\gamma_w - \gamma}$	$S_r = \dfrac{\omega G_s}{e}$

续上表

换算指标	表 达 式	用试验指标计算的公式	用其他指标计算的公式
干密度 ρ_d	$\rho_d = \dfrac{m_s}{V}$	$\rho_d = \dfrac{\rho}{1+\omega}$	$\rho_d = \dfrac{G_s}{1+e}\rho_w$
干重度 γ_d	$\gamma_d = \dfrac{m_s g}{V} = \rho_d g$	$\gamma_d = \dfrac{\gamma}{1+\omega}$	$\gamma_d = \dfrac{G_s}{1+e}\gamma_w$
饱和密度 ρ_{sat}	$\rho_{sat} = \dfrac{m_s + V_v \rho_w}{V}$	$\rho_{sat} = \dfrac{\rho(G_s - 1)}{G_s(1+\omega)} + \rho_w$	$\rho_{sat} = \dfrac{G_s + e}{1+e}\rho_w$
饱和重度 γ_{sat}	$\gamma_{sat} = \dfrac{m_s g + V_v \gamma_w}{V} = \rho_{sat} g$	$\gamma_{sat} = \dfrac{\gamma(G_s - 1)}{G_s(1+\omega)} + \gamma_w$	$\gamma_{sat} = \dfrac{G_s + e}{1+e}\gamma_w$
有效重度 γ'	$\gamma' = \dfrac{m_s g - V_s \gamma_w}{V}$	$\gamma' = \dfrac{\gamma(G_s - 1)}{G_s(1+\omega)}$	$\gamma' = \gamma_{sat} - \gamma_w$

用三相草图计算各物理性质指标的方法：首先绘制三相草图，然后根据三个已知指标数值和各物理性质指标的定义进行计算；把三相草图中左侧质量和右侧体积一共 8 个未知量，逐个计算出数值并填入草图，由此即可求得所需要的各指标值。

在三相草图计算中，根据情况令 $V = 1$ 或 $V_s = 1$ 等，常可使计算简化，因土的三相之间是相对的比例关系。下面给出例题进一步说明计算方法。

[例题 2-1] 已知土的试验指标，重度 $\gamma = 17.0 \text{kN/m}^3$、土粒相对密度 $G_s = 2.72$、含水率 $\omega = 10\%$，求孔隙比 e、饱和度 S_r 和干重度 γ_d。

解：可以有两种解法，第一种方法直接采用表 2-5 中的换算公式计算；第二种方法则是利用试验指标，按三相草图分别求出三相物质的重力和体积，然后按定义计算。

方法一：

$$e = \frac{G_s \gamma_w (1+\omega)}{\gamma} - 1 = \frac{2.72 \times (1 + 10.0\%) \times 9.81}{17.0} - 1 = 0.727$$

$$S_r = \frac{\omega G_s}{e} = \frac{10.0\% \times 2.72}{0.727} = 0.374 = 37.4\%$$

$$\gamma_d = \frac{\gamma}{1+\omega} = \frac{17.0}{1+10.0\%} = 15.5 \text{kN/m}^3$$

方法二：

设土粒体积

$$V_s = 1 \text{m}^3$$

则土粒的重力

$$W_s = V_s \times G_s \times \gamma_w = 1 \times 2.72 \times 9.81 = 26.68 \text{kN}$$

水的重力

$$W_w = \omega \times W_s = 10\% \times 26.68 = 2.67 \text{kN}$$

土的重力

$$W = W_s + W_w = 26.68 + 2.67 = 29.35 \text{kN}$$

已知土的重度

$$\gamma = 17.0 \text{kN/m}^3$$

则土的体积

$$V = \frac{W}{\gamma} = \frac{29.35}{17} = 1.727 \text{m}^3$$

孔隙体积

$$V_V = V - V_s = 1.727 - 1 = 0.727 \text{m}^3$$

水的体积

$$V_w = \frac{W_w}{\gamma_w} = \frac{2.67}{9.81} = 0.272 \text{m}^3$$

求得三相物质的重力和体积后，就可根据定义计算孔隙比e、饱和度S_r和干重度γ_d的数值

$$e = \frac{V_V}{V_s} = \frac{0.727}{1} = 0.727$$

$$S_r = \frac{V_w}{V_V} = \frac{0.272}{0.727} = 37.4\%$$

$$\gamma_d = \frac{W_s}{V} = \frac{26.68}{1.727} = 15.4 \text{kN/m}^3$$

从上述两种方法计算的结果来看，二者在尾数上有一个单位的误差，这是方法二计算误差积累的缘故，故在工程实用上一般都采用第一种方法计算。

[**例题 2-2**] 某基坑需用土回填满并压实，基坑的体积为2000m^3，土方来源为附近土丘开挖。经勘察，天然土的$G_s = 2.7$、$\omega = 15\%$，现要求压实填土的含水率为17%，干重度为17.6kN/m^3。问碾压时应洒多少水？压实填土孔隙比多少？

解：取1m^3的压实填土为研究对象，则：

土粒体积

$$V_s = \frac{W_s}{G_s \gamma_w} = \frac{\gamma_d V}{G_s \gamma_w} = \frac{17.6 \times 1}{2.7 \times 9.81} = 0.664 \text{m}^3$$

压实填土孔隙比

$$e = \frac{V_V}{V_s} = \frac{V - V_s}{V_s} = \frac{1 - 0.664}{0.664} = 0.506$$

因为土在压实前后土粒质量不变，则2000m^3压实填土中土粒质量

$$m_s = \gamma_d V/g = 17.6 \times 2000 \div 9.81 = 3588.18 \text{t}$$

碾压时应洒水质量

$$\Delta m_w = m_s \Delta \omega = 3588.18 \times (17\% - 15\%) = 71.76 \text{t}$$

第三节　黏性土的物理特性

一、黏性土的物理状态和界限含水率

黏性土的物理状态指标和砂土不一样，砂土颗粒粗，粒径$d = 0.075 \sim 2.0 \text{mm}$，为单粒结构，土粒与土中水的相互作用不明显，因此，砂土可用e、相对密实度D_r和N反映其密实度，以确定砂土的工程性质；黏性土的颗粒很细，黏粒粒径$d < 0.002 \text{mm}$，细土粒周围形成电场，电分子力吸引水分子定向排列，形成黏结水膜。土粒与土中水相互作用很显著，关系极密切。例如，同一种黏性土，当它的含水率小时，土呈固态或半固态，为坚硬状态；当含水率适当增加，土

粒间距离加大，土呈现可塑状态；如含水率再增加，土中出现较多的自由水时，黏性土变成流动状态，如图 2-6 所示。

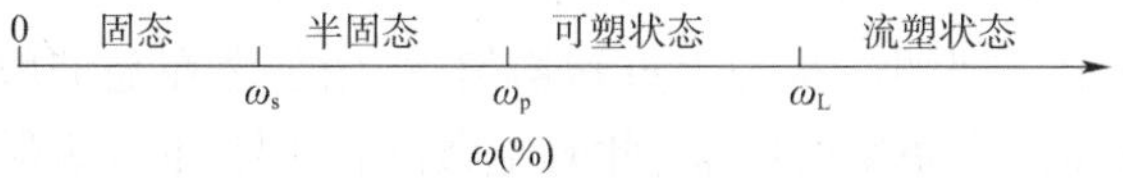

图 2-6　黏性土的稠度

黏性土随着含水率不断增加，土的状态变化为固态—半固态—可塑状态—流塑状态，相应的承载力也逐渐降低。由此可见，黏性土最主要的物理特征是土的软硬程度或土对外力引起变形或破坏的抵抗能力，即稠度。

黏性土的稠度，反映土粒之间的连接强度随着含水率高低而变化的性质。土从一种状态变化到另一种状态的含水率，称为界限含水率。各界限中，塑性上限（简称为液限 ω_L）和塑性下限（简称为塑限 ω_P）的实际意义最大，它们是区别三大稠度状态的具体界限。

1. 液限 ω_L

黏性土呈液态与塑态之间的界限含水率称为液限。

测定黏性土的液限 ω_L 的试验方法主要有锥式液限仪法和碟式液限仪法，也可采用液塑限联合测定法测定。

在欧美等国家，大多采用碟式液限仪法测定液限，仪器构造如图 2-7 所示。试验时，将制备好的试样铺于铜碟前半部，用调土刀将试样刮成水平，试样厚度为 10mm。用特制开槽器由上至下，将试样划开，形成 V 形槽，以每秒两转的速度转动摇柄，使铜碟反复起落，撞击底座。试样受振向中间流动。当击数为 25 次，铜碟中 V 形槽两边试样合拢长度为 13mm 时，此时试样的含水率即为 ω_L。

我国采用锥仪液限仪测定土的液限，如图 2-8 所示。先将土样调制成土糊状，装入金属杯中，刮平表面，放在底座上，置于水平桌面。用质量为 76g 的圆锥式液限仪来测试：手持液限仪顶部的小柄，将角度为 30° 圆锥体的锥尖，置于土样表面的中心，松手，让液限仪在自重作用下沉入土中。此圆锥体距锥尖 10mm 处有一刻度。若液限仪沉入土中深度为 10mm，即锥体的水平刻度恰好与土样表面齐平，则此土样的含水率即为液限 ω_L。如液限仪沉入土中以后锥体的刻度高于或低于土面，则表明土样的含水率低于或高于液限。此时，需从金属杯中取出土样，加少量水或反复搅拌使土样中水分蒸发降低后，再测试，直到达到锥尖下沉 10mm 标准为止。

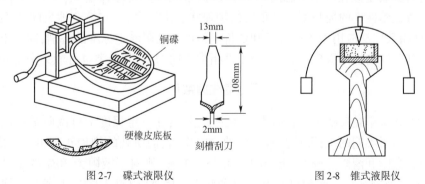

图 2-7　碟式液限仪　　　　图 2-8　锥式液限仪

同一种土样，两种仪器测试的结果不同，大量经验证明，如果将 76g 圆锥体入土深度改为 17mm，或 100g 的圆锥体入土深度为 20mm 时，则结果与碟式仪相当。

2. 塑限ω_P

黏性土呈塑态与半固态之间的分界含水率称为塑限ω_P。

塑限可用搓条法测定。把塑性状态土重塑均匀后，用手掌在毛玻璃板上把土团搓成土条，当搓到土条直径为3mm时，土条恰好断裂，此时土条的含水率即为塑限。若土条搓成3mm时仍未产生裂缝及断裂，表示这时试样的含水率高于塑限，则将其重新捏成一团，重新搓滚；如土条直径大于3mm时即行断裂，表示试样含水率小于塑限，应弃去，重新取土加适量水调匀后再搓，直至合格。

实践证明，利用液塑限联合测定仪测定液、塑限，可以取代搓条法。《公路土工试验规程》（JTG 3430—2020）对液塑限的联合测定方法如下：

联合测定法是采用锥式液限仪以电磁放锥，利用光电方式测定锥入土中的深度，以不同的含水率土样进行若干次试验，并将测定结果在双对数坐标纸上作出圆锥体的入土深度与含水率的关系曲线，它接近于一条直线，如图2-9所示。

3. 缩限ω_s

黏性土呈固态与半固态之间的分界含水率称为缩限ω_s。这是因为土样含水率减小至缩限后，土体体积不再发生收缩。缩限对工程影响不大，但液限ω_L、塑限ω_P对黏性土的工程性质影响极大，应再进一步研究。

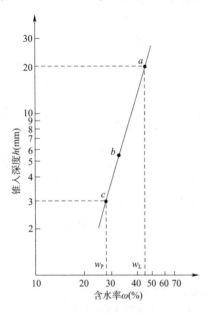

图2-9 锥入深度h与含水率ω的关系

二、塑性指数I_P

塑性指数是指液限与塑限的差值，记为I_P，常去掉百分号表示：

$$I_P = (\omega_L - \omega_P) \times 100 \qquad (2\text{-}14)$$

由上式可见，塑性指数表示土处于可塑状态的含水率变化范围，以此反映黏性土的塑性大小。塑性指数的大小与土粒粗细、矿物成分、孔隙水中离子成分和浓度有关，土粒愈细，则其比表面积愈大，I_P也随之增大；土的黏粒或亲水矿物（如蒙脱石）含量愈高，土处在可塑状态的含水率变化范围就愈大，即I_P愈大。

塑性指数是黏性土的最基本和最重要的物理状态指标之一，它综合地反映了土的物质组成，因此塑性指数广泛应用于土的分类和评价。但由于液限测定标准的差别，同一土类按不同标准可能得到不同的塑性指数，因此即使塑性指数相同的土，其土类也可能完全不同。

三、液性指数I_L

土的天然含水率是反映土中含有水量多少的指标，在一定程度上可说明黏性土的软硬与干湿状况。但对于不同的土，即使具有相同的含水率，它们所处的物理状态也不一定相同，还要考虑各自的塑限和液限。例如，土样的含水率为32%，则对于液限为30%的土是处于流动状态，而对液限为35%的土来说则是处于可塑状态。因此，仅靠天然含水率并不能判明土处于什么物理状态，还需要一个能够表示天然含水率与界限含水率关系的指标，即液性指数I_L，来描述黏性土的状态。

$$I_L = \frac{\omega - \omega_P}{\omega_L - \omega_P} \tag{2-15}$$

由上式可见，$I_L < 0$ 时，$\omega < \omega_P$，天然土处于坚硬状态；$I_L > 1$ 时，$\omega > \omega_L$，天然土处于流动状态；$0 < I_L < 1$ 时，$\omega_P < \omega < \omega_L$ 时，则天然土处于可塑状态。因此，可以利用液性指数 I_L 来描述黏性土的状态，图 2-10 为《岩土工程勘察规范》(GB 50021—2001)、《建筑地基基础设计规范》(GB 50007—2011) 和《公路桥涵地基与基础设计规范》(JTG 3363—2019) 根据液性指数对黏性土状态的划分。

图 2-10 所示为黏性土状态的划分，采用 76g 锥沉入深度 10mm 的液限计算的液性指数来评价。

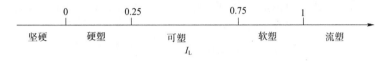

图 2-10 黏性土状态的划分

[**例题 2-3**] 已知黏性土的液限为 41%，塑限为 22%，土粒相对密度为 2.75，饱和度为 98%，孔隙比为 1.55，试计算塑性指数、液性指数，并确定黏性土的状态。

解：根据液限和塑限可以求得塑性指数，为：

$$I_P = (\omega_L - \omega_P) \times 100 = (41\% - 22\%) \times 100 = 19$$

土的含水率及液性指数可由下式求得：

$$\omega = \frac{e S_r}{G_s} = \frac{1.55 \times 98\%}{2.75} = 55.2\%$$

$$I_L = \frac{\omega - \omega_P}{\omega_L - \omega_P} = \frac{0.552 - 0.22}{0.41 - 0.22} = 1.74 > 1$$

由于 $I_L > 1$，故黏性土的状态应为流塑状态。

第四节　无黏性土的密实度

无黏性土一般是指碎石土和砂土，均为单粒结构，它们最主要的物理状态指标是密实度。若土颗粒排列越紧密，其结构就越稳定，强度越大，压缩变形越小，工程性质越好。因此，无黏性土的密实度是判定其工程性质的重要指标，它综合地反映了无黏性土颗粒的矿物组成、颗粒级配、颗粒形状和排列等对其工程性质的影响。在进行岩土工程勘察与评价时，必须对无黏性土的密实程度作出判断。

判断无黏性土密实度的方法主要有：根据孔隙比 e 判断、根据相对密实度 D_r 判断和根据标准贯入试验的锤击数 N 进行评价。

一、根据孔隙比 e 判断

采用天然孔隙比判别砂土的密实度，应用方便。同一种土，密砂的孔隙比 e_1 必然大于松砂的孔隙比 e_2。但砂土的密实程度并不仅仅取决于孔隙比，在很大程度上还取决于土的颗粒级配情况。颗粒级配不同的砂土，即使具有相同的孔隙比，但由于颗粒大小不同，颗粒排列不同，所处的密实状态也会不同。例如，两种级配不同的砂，一种颗粒均匀的密砂，其孔隙比为 e'_1；另一种级配良好的松砂，孔隙比为 e'_2，结果 $e'_1 > e'_2$，即密砂的孔隙比大于松砂的孔隙比。

为了克服上述用一个指标 e 对级配不同的砂土难以准确判别的缺陷,故在工程中引入相对密实度 D_r 的概念。

二、根据相对密实度 D_r 判断

用天然孔隙比 e 与同一种砂的最松状态孔隙比 e_{max} 和最密实状态孔隙比 e_{min} 进行对比,看 e 靠近 e_{max} 还是靠近 e_{min},以此来判别它的密实度。这个指标就是相对密实度 D_r,即

$$D_r = \frac{e_{max} - e}{e_{max} - e_{min}} \tag{2-16}$$

显然,当 $D_r = 0$,即 $e = e_{max}$,表示砂土处于最疏松状态;当 $D_r = 1$ 时,即 $e = e_{min}$ 时,表示砂土处于最紧密状态。因此,根据 D_r 值可把砂土的密实度状态划分为以下几种:

$0.67 < D_r \leq 1$ 密实
$0.33 < D_r \leq 0.67$ 中密
$0.20 < D_r \leq 0.33$ 稍松
$0 \leq D_r \leq 0.20$ 极松

应指出,要在试验室测得各种土理论上的 e_{max} 和 e_{min} 是十分困难的。在静水中缓慢沉积形成的土,其孔隙比有时可能比试验室测得的 e_{max} 还大;同样,在漫长地质年代中堆积形成的土,其孔隙比有时可能比试验室测得的 e_{min} 还小。此外,在地下深处,特别是地下水位以下的粗粒土的天然孔隙比 e 很难准确测定。因此,相对密实度 D_r 这一指标,虽然从理论上讲,能更合理地用以确定土的密实状态,但由于上述原因,通常用于填方土的质量控制中,对于天然土尚难以应用。我国《建筑地基基础设计规范》(GB 50007—2011)采用标准贯入试验的锤击数 N 来评价砂类土的原位密实度。

三、根据标准贯入试验的锤击数 N 来判别

标准贯入试验是在现场进行的一种原位测试,是指用标准的锤(质量 63.5kg 的穿心锤),以一定的落距(76cm)自由下落,把一标准贯入器打入土中 30cm 的锤击数 N。标准贯入试验的锤击数 N 反映了天然土层的密实程度。表 2-6 是《建筑地基基础设计规范》(GB 50007—2011)、《公路桥涵地基与基础设计规范》(JTG 3363—2019)和《岩土工程勘察规范》(GB 50021—2001)按标准贯入锤击数 N 划分砂土密实度的情况。

砂土密实度按标准贯入锤击数 N 划分　　　　　　表 2-6

标准贯入锤击数 N	密 实 度	标准贯入锤击数 N	密 实 度
$N \leq 10$	松散	$15 < N \leq 30$	中密
$10 < N \leq 15$	稍密	$N > 30$	密实

碎石土的密实度可根据重型动力触探锤击数 $N_{63.5}$ 按表 2-7 进行划分。

碎石土密实度按重型动触探锤击数 $N_{63.5}$ 划分　　　　　　表 2-7

重型动力触探锤击数 $N_{63.5}$	密 实 度	重型动力触探锤击数 $N_{63.5}$	密 实 度
$N \leq 5$	松散	$10 < N \leq 20$	中密
$5 < N \leq 10$	稍密	$N > 20$	密实

注:1. 本表适用于平均粒径小于或等于 50mm 且最大粒径不超过 100mm 的卵石、碎石、圆砾、角砾。

2. 表内 $N_{63.5}$ 为经修正后锤击数的平均值。

第五节 土的压实性

一、土体压实性的工程意义

在工程建设中经常会遇到需要将土按一定要求进行堆填和密实的情况,如路堤、土坝、桥台、挡土墙、管道埋设、基础垫层以及基坑回填等。填土不同于天然土层,因为经过挖掘、搬运之后,原状结构已被破坏,含水率亦已发生变化,堆填时必然在土团之间留下许多孔隙。未经压实的填土强度低、压缩性大而且不均匀,遇到水易发生塌陷、崩解等。为使其满足稳定性和变形方面的工程要求,必须要按一定标准加以压实。特别是像道路路堤这样的构筑物,在车辆频繁运行引起的反复荷载作用下,可能出现不均匀或过大的沉陷、塌落甚至失稳滑动,从而恶化运营条件以及增加维修工作量,所以路堤填土必须具有足够的密实度,以确保行车平顺和安全。

土的压实是指采用人工或机械的手段对土体施加机械能量,使土颗粒重新排列变密实,使土在短时间内得到新的结构强度,包括增强粗粒土之间的摩擦和咬合,以及增加细粒土之间的分子引力。

土的压实也常用在地基处理方面,如用重锤夯实处理松软土地基,使之提高承载力。早先的重锤夯实多用于地基表层松软或地基设计荷载较小情况,目前对于松软土层较厚或设计荷载较大的情况,也可以用高功能的夯压法即所谓强夯法进行处理。

实践表明,由于土的基本性质复杂多变,同一压实功能对于不同种类、不同状态的土的压实效果可以完全不同。因此,为了技术上可靠和经济上合理,需要了解土的压实特性与变化规律,以利工程实践。

二、土的击实试验与土的压实特性

1. 土的击实试验

击实试验就是模拟施工现场压实条件,采用锤击方法使土体密度增大、强度提高、沉降变小的一种试验方法,是研究土的压实性能的室内试验方法。土在一定的击实效应下,如果含水率不同,则所得的密度也不相同,击实试验的目的就是测定试样在一定击实次数下或某种压实功能下的含水率与干密度之间的关系,从而确定土的最大干密度和最优含水率,为施工控制填土密度提供设计依据。

击实试验是室内研究土压实性的基本方法,分轻型击实试验和重型击实试验两种方法。击实试验所用的主要设备是击实仪,其规格见表2-8,应根据工程要求和试样最大粒径选用击实试验方法。击实仪的基本部分都是击实筒和击实锤,前者是用来盛装制备土样,后者对土样施以夯实功能。

击实试验方法种类　　　　　　表2-8

试验方法	类别	锤底直径 (cm)	锤底质量 (kg)	落高 (cm)	试筒尺寸 内径 (cm)	试筒尺寸 高 (cm)	试样尺寸 高度 (cm)	试样尺寸 体积 (cm³)	层数	每层击数	最大粒径 (mm)
轻型	I-1	5	2.5	30	10	12.7	12.7	997	3	27	20
轻型	I-2	5	2.5	30	15.2	17	12	2177	3	59	40

续上表

试验方法	类别	锤底直径（cm）	锤底质量（kg）	落高（cm）	试筒尺寸 内径（cm）	试筒尺寸 高（cm）	试样尺寸 高度（cm）	试样尺寸 体积（cm³）	层数	每层击数	最大粒径（mm）
重型	Ⅱ-1	5	4.5	45	10	12.7	12.7	997	5	27	20
	Ⅱ-2	5	4.5	45	15.2	17	12	2177	3	98	40

击实试验时，将含水率 ω 一定的土样分层装入击实筒内，每铺一层后均用击实锤按规定的落距锤击一定的次数，试验达到规定击数后，测定被击实土样的湿密度 ρ 和含水率 ω，由式(2-17)算出击实土样的干密度 ρ_d。

$$\rho_d = \frac{\rho}{1+\omega} \tag{2-17}$$

对一组不同含水率的土样重复上述试验，并将结果以含水率 ω 为横坐标、干密度 ρ_d 为纵坐标，绘制一条曲线，如图 2-11 所示，该曲线即为击实曲线。

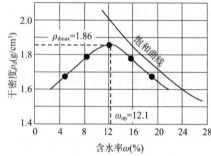

图 2-11　击实曲线

2. 土的压实特性

黏性土的压实曲线特点如下：

(1) 曲线具有峰值。峰值点所对应的纵坐标值为最大干密度 ρ_{dmax}，相应的横坐标值为最佳含水率 ω_{op}（或最优含水率）。峰值点表明，在一定的击实功作用下，只有当压实土粒为最佳含水率时，土才能被击实至最大干密度，从而达到最大压实效果。黏性土的最优含水率一般接近其塑限，工程中常按 $\omega_{op} = \omega_p \pm 2$ 选择和调整填料的含水率。表 2-9 给出了塑性指数小于 22 的土的最优含水率和最大干密度的经验数值。

最优含水率和最大干密度的经验数值　　表 2-9

塑性指数 I_p	最大干密度 ρ_{dmax}（g/cm³）	最优含水率 ω_{op}（%）
<10	>18.5	<13
10~14	17.5~18.5	13~15
14~17	17.0~17.5	15~17
17~20	16.5~17.0	17~19
20~22	16.0~16.5	19~21

(2) 曲线左段比右段的坡度陡。这表明含水率变化对于干密度影响在偏干（指含水率低于最佳含水率）时，比偏湿（指含水率高于最佳含水率）时更为明显。

(3) 击实曲线位于饱和曲线下方，而不可能到达饱和曲线。这一点可以这样理解：当土的含水率接近或大于最佳值时，土孔隙中的气体将处于与大气不连通的状态，击实作用已不能将其排出土外。因此，整个击实曲线始终在饱和曲线的左下侧。

三、影响土压实效果的因素

影响土压实性的因素主要有土的性质、击实功能和含水率等。

1. 土类及级配的影响

在同一击实功能条件下，不同土类的击实特性是不一样的。图 2-12 是 5 种不同土料的击实试验结果,其中图 2-12a)是 5 种不同土料的粒径曲线,图 2-12b)是 5 种土料在同一标准击实试验中所得到的 5 条击实曲线。从图可见,含粗粒越多的土样最大干密度越大,而最佳含水率越小,即随着粗颗粒增多,曲线形态不变,而峰值点向左上方移动。另外,土的颗粒级配对压实效果也影响颇大,颗粒级配良好的土容易被压实,颗粒级配均匀则最大干密度偏小。

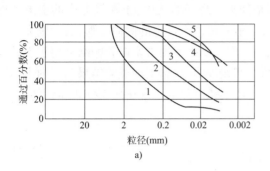
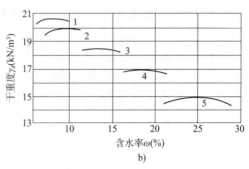

图 2-12 不同土料击实曲线的比较

2. 击实功能的影响

图 2-13 表示同一种土样在不同击实功能作用下所得到的击实曲线。由图可见,随着击实功能的增大,击实曲线形态不变,但位置发生了向左上方的移动,即最大干密度 ρ_{dmax} 增大,而最优含水率 ω_{op} 却减小,且击实曲线均靠近于饱和曲线(一般土达到 ω_{op} 时饱和度约为 80%~85%)。

图中曲线形态还表明,当土为偏干时,增加击实功能对提高干密度的影响较大,偏湿时则收效不大,故对偏湿的土,企图用增大击实功能的办法提高它的密度是不经济的。

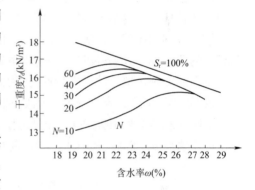

图 2-13 不同击实功能的击实曲线

3. 含水率的影响

含水率的大小对土的击实效果影响极大。在同一击实功能作用下,当土样小于最优含水率时,随含水率增大,击实土干密度增大;而当土样大于最优含水率时,随含水率增大,击实土干密度减小。

究其原因为:当土很干时,土中水处于强结合水状态,土样之间摩擦力、黏结力都很大,土粒的相对移动有困难,因而不易被击实。当含水率增加时,水的薄膜变厚,摩擦力和黏结力减小,土粒之间彼此容易移动,故随着含水率增大,土的击实干密度增大,至最优含水率时,干密度达最大值。当含水率超过最优含水率后,孔隙中出现了自由水,气体呈封闭气泡,击实时难以使土中多余的水和气体排出,从而孔隙压力升高更为显著,抵消了部分击实功,击实功效反而下降。这便出现了图 2-11 中击实段曲线右段所示的干密度下降的趋势。在排水不畅的情况下,经过多次的反复击实,甚至会导致土体密度不加大,而土体结构被破坏的结果,出现工程上所谓的"橡皮土"现象,应注意加以避免。

因此,若需把土压实到工程要求的干密度,必须合理控制压实时的含水率,选用适合的压实功能,才能获得预期的效果。

四、压实特性在现场填土中的应用

以上土的击实特性均是从室内击实试验中得到的。但工程上的填土压实,如路堤施工填筑的情况与室内击实试验在条件上是有差别的,现场填筑时的碾压机械和击实试验自由落锤的工作情况不一样,前者大都是碾压,而后者则是冲击。现场填筑中,土在填方中的变形条件与击实试验时土在刚性击实筒中的条件也不一样,前者可产生一定的侧向变形,后者则完全受侧限。目前还未能从理论上找出二者的普遍规律。但为了把室内击实试验的结果用于设计和施工,必须研究室内击实试验和现场碾压的关系。实践表明,尽管工地试验结果与室内击实试验结果有一定差异,但用室内击实试验来模拟工地压实是可靠的。现场压实施工质量的控制,可采用压实度 K 来表示:

$$K = \frac{\rho_d}{\rho_d'} \tag{2-18}$$

式中:ρ_d——现场碾压时的干密度(g/cm^3);

ρ_d'——室内试验得到的最大干密度(g/cm^3)。

K 值越大,表示压实质量越高。从现场压实和室内击实试验对比可见,击实试验既是研究土的压实特性的室内基本方法,又可为实际填方工程提供两个用途。

① 用来判别在某一击实功作用下,土的击实性能是否良好、土可能达到的最佳密实度范围与相应的含水率,为填方设计合理选用填筑含水率和填筑密度提供依据。

② 在研究现场填土的力学特性时,为制备试样提供合理的密度和含水率参考值。

现场压实度的测定通常采用环刀法(适合黏性土)和灌砂法(适合砂土、碎石土等粗颗粒土)。首先用环刀法或灌砂法测得现场土的密度 ρ,并到试验室内测定土样的含水率 ω,按式(2-17)计算土的干密度 ρ_d。然后,利用式(2-18)判断土的压实程度是否达到设计或规范的要求。

第六节 土的工程分类

土的工程分类是地基基础勘察与岩土工程设计的前提,一个正确的设计必须建立在对土的正确评价的基础上,而土的工程分类正是岩土工程勘测评价的基本内容。因此,土的工程分类一直是岩土工程界普遍关心的问题之一。

土的分类系统就是根据土的工程性质差异将土划分为一定的类别,其目的在于通过一种通用的鉴别标准,将自然界错综复杂的情况予以系统地归纳,以便不同土类间做有价值的比较、评价、积累以及学术与经验的交流。

目前,国内各部门也都根据各自的工程特点和实践经验,制定有各自的分类方法,但一般遵循下列基本原则。

一是简明的原则:土的分类体系采用的指标,既要能综合反映土的主要工程性质,又要其测定方法简单,且使用方便。二是工程特性差异的原则:土的分类体系采用的指标要在一定程度上反映不同类工程用土的不同特性。例如,当采用重塑土的测试指标,划分土的工程性质差异时,对于粗粒土,其工程性质取决于土粒的个体颗粒特征,所以常用粒径成分或颗粒级配进行土的分类;对于细粒土,其工程性质则采用反映土粒与水相互作用的可塑性指标。又如,当考虑土的结构性对土工程性质差异的影响时,根据土粒的集合体特征,采用以成因、地质年代为基础的分类方法,因为土作为整体的存在,是自然历史的产物,土的工程性质随其成因与形

成年代不同,而有显著差异。土的总分类体系一般如图 2-14 所示。

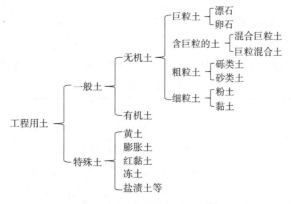

图 2-14　土的总分类体系

本节主要介绍《公路桥涵地基与基础设计规范》(JTG 3363—2019)和《公路土工试验规程》(JTG 3430—2020)对土的分类方法。

一、《公路桥涵地基与基础设计规范》(JTG 3363—2019)分类

该规范将地基土分为岩石、碎石土、砂土、粉土、黏性土和特殊性岩土。

1. 岩石

岩石是指颗粒间牢固联结呈整体或具有节理裂隙的岩体。桥涵岩石地基可按岩石坚硬程度、风化程度、完整程度进行分级,按坚硬程度可分为坚硬岩、较硬岩、较软岩、软岩和极软岩 5 个等级;按风化程度可分为未风化、微风化、中风化、强风化和全风化 5 个等级;按完整程度可分为完整、较完整、较破碎、破碎和极破碎 5 个等级。

2. 碎石土

碎石土是指粒径大于 2mm 的颗粒质量超过总质量的 50% 的土。

碎石土根据颗粒级配和颗粒形状可进一步划分为漂石、块石、卵石、碎石、圆砾和角砾,具体分类见表 2-10。

碎石土的分类　　　　　　　　　　　表 2-10

土的名称	为主的颗粒形状	粒 组 含 量
漂石	圆形及亚圆形	粒径大于 200mm 的颗粒含量超过总质量的 50%
块石	棱角形	
卵石	圆形及亚圆形	粒径大于 20mm 的颗粒含量超过总质量的 50%
碎石	棱角形	
圆砾	圆形及亚圆形	粒径大于 2mm 的颗粒含量超过总质量的 50%
角砾	棱角形	

注:定名时应根据颗粒级配由大到小以最先符合者确定。

碎石土的工程性质与其密实度相关。密实和中密碎石土为优良地基,松散碎石土经密实处理后,可成为良好地基。

3. 砂土

砂土是指粒径大于 2mm 的颗粒质量不超过总质量的 50%，且粒径大于 0.075mm 的颗粒质量超过总质量的 50% 的土。

砂土按颗粒级配可进一步划分为砾砂、粗砂、中砂、细砂和粉砂，见表 2-11。

砂 土 的 分 类　　　　　　　表 2-11

土的名称	粒 组 含 量
砾砂	粒径 $d>2$mm 的颗粒占总质量 25%~50%
粗砂	粒径 $d>0.5$mm 的颗粒超过总质量 50%
中砂	粒径 $d>0.25$mm 的颗粒超过总质量 50%
细砂	粒径 $d>0.075$mm 的颗粒超过总质量 85%
粉砂	粒径 $d>0.075$mm 的颗粒超过总质量 50%

注：定名时应根据颗粒级配由大到小以最先符合者确定。

4. 粉土

塑性指数 I_p 小于或等于 10 且粒径大于 0.075mm 的颗粒含量不超过全重 50% 的土称为粉土。粉土的性质介于砂土与黏性土之间的过渡性土类，它既不具有砂土透水性大、容易排水固结、抗剪强度较高的优点，又不具有黏性土防水性能好、不易被水冲蚀流失、具有较大黏聚力的优点。在许多工程问题上表现出较差的性质，如受振动容易液化、冻胀性大等，因此在国家标准中将其单列一类，以利于进一步研究。

5. 黏性土

塑性指数 I_p 大于 10 的土称为黏性土。按塑性指数 I_p 的指标值黏性土又可分为粉质黏土（$10 < I_p \leq 17$）和黏土（$I_p > 17$）。

黏性土的工程性质与其含水率的大小密切相关。硬塑状态的黏性土为优良地基；流塑状态的黏性土为软弱地基。

6. 特殊土

具有一些特殊成分、结构和性质的区域性地基土应定为特殊性土，如软土、膨胀土、湿陷性土、红黏土、冻土、盐渍土和填土等。

二、《公路土工试验规程》(JTG 3430—2020) 的分类

《公路土工试验规程》(JTG 3430—2020) 将一般土分为巨粒土、粗粒土和细粒土，其分类体系参照《土的工程分类标准》(GB/T 50145—2007)，见表 2-12。

《土的工程分类标准》和《公路土工试验规程》关于土分类的规定　　　表 2-12

土类	划 分 标 准		亚 类	
			《土的工程分类标准》(GB/T 50145—2007)	《公路土工试验规程》(JTG 3430—2020)
巨粒土	巨粒含量超过 15%	巨粒含量 75%~100%	漂（卵）石	漂（卵）石
		巨粒含量 50%~75%	混合土漂（卵）石	漂（卵）石夹土
		巨粒含量 15%~50%	漂（卵）石混合土	漂（卵）石质土

续上表

土类	划分标准		亚类	
			《土的工程分类标准》(GB/T 50145—2007)	《公路土工试验规程》(JTG 3430—2020)
粗粒土	巨粒含量少于或等于15%,且巨粒含量与粗粒含量之和超过50%	砾粒含量大于砂粒含量	砾类土	砾类土
		砾粒含量少于或等于砂粒含量	砂类土	砂类土
细粒土	细粒含量多于或等于50%	位于塑性图A线或A线以上和$I_P \geq 7$	黏土	黏土
		位于塑性图A线以下或$I_P < 4$	粉土	粉土
		位于塑性图A线以上$4 \leq I_P < 7$	黏土或粉土	黏土或粉土

巨粒土和粗粒土的分类依据是颗粒级配和颗粒形状,而细粒土的分类应根据塑性图分类。塑性图以塑性指数为纵坐标,液限为横坐标,如图 2-15 所示。图中有两条经验界限,斜线称为 A 线,作用是区分有机土和无机土、黏土和粉土,A 线上侧为无机黏土,下侧是无机粉土或有机土;竖线称为 B 线,用以区分高塑性土和低塑性土。根据图 2-15 塑性图中的位置具体确定土的名称如下。

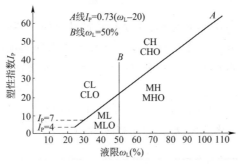

图 2-15 塑性图

(1)当细粒土位于塑性图 A 线或 A 线以上时,按下列规定定名:在 B 线或 B 线以右,称高液限黏土,记为 CH;在 B 线以左,$I_P = 7$ 线以上,称低液限黏土,记为 CL。

(2)当细粒土位于 A 线以下时,按下列规定定名:在 B 线或 B 线以右,称高液限粉土,记为 MH;在 B 线以左,$I_P = 4$ 线以下,称低液限粉土,记为 ML。

(3)黏土～粉土过渡区(CL～ML)的土可以按相邻土层的类别考虑定名。

练 习 题

[2-1] 试证明以下三相比例指标的换算关系:

(1) $\gamma_d = \dfrac{G_s}{1+e} \gamma_w$。

(2) $S_r = \dfrac{\omega G_s (1-n)}{n}$。

[2-2] 某土样采用环刀取样试验,环刀体积为 60cm³,环刀加湿土的质量为 156.6g,环刀质量 45.0g,烘干后土样质量为 82.3g,土粒相对密度为 2.73。试计算该土样的含水率、干密度、饱和度以及天然重度、干重度、饱和重度和有效重度。

[2-3] 某工地在填土施工中所用土料的含水率为5%,为便于夯实,需在土料中加水,使其含水率增至10%,试问每1000kg的土料应加多少水?

[2-4] 某砂土土样的天然密度1.75g/cm³,含水率10.5%,土粒相对密度为2.68,试验测得最小孔隙比为0.460,最大孔隙比为0.941,试求该砂土的相对密度D_r,并评定该土的密实度。

[2-5] 某黏土天然密度含水率为45%,液限为40%,塑限指数为22,求该土的塑限和液性指数,并判断土所处的状态。

[2-6] 有一无黏性土试样,经筛分后各粒组含量见题表2-1,试确定该土的名称。

各粒组含量　　　　　　　　　　　　　　　　题表2-1

粒组(mm)	<0.1	0.1~0.25	0.25~0.5	0.5~1.0	>1.0
含量(%)	6.0	34.0	45.0	12.0	3.0

思 考 题

[2-1] 试比较土中各类水的特征,并分析它们对土的工程性质的影响。

[2-2] 比较孔隙比和相对密度这两个指标作为砂土密实度评价指标的优点和缺点。

[2-3] 既然可用含水率表示土中含水率的多少,为什么还要引入液性指数来评价黏性土的软硬程度?

[2-4] 进行土的三相指标计算至少必须已知几个指标?为什么?

[2-5] 比较砂粒和黏粒粒组对土的物理性质的影响。

第三章 土中水的运动规律

土中的水并非处于静止不变的状态，而是运动着的。土中水的运动原因和形式很多，例如：在重力的作用下地下水的流动（土的渗透性问题）；在土中附加应力作用下孔隙水的挤出（土的固结问题）；由于表面现象产生的水分移动（土的毛细现象）；在土颗粒的分子引力作用下结合水的移动（如冻结时土中水分的移动）等。土中水的运动将对土的性质产生影响，在许多工程实践中碰到的问题，如流砂、冻胀、渗透固结、渗流时的边坡稳定等，都与土中水的运动有关。本章着重研究土中水的运动规律及其对土性质的影响。

第一节 土的毛细性

土的毛细性是指能够产生毛细现象的性质。土的毛细现象是指土中水在表面张力作用下，沿着细的孔隙向上及向其他方向移动的现象。这种细微孔隙中的水被称为毛细水。土的毛细现象在以下几个方面对工程有影响：

(1) 毛细水的上升是引起路基冻害的因素之一。
(2) 对于房屋建筑，毛细水的上升会引起地下室过分潮湿。
(3) 毛细水的上升可能引起土的沼泽化和盐渍化，对建筑工程及农业经济都有很大影响。

为了认识土的毛细现象，下面分别讨论土层中的毛细水带、毛细水上升高度和上升速度以及毛细压力。

一、土层中的毛细水带

土层中由于毛细现象所湿润的范围称为毛细水带。根据毛细水带的形成条件和分布状况，毛细水带可分为三种，即正常毛细水带、毛细网状水带和毛细悬挂水带，如图 3-1 所示。

1. 正常毛细水带

它又称毛细饱和带，位于毛细水带的下部，与地下潜水连通。这一部分的毛细水主要是由潜水面直接上升而形成的，毛细水几乎充满了全部孔隙。正常毛细水带随着地下水位的升降而做相应的移动。

2. 毛细网状水带

它位于毛细水带的中部，当地下水位急剧下降时，它也随之急速下降，这时在较细的毛细孔隙中有一部分毛细水来不及移动，仍残留在孔隙中，而在较粗的孔隙中因毛细水下降，孔隙中留下空气泡，这样使毛细水呈网状分布。毛细网状水带中的水，可以在表面张力和重力作用下移动。

3. 毛细悬挂水带

它位于毛细带的上部。这一带的毛细水是由地表水渗入而成的，水悬挂在土颗粒之间，它不与中部或下部的毛细水相连。当地表有大气降水补给时,毛细悬挂水在重力作用下向下移动。

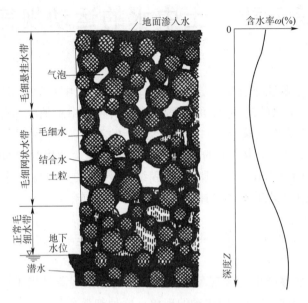

图 3-1　土层中的毛细水带

上述三个毛细水带不一定同时存在,主要取决于当地的水文地质条件。如地下水位很高时,可能只有正常毛细水带,而没有毛细悬挂水带和毛细网状水带;反之,当地下水位较低时,则可能同时出现三个毛细水带。

在毛细水带内,土的含水率是随着深度而变化的,自地下水位向上含水率逐渐减少,但到毛细悬挂水带后,含水率可能有所增加,如图 3-1 所示。

二、毛细水上升高度及上升速度

为了了解土中毛细水的上升高度,可以借助于水在毛细管内上升的现象来说明。一根毛细管插入水中,可以看到水会沿着毛细管上升。毛细水为什么会上升呢?这是因为水与空气的分界面上存在表面张力,而液体总是力图缩小自己的表面积,以使表面自由能变得最小,这也就是一滴水珠总是成为球状的原因。另外,毛细水管壁的分子和水分子之间有引力作用,这个引力使与管壁接触部分的水面呈向上的弯曲状,这种现象一般称为湿润现象。当毛细管的直径较细时,毛细管内水面的弯曲面互相连接,形成内凹的弯液面,如图 3-2 所示。这种内凹的弯液面表明管壁和液体是相互吸引的(即可湿润的);如果管壁与液体之间不互相吸引,称为不可湿润的,那么毛细管内液体弯液面是外凸的,如毛细管中的水银柱就是这样。

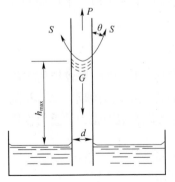

图 3-2　毛细管中水柱的上升

在毛细管内的水柱,由于湿润现象使弯液面呈内凹状时,水柱的表面积就增加了,这时由于管壁与水分子之间的引力很大,促使管内的水柱升高,从而改变弯液面形状,缩小表面积,降低表面自由能。但当水柱升高改变了弯液面的形状时,管壁与水之间的湿润现象又会使水柱面恢复为内凹的弯液面状。这样周而复始,使毛细管内的水柱上升,直到升高的水柱重力和管壁与水分子间的引力所产生的上举力平衡为止。

若毛细管内水柱上升到最大高度 h_{max},如图 3-2 所示,根据平衡条件可知,管壁与弯液面水分子间引力的合力 S 等于水的表面张力 σ,若 S 与管壁间的夹角为 θ(亦称湿润角),则作用在毛细水柱上的上举力 P 为:

$$P = S \times 2\pi r \cos\theta = 2\pi r \sigma \cos\theta \tag{3-1}$$

式中:σ——水的表面张力(N/m),在表 3-1 中给出了不同温度时,水与空气间的表面张力值;

r——毛细管的半径(m);

θ——湿润角,它的大小取决于管壁材料与液体性质,对于毛细管内的水柱,可以认为 $\theta = 0°$,即认为是完全湿润的。

毛细管内上升水柱的重力 G 为:

$$G = \gamma_w \pi r^2 h_{max} \tag{3-2}$$

式中:γ_w——水的重度。

水与空气间的表面张力 σ 值   表 3-1

温度(℃)	-5	0	5	10	15	20	30	40
表面张力 σ (N/m)	76.4×10⁻³	75.6×10⁻³	74.9×10⁻³	74.2×10⁻³	73.5×10⁻³	72.8×10⁻³	71.2×10⁻³	69.6×10⁻³

当毛细水上升到最大高度时,毛细水柱受到上举力和水柱重力平衡,由此得:

$$P = G$$

即

$$2\pi r \sigma \cos\theta = \gamma_w \times \pi r^2 h_{max}$$

若令 $\theta = 0°$,可求得毛细水上升最大高度的计算公式:

$$h_{max} = \frac{2\sigma}{r \gamma_w} = \frac{4\sigma}{d \gamma_w} \tag{3-3}$$

式中:d——毛细管的直径,$d = 2r$。

从式(3-3)可以看出,毛细水上升高度与毛细管的直径成反比,毛细管直径越细时,毛细水上升高度越大。

在天然土层中的毛细水上升高度不能简单地直接引用式(3-3)计算,这是因为土中的孔隙是不规则的,与圆柱状的毛细管根本不同,特别是土颗粒与水之间积极的物理化学作用,使得天然土层中的毛细现象比毛细管的情况要复杂得多。例如,假定黏土颗粒的直径等于 0.0005mm 的圆球,那么这种假想土粒堆置起来的孔隙直径 $d \approx 0.00001$cm,代入式(3-3)中将得到毛细水上升高度 $h_{max} = 300$m,这在实际土中是不可能发生的。在天然土层中毛细水上升的实际高度很少超过数米。

在实践中也有一些估算毛细水上升高度的经验公式,如海森(A. Hazen)的经验公式:

$$h_0 = \frac{C}{e d_{10}} \tag{3-4}$$

式中:h_0——毛细水的上升高度(m);

C——系数,与土粒形状及表面洁净情况有关,$C = 1 \times 10^{-5} \sim 5 \times 10^{-5}$ m²;

e——土的孔隙比;

d_{10}——土的有效粒径(m)。

由于黏性土颗粒周围吸附着一层结合水膜,这一水膜将影响毛细水弯面的形成。此外,结合水膜的存在将减小土中孔隙的有效直径,使得毛细水在上升时受到很大阻力,上升速度减缓,上升的高度也受到影响。当土颗粒间的孔隙被结合水完全充满时,毛细水的上升也就停止了。在图3-3中给出了用人工制备的石英砂,在试验室测定的毛细水上升高度、上升速度与土颗粒大小之间的关系。从图中可以看到,在较粗颗粒土中,毛细水上升一开始进行得很快,以后逐渐缓慢。而且较粗颗粒的曲线为较细颗粒的曲线所穿过,这说明细颗粒毛细水上升高度较大,但上升速度较慢。

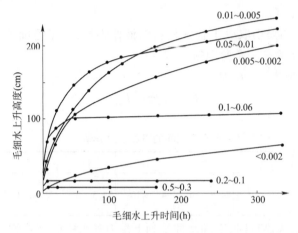

图 3-3　在不同粒径的土中毛细水上升速度与上升高度关系曲线

三、毛 细 压 力

干燥的砂土是松散的,颗粒间没有黏结力;处于完全饱和状态的砂土同样如此。但对有一定含水率时的湿砂,却表现出颗粒间有一些黏结力,如湿砂可捏成团。在湿砂中有时可挖成直立的坑壁,短期内不会坍塌。这些都说明湿砂的土粒间有一些黏结力。湿砂间的这种黏结力是由于土粒间接触面上一些水的毛细压力所形成的。

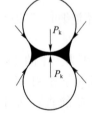

图 3-4　毛细压力的示意图

毛细压力可以用图3-4来说明。图中两个土粒(假想是球体)的接触面间有一些毛细水,由于土粒表面的湿润作用,使毛细水形成弯面。在水和空气的分界面上产生的表面张力是沿着弯液面切线方向作用的,它促使两个土粒互相靠拢,在土粒的接触面上就产生一个压力,称为毛细压力P_k。由毛细压力所产生的土粒间的黏结力称为假黏聚力。当砂土完全干燥时,或砂土浸没在水中,孔隙中完全充满水时,颗粒间没有孔隙水或孔隙水不存在弯液面,这时毛细压力也就消失了。

第二节　土的渗透性

在工程地质中,土能让水等流体通过的性质称为土的渗透性。而在水头差作用下,土体中的自由水通过土体孔隙通道流动的特性,则定义为土中水的渗流。在房屋建筑、桥梁和道路工程中,很多工程措施的采用都是基于对土的渗透性认识之上的。例如,房屋建筑和桥梁墩台等基坑开挖时,为防止坑外水向坑内渗流,需要了解土的渗透性,以配置排水设备;在河滩上修筑渗水路堤时,需要考虑路堤填料的渗透性;在计算饱和黏性土上建筑物的沉降和时间的关系时,需要掌握土的渗透性。

下面讨论四个问题:渗流模型;土中水渗透的基本规律(层流渗透定律);土的渗透系数;影响土渗透性的一些因素。

一、渗流模型

水在土中的渗流是在土颗粒间的孔隙中发生的。由于土体孔隙的形状、大小及分布极为复杂,导致渗流水质点的运动轨迹很不规则,如图 3-5a)所示。如果只着眼于这种真实渗流情况的研究,不仅会使理论分析复杂化,同时也会使试验观察变得异常困难。考虑到实际工程中并不需要了解具体孔隙中的渗流情况,因而可以对渗流作出如下的简化:一是不考虑渗流路径的迂回曲折,只分析它的主要流向;二是不考虑土体中颗粒的影响,认为孔隙和土粒所占的空间之总和均为渗流所充满。作了这种简化后的渗流其实只是一种假想的土体渗流,称之为渗流模型,如图 3-5b)所示。为了使渗流模型在渗流特性上与真实的渗流相一致,它还应该符合以下要求。

(1)在同一过水断面,渗流模型的流量等于真实渗流的流量。

(2)在任一界面上,渗流模型的压力与真实渗流的压力相等。

(3)在相同体积内,渗流模型所受到的阻力与真实渗流所受到的阻力相等。

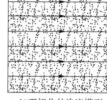

a)水在土孔隙中的运动轨迹　　b)理想化的渗流模型

图 3-5　渗流模型

有了渗流模型,就可以采用液体运动的有关概念和理论对土体渗流问题进行分析计算。

再分析一下渗流模型中的流速与真实渗流中的流速 v 之间的关系。流速 v 是指单位时间内流过单位土截面的水量,单位为 m/s。在渗流模型中,设过水断面面积为 $F(\mathrm{m}^2)$,单位时间内通过截面积 F 的渗流流量为 $q(\mathrm{m}^3/\mathrm{s})$,则渗流模型的平均流速 v 为:

$$v = \frac{q}{F} \tag{3-5}$$

真实渗流仅发生在相应于断面 F 中所包含的孔隙面积 ΔF 内,因此真实流速 v_0 为:

$$v_0 = \frac{q}{\Delta F} \tag{3-6}$$

于是

$$\frac{v}{v_0} = \frac{\Delta F}{F} = n \tag{3-7}$$

式中:n ——土的孔隙率。

因为土的孔隙率 $n < 1.0$,所以 $v < v_0$,即模型的平均流速要小于真实流速。由于真实流速很难测定,因此工程上常采用模型的平均流速 v 进行衡量,在本章及以后的内容中,如果没有特别说明,流速均指模型的平均流速。

二、土的层流渗透定律

1. 伯努利方程

饱和土体中的渗流,一般为层流运动(即水流流线互相平行的流动)。服从伯努利(Bernowlli)方程,即饱和土体中的渗流总是从能量高处向能量低处流动。伯努利方程可用下式表示:

$$\frac{v^2}{2g} + z + \frac{u}{\gamma_w} = h = 常数 \tag{3-8}$$

式中:v——孔隙中水的流速;

z——位置水头;

u——孔隙水压力;

γ_w——水的重度;

g——重力加速度。

式(3-8)中的第三项表示饱和土体中孔隙水受到的压力(如加荷引起),称为压力水头,第一项称为流速水头。由于通常情况下土中水的流速很小,因此流速水头一般可忽略不计,此时:

$$z + \frac{u}{\gamma_w} = h = 常数 \tag{3-9}$$

2. 达西定律

若土中孔隙水在压力梯度下发生渗流,如图3-6所示。对于土中 a、b 两点,已测得 a 点水头 H_1、b 点水头为 H_2,其位置水头分别为 z_1 和 z_2,压力水头分别为 h_1 和 h_2,则有:

$$\Delta H = H_1 - H_2 = (z_1 + h_1) - (z_2 + h_2) \tag{3-10}$$

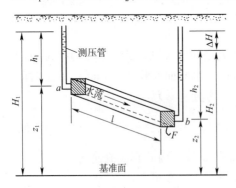

图3-6 水在土中的渗流

式中:ΔH——水头损失,是土中水从 a 点流向 b 点的结果,也是由于水与土颗粒之间的黏滞阻力产生的能量损失。

水自高水头的 a 点流向低水头的 b 点,水流流经长度为 l。由于土的孔隙较小,在大多数情况下水在孔隙中的流速较小,其渗流状态可以认为是属于层流。那么土中的渗流规律可以认为是符合层流渗透定律,这个定律是法国学者达西(H. Darcy)根据砂土的试验结果而得到的,也称达西定律。它是指水在土中的渗透速度与水头梯度成正比,即:

$$v = kI \tag{3-11}$$

或

$$q = kIF \tag{3-12}$$

式中:v——渗透速度(m/s);

I——水头梯度,即沿着水流方向单位长度上的水头差。如图3-6中 a、b 两点的水头梯度 $I = \Delta H/\Delta l = (H_1 - H_2)/l$;

k——渗透系数(m/s),各类土的渗透系数参考值可见表3-2;

q——渗透流量(m^3/s),即单位时间内流过土截面面积 F 的流量。

由于达西定律只适用于层流的情况,故一般只适用于中砂、细砂、粉砂等。对粗砂、砾石、卵石等粗颗粒土,达西定律就不再适用了,因为这时水的渗流速度较大,已不再是层流而是紊流。黏土中的渗流规律不完全符合达西定律,因此需要进行修正。

土的渗透系数参考值 表3-2

土的类别	渗透系数(m/s)	土的类别	渗透系数(m/s)
黏土	$<5 \times 10^{-8}$	细砂	$1 \times 10^{-5} \sim 5 \times 10^{-5}$
粉质黏土	$5 \times 10^{-8} \sim 1 \times 10^{-6}$	中砂	$5 \times 10^{-5} \sim 2 \times 10^{-4}$
粉土	$1 \times 10^{-6} \sim 5 \times 10^{-6}$	粗砂	$2 \times 10^{-4} \sim 5 \times 10^{-4}$
黄土	$2.5 \times 10^{-6} \sim 5 \times 10^{-6}$	圆砾	$5 \times 10^{-4} \sim 1 \times 10^{-3}$
粉砂	$5 \times 10^{-6} \sim 1 \times 10^{-5}$	卵石	$1 \times 10^{-3} \sim 5 \times 10^{-3}$

在黏土中,土颗粒周围存在着结合水,结合水因受到分子引力作用而呈现黏滞性。因此,黏土中自由水的渗流受到结合水的黏滞作用产生很大阻力,只有克服结合水的抗剪强度后才能开始渗流。克服此抗剪强度所需要的水头梯度,称为黏土的起始水头梯度 I_0。这样,在黏土中,应按下述修正后的达西定律计算渗流速度:

$$v = k(I - I_0) \quad (3-13)$$

图3-7中绘出了砂土与黏土的渗透规律。直线 a 表示砂土的 $v - I$ 关系,它是通过原点的一条直线。黏土的 $v - I$ 关系是曲线 b(图中虚线所示),d 点是黏土的起始水头梯度,当土中水头梯度超过此值后水才开始渗流。一般常用折线 c(图中 Oef 线)代替曲线 b,即认为 e 点是黏土的起始水头梯度 I_0,其渗流规律用式(3-13)表示。

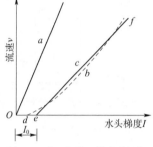

图3-7 砂土和黏土的渗透规律

三、土的渗透系数

渗透系数 k 是综合反映土体渗透能力的一个指标,其数值的正确确定对渗透计算有着非常重要的意义。表3-2中给出了一些土的渗透系数参考值,渗透系数也可以在试验室或通过现场试验测定。

1. 室内试验测定法

试验室测定渗透系数 k 值的方法称为室内渗透试验测定法,根据所用试验装置的差异又可分为常水头试验和变水头试验。

(1)常水头渗透试验。

常水头渗透试验装置的示意图如图3-8所示。在圆柱形试验筒内装置土样,土的截面面积为 F(即试验筒截面面积),在整个试验过程中,土样的压力水头保持不变。在土样中选择两点 a、b,两点的距离为 l,分别在两点设置测压管。试验开始时,水自上而下流经土样,待渗流稳定后,测得在时间 t 内流过土样的流量为 Q,同时读得 a、b 两点的距离为 l,分别在两点设置测压管。试验开始时,水自上而下流经土样两点测压管的水头差为 ΔH。则由式(3-12)可得:

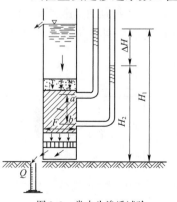

图3-8 常水头渗透试验

$$Q = qt = kIFt = k\frac{\Delta H}{l}Ft$$

由此求得土样的渗透系数 k 为：

$$k = \frac{Ql}{\Delta H F t} \tag{3-14}$$

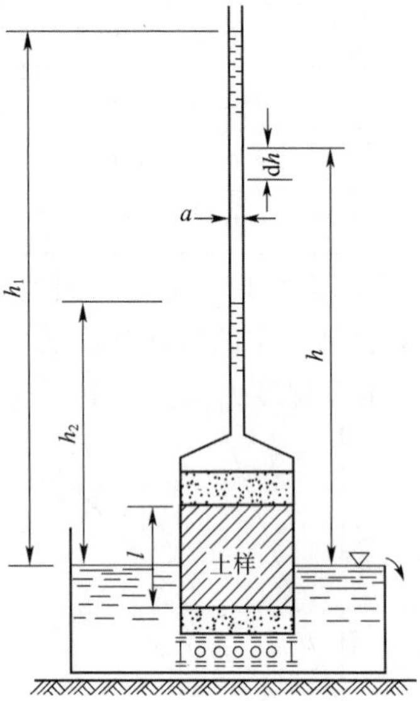

(2) 变水头渗透试验。

变水头渗透试验装置如图 3-9 所示。在试验筒内装置土样，土样的截面面积为 F，高度为 l。试验筒上设置储水管，储水管截面面积为 a，在试验过程中储水管的水头不断减小。若试验开始时，储水管水头为 h_1，经过时间 t 后降为 h_2。在时间 dt 内，水头降低了 $-dh$，则在 dt 时间内通过土样的流量为：

$$dQ = -a \times dh$$

又从式(3-12)知

$$dQ = qdt = kIFdt = k\frac{h}{l}Fdt$$

故得

$$-adh = k\frac{h}{l}Fdt$$

积分后得

$$-\int_{h_1}^{h_2}\frac{dh}{h} = \frac{kF}{al}\int_0^t dt$$

$$\ln\frac{h_1}{h_2} = \frac{kF}{al}t$$

图 3-9 变水头渗透试验

由此求得渗透系数

$$k = \frac{al}{Ft}\ln\frac{h_1}{h_2} = \frac{2.3al}{Ft}\lg\frac{h_1}{h_2} \tag{3-15}$$

2. 现场抽水试验

渗透系数也可以在现场进行抽水试验测定。对于粗颗粒土或成层的土，室内试验时不易取得原状土样，或者土样不能反映天然土层的层次或颗粒排列情况。这时，从现场试验得到的渗透系数将比室内试验准确。现场测定渗透系数的方法较多，常用的有野外注水试验和野外抽水试验等，这种方法一般是在现场钻井孔或挖试坑，在往地基中注水或抽水时，量测地基中的水头高度和渗流量，再根据相应的理论公式求出渗透系数 k 值。下面主要介绍现场抽水试验。

抽水试验开始前，在试验现场钻一中心抽水井，根据井底土层情况可分为两种类型，井底钻至不透水层时称为完整井，井底未钻至不透水层时称为非完整井，如图 3-10 所示。在距抽水井中心半径为 r_1 和 r_2 处布置观测孔，以观测周围地下水

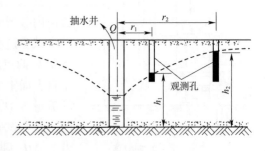

图 3-10 现场抽水试验

位的变化。试验抽水后,地基中将形成降水漏斗,当地下水进入抽水井流量与抽水量相等且维持稳定时,测读此时的单位时间抽水量 q。同时,在观测孔处测量出其水头分别为 h_1 和 h_2。对非完整井,还需量测抽水井中的水深 h_0 和确定降水影响半径 R。在假定土中任一半径处的水头梯度为常数的条件下,渗透系数 k 可由下列各式确定。

(1) 无压完整井。

对于无压完整井,假定土中任一半径处的水头梯度为常数,即 $I = \dfrac{dh}{dr}$,则由式(3-12)可得

$$q = kIF = k\frac{dh}{dr}(2\pi rh)$$

$$\frac{dr}{r} = \frac{2\pi k}{q} h dh$$

积分后可得

$$\ln\frac{r_2}{r_1} = \frac{\pi k}{q}(h_2^2 - h_1^2)$$

求得渗透系数 k 为:

$$k = \frac{q\ln\left(\dfrac{r_2}{r_1}\right)}{\pi(h_2^2 - h_1^2)} = \frac{2.3q\lg\left(\dfrac{r_2}{r_1}\right)}{\pi(h_2^2 - h_1^2)} \tag{3-16}$$

由上式求得的 k 值为 $r_1 \leqslant r \leqslant r_2$ 范围内的平均值,若在试验中不设观测井,则需测定抽水井的水深 h_0,并确定其降水影响半径 R,此时降水半径范围内的平均渗透系数为:

$$k = \frac{q\ln\left(\dfrac{R}{r_0}\right)}{\pi(H^2 - h_0^2)} \tag{3-17}$$

式中:r_0——抽水井的半径(m);

H——不受降水影响的地下水面至不透水层层面的距离(m);

h_0——抽水井的水深(m)。

(2) 无压非完整井。

对于非完整井,还需量测抽水井中的水深 h_0 和确定降水影响半径 R。同理,可求得

$$k = \frac{q\ln\left(\dfrac{R}{r_0}\right)}{\pi\left[(H-h')^2 - h_0^2\right]\left[1 + \left(0.3 + \dfrac{10r_0}{H}\right)\sin\left(\dfrac{1.8h'}{H}\right)\right]} \tag{3-18}$$

式中:h'——井底至不透水层层面的距离(m);

其余符号意义同前。

式(3-17)和式(3-18)中 R 的取值,在无实测资料时可采用经验值计算。通常强透水土层(如乱石、砾石层等)的影响半径值很大,在 200~500m 以上,而中等透水土层(如中、细砂等)的影响半径较小,在 100~200m 左右。

[例题 3-1] 如图 3-11 所示,在现场进行抽水试验测定砂土层的渗透系数。抽水井穿过 10m 厚砂土层进入不透水层,在距井管中心 15m 及 60m 处设置观测孔。已知抽水前静止地下

水位在地面下 2.35m 处。抽水后待渗流稳定时,从抽水井测得流量 $q = 5.47 \times 10^{-3} \mathrm{m}^3/\mathrm{s}$,同时从两个观测孔测得水位分别下降了 1.93m 及 0.52m,求砂土层的渗透系数。

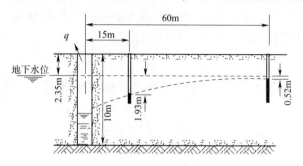

图 3-11 例题 3-1 图

解:两个观测的水头分别为:

$r_1 = 15\mathrm{m}$ 处　　$h_1 = 10 - 2.35 - 1.93 = 5.72\mathrm{m}$

$r_2 = 60\mathrm{m}$ 处　　$h_2 = 10 - 2.35 - 0.52 = 7.13\mathrm{m}$

由式(3-16)求得渗透系数:

$$k = \frac{q \ln\left(\frac{r_2}{r_1}\right)}{\pi(h_2^2 - h_1^2)} = \frac{5.47 \times 10^{-3}}{\pi} \times \frac{\ln\left(\frac{60}{15}\right)}{(7.13^2 - 5.72^2)} = 1.33 \times 10^{-4} \mathrm{m/s}$$

3. 成层土的渗透系数

如已知每层土的渗透系数,则成层土的渗透系数可按下述方法计算。图 3-12 表示土层有两层组成,各层土的渗透系数为 k_1、k_2,厚度为 h_1、h_2。

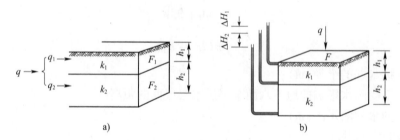

图 3-12 成层土的渗透系数

考虑水平渗流时(水流方向与土层平行),如图 3-12a)所示。因为各土层的水头梯度相同,总的流量等于各土层流量之和,总的截面面积等于各土层截面面积之和,即:

$$I = I_1 = I_2$$
$$q = q_1 + q_2$$
$$F = F_1 + F_2$$

因此,土层水平向的平均渗透系数 k_h 为:

$$k_\mathrm{h} = \frac{q}{FI} = \frac{q_1 + q_2}{FI} = \frac{k_1 F_1 I_1 + k_2 F_2 I_2}{FI} = \frac{k_1 h_1 + k_2 h_2}{h_1 + h_2} = \frac{\sum k_i h_i}{\sum h_i} \quad (3\text{-}19)$$

考虑竖直向渗流时(水流方向与土层垂直),如图 3-12b)所示。则可知总的流量等于每一

土层的流量,总的截面面积与每层土的截面面积相同,总的水头损失等于每一层的水头损失之和。即:

$$q = q_1 = q_2$$

$$F = F_1 = F_2$$

$$\Delta H = \Delta H_1 + \Delta H_2$$

由此得土层竖向的平均渗透系数 k_v 为:

$$k_v = \frac{q}{FI} = \frac{q}{F} \times \frac{h_1 + h_2}{\Delta H} = \frac{q}{F} \times \frac{h_1 + h_2}{\Delta H_1 + \Delta H_2} = \frac{q}{F} \times \frac{h_1 + h_2}{\frac{q_1 h_1}{F_1 k_1} + \frac{q_2 h_2}{F_2 k_2}}$$

$$= \frac{h_1 + h_2}{\frac{h_1}{k_1} + \frac{h_2}{k_2}} = \frac{\sum h_i}{\sum \frac{h_i}{k_i}} \tag{3-20}$$

四、影响土的渗透性的因素

影响土的渗透性的因素主要有以下几种:

1. 土的粒度成分及矿物成分

土的颗粒大小、形状及级配,影响土中孔隙大小及形状,因而影响土的渗透性。土颗粒越粗、越浑圆、越均匀,其渗透性就越大。当砂土中含有较多粉土及黏土颗粒时,其渗透性就大大降低。

土的矿物成分对于卵石、砂土和粉土的渗透性影响不大,但对于黏性土的渗透性影响较大。黏性土中含有亲水性较大的黏土矿物(如蒙脱石)或有机质时,由于它们具有很大的膨胀性,就会大大降低土的渗透性。含有大量有机质的淤泥几乎是不透水的。

2. 结合水膜的厚度

黏性土中若土粒的结合水膜厚度较厚时,会阻塞土的孔隙,降低土的渗透性,如钠黏土,由于钠离子的存在,使黏土颗粒的扩散层厚度增加,所以透水性很低,又如,在黏土中加入高价离子的电解质(如 Al、Fe 等),会使土粒扩散层厚度减薄,黏上颗粒会凝聚成粒团,土的孔隙因而增大,这将使土的渗透性增大。

3. 土的结构构造

天然土层通常不是各向同性的,在渗透性方面往往也是如此。如黄土具有竖直方向的大孔隙,所以竖直方向的渗透系数要比水平方向大得多。层状黏土常夹有薄的粉砂层,它的水平方向的渗透系数要比竖直方向大得多。

4. 水的黏滞度

水在土中的渗流速度与水的密度及黏滞度有关,而这两个数值又与温度有关。一般水的密度随温度变化很小,可略去不计,但水的动力黏滞系数 η 随温度变化而变化。故室内渗透试验时,同一种土在不同温度下会得到不同的渗透系数。在天然土层中,除了靠近地表的土层外,一般土中的温度变化很小,故可忽略温度的影响。但是室内试验的温度变化较大,故应考虑它对渗透系数的影响。目前常以水温为20℃时的 k_{20} 作为标准值，在其他温度测定的渗透系数 k_t 可按式(3-21)进行修正：

$$k_{20} = k_t \frac{\eta_t}{\eta_{20}} \quad (3-21)$$

式中：η_t、η_{20}——t℃时及20℃时水的动力黏滞系数(kPa·s)，$\frac{\eta_t}{\eta_{20}}$ 的比值与温度的关系参见表3-3。

水的动力黏滞系数比 $\frac{\eta_t}{\eta_{20}}$ 与温度的关系　　　　表3-3

温度(℃)	$\frac{\eta_t}{\eta_{20}}$	温度(℃)	$\frac{\eta_t}{\eta_{20}}$	温度(℃)	$\frac{\eta_t}{\eta_{20}}$
6	1.455	16	1.104	26	0.870
8	1.373	18	1.050	28	0.833
10	1.297	20	1.000	30	0.798
12	1.227	22	0.958	32	0.765
14	1.168	24	0.910	34	0.735

5. 土中气体

当土孔隙中存在密闭气泡时，会阻塞水的渗流，从而降低水土的渗透性。这种密闭气泡有时是由溶解于水中的气体分离出来而形成的，故室内渗透试验有时规定要用不含溶解空气的蒸馏水。

第三节　动水力及渗透破坏

水在土中渗流时，受到土颗粒的阻力 T 的作用，这个力的作用方向是与水流方向相反的。根据作用力与反作用力相等的原理，水流也必然有一个相等的力作用在土颗粒上，通常把水流作用在单位体积土体中土颗粒上的力称为动水力 G_D（kN/m³），也称为渗流力。动水力的作用方向与水流方向一致。G_D 和 T 的大小相等，方向相反，它们都是用体积力表示的。

动水力的计算在工程实践中具有重要意义，例如研究土体在水渗流时的稳定性问题，就要考虑动水力的影响。

一、动水力的计算公式

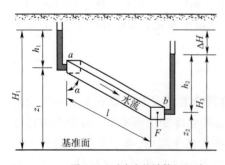

图3-13　动水力的计算

在土中沿水流的渗透方向，切取一个土柱体 ab (图3-13)，土柱体的长度为 l，横截面面积为 F。已知 a、b 两点距基准面的高度分别为 z_1 和 z_2，两点的测压管水柱高分别为 h_1 和 h_2，则两点的水头分别为 $H_1 = h_1 + z_1$ 和 $H_2 = h_2 + z_2$。

将土柱体 ab 内的水作为脱离体，考虑作用在水上的力系。因为水流的流速变化很小，其惯性力可以略去不计。这样，可以求得这些在 ab 轴线方向的力，分别为：

$\gamma_w h_1 F$ ——作用在土柱体的截面 a 处的水压力，其方向与水流方向一致；

$\gamma_w h_2 F$ ——作用在土柱体的截面 b 处的水压力，其方向与水流方向相反；

$\gamma_w n l F \cos\alpha$ ——土柱体内水的重力在 ab 方向的分力，其方向与水流方向一致；

$\gamma_w (1-n) l F \cos\alpha$ ——土柱体内土颗粒作用于水的力在 ab 方向的分力（土颗粒作用于水的力，也就是水对于土颗粒作用的浮力的反作用力），其方向与水流方向一致；

lFT ——水渗流时，土柱中的土颗粒对水的阻力，其方向与水流方向相反；

γ_w ——水的重度；

n ——土的孔隙率。

根据作用在土柱体 ab 内水上的各力的平衡条件可得：

$$\gamma_w h_1 F - \gamma_w h_2 F + \gamma_w n l F \cos\alpha + \gamma_w (1-n) l F \cos\alpha - lFT = 0$$

或

$$\gamma_w h_1 - \gamma_w h_2 + \gamma_w l \cos\alpha - lT = 0$$

以 $\cos\alpha = \dfrac{z_1 - z_2}{l}$ 代入上式，可得：

$$T = \gamma_w \frac{(h_1 + z_1) - (h_2 + z_2)}{l} = \gamma_w \frac{H_1 - H_2}{l} = \gamma_w I \tag{3-22}$$

故得动水力的计算公式：

$$G_D = T = \gamma_w I \tag{3-23}$$

二、流砂现象、管涌和临界水头梯度

由于动水力的方向与水流方向一致，因此当水的渗流自上向下时[如图 3-14a) 中容器内的土样，或图 3-15 中河滩路堤基底土层中的 d 点]，动水力方向与土体重力方向一致，这样将增加土颗粒间的压力；若水的渗流方向自下而上时[如图 3-14b) 容器内的土样，或图 3-15 中的 e 点]，动水力的方向与土体重力方向相反，这样将减小土颗粒间的压力。

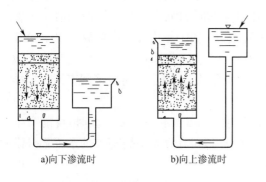

a) 向下渗流时　　b) 向上渗流时

图 3-14　不同渗流方向对土的影响

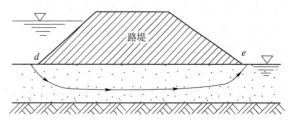

图 3-15　河滩路堤下的渗流

若水的渗流方向自下而上，在土体表面[如图 3-14b) 的 a 点，或图 3-15 路堤下的 e 点]取

一单位体积的土体进行分析。已知土有效重度为 γ'，当向上的动水力 G_D 与土的有效重度相等时，即

$$G_D = \gamma_w I = \gamma' = \gamma_{sat} - \gamma_w \tag{3-24}$$

式中：γ_{sat}——土的饱和重度；

γ_w——水的重度。

这时,土颗粒间的压力等于零,土颗粒将处于悬浮状态而失去稳定,这种现象称为流砂现象。这时的水头梯度称为临界水头梯度 I_{cr}，可由式(3-25)得到：

$$I_{cr} = \frac{\gamma'}{\gamma_w} = \frac{\gamma_{sat}}{\gamma_w} - 1 \tag{3-25}$$

工程中将临界水头梯度 I_{cr} 除以安全系数 K 作为容许水头梯度 $[I]$，设计时,渗流逸出处的水头梯度应满足如下要求：

$$I \leqslant [I] = \frac{I_{cr}}{K} \tag{3-26}$$

对流砂的安全性进行评价时,K 一般可取 $2.0 \sim 2.5$。

水在砂性土中渗流时,土中的一些细小颗粒在动水力的作用下,可能通过粗颗粒的孔隙被水流带走,这种现象称为管涌。管涌可以发生于局部范围,但也可能逐步扩大,最后导致土体失稳破坏。发生管涌的临界水头梯度与土的颗粒大小及其级配情况有关。图 3-16 给出了临界水头梯度 I_{cr} 与土的不均匀系数 C_u 间的关系曲线。从图中可以看出,土的不均匀系数越大,管涌现象越容易发生。

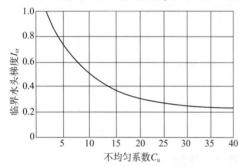

图 3-16 临界水头梯度与土颗粒组成关系

流砂现象发生在土体表面渗流逸出处,不发生在土体内部,而管涌现象可以发生在渗流逸出处,也可能发生在土体内部。

流砂现象主要发生在细砂、粉砂及粉土等土层中。对饱和的低塑性黏性土,当受到扰动,也会发生流砂;而在粗颗粒以及黏土中则不易产生。

基坑开挖排水时,若采用表面直接排水,坑底土将受到向上的动水力作用,可能发生流砂现象。这时坑底土边挖边会随水涌出,无法清除。由于坑底土随水涌入基坑,使坑底土的结构破坏,强度降低,重则造成坑底失稳,轻则将会造成建筑物的附加沉降。在基坑四周由于土颗粒流失,地面会发生凹陷,危及邻近的建筑物和地下管线,严重时会导致工程事故。水下深基坑或沉井排水挖土时,若发生流砂现象,将危及施工安全,应引起特别注意。通常,施工前应做好周密的勘测工作,当基坑底面的土层是容易引起流砂现象的土质时,应避免采用表面直接排水,而可采用人工降低地下水位方法进行施工。

河滩路堤两侧有水位差时,在路堤内或基底土内发生渗流,当水头梯度较大时,可能产生管涌现象,导致路堤坍塌破坏。为了防止管涌现象发生,一般可在路基下游边坡的水下部分设置反滤层,用以防止路堤中细小颗粒被管涌带走。

为防止渗流破坏,应使渗流逸出处的水头梯度小于容许水头梯度。因此,确定渗流逸出处的水头梯度至关重要。在实际工程中,对于边界条件较为复杂的渗流问题难以给出严密的解析解,可采用电模拟试验法或流网法求解,或借助于有限元等数值计算手段,其中,流网法直观

明了,在工程中有着广泛应用,精度一般可满足实际需要,关于流网法的详细介绍可参考相关文献资料。

第四节 土在冻结过程中水分的迁移和积聚

一、冻土现象及其对工程的危害

在冰冻季节因大气负温影响,土中水分冻结成为冻土。冻土根据其冻融情况分为:季节性冻土、隔年冻土和多年冻土。季节性冻土是指冬季冻结、夏季全部融化的冻土;若冬季冻结,一两年不融化的土层称为隔年冻土;凡冻结状态持续三年或三年以上的土层称为多年冻土。多年冻土地区的表土层,有时夏季融化,冬季冻结,所以也是属于季节性冻土。

我国的多年冻土分布,基本上集中在纬度较高和海拔较高的严寒地区,如东北的大兴安岭北部和小兴安岭北部,青藏高原及西部天山、阿尔泰山等地区,总面积约占我国领土的20%,而季节性冻土则分布范围更广。

在冻土地区,随着土中水的冻结和融化,会发生一些独特的现象,称为冻土现象。冻土现象严重地威胁着建筑物的稳定及安全,冻土现象是由冻结及融化两种作用所引起。某些细粒土层在冻结时,往往会发生土层体积膨胀,使地面隆起成丘,即所谓冻胀现象。土层发生冻胀的原因,不仅是由于水分冻结成冰时体积要增大9%的缘故,还主要是由于土层冻结时,周围未冻结区中的水分会向表层冻结区集聚,使冻结区土层中水分增加,冻结后的冰晶体不断增大,土体积也随之发生膨胀隆起。冻土的冻胀会使路基隆起,使柔性路面鼓包、开裂,使刚性路面错缝或折断;冻胀还使修建在其上的建筑物抬起,引起建筑物开裂、倾斜,甚至倒塌。

对工程危害更大的是在季节性冻土地区,一到春暖土层解冻融化后,由于土层上部积累的冰晶体融化,使土中含水率大大增加,加之细粒土排水能力差,土层处于饱和状态,土层软化,强度大大降低。路基土冻融后,在车辆反复碾压下,轻者路面变得松软,限制行车速度,重者路面开裂、冒泥,即出现翻浆现象,使路面完全破坏。冻融也会使房屋、桥梁、涵管发生大量下沉或不均匀下沉,引起建筑物开裂破坏。因此,冻土的冻胀及冻融都会对工程带来危害,必须引起注意,采取必要的防治措施。

二、冻胀的机理与影响因素

1. 冻胀的原因

土发生冻胀的原因是,冻结时土中的水向冻结区迁移和积聚。土中水分的迁移是怎样发生的呢?解释水分迁移的学说很多,其中以"结合水迁移学说"较为普遍。

土中水可区分为结合水和自由水两大类,结合水根据其所受分子引力的大小分为强结合水和弱结合水;自由水则可分为重力水与毛细水。重力水在0℃时冻结,毛细水因受表面张力的作用,其冰点稍低于0℃;结合水的冰点则随着其受到的引力增加而降低,弱结合水的外层在-0.5℃时冻结,越靠近土粒表面其冰点越低,弱结合水要在$-30 \sim -20$℃时才全部冻结,而强结合水在-78℃仍不冻结。

当大气温度降至负温时,土层中的温度也随之降低,土体孔隙中的自由水首先在0℃时冻结成冰晶体。随着气温的继续下降,弱结合水的最外层也开始冻结,使冰晶体逐渐扩大。这样使冰晶体周围土粒的结合水膜减薄,土粒就产生剩余的分子引力。另外,由于结合水膜的减薄,使得水膜中的离子浓度增加(因为结合水中的水分子结成冰晶体,使离子浓度相应增加)。这样,就产生渗附压力(即当两种水溶液的浓度不同时,会在它们之间产生一种压力差。使浓度较小溶液中的水向浓度较大的溶液渗流)。在这两种引力作用下,附近未冻结区水膜较厚处的结合水,被吸引到冻结区的水膜较薄处。一旦水分被吸引到冻结区后,因为负温作用,水即冻结,使冰晶体增大,而不平衡引力继续存在。若未冻结区存在着水源(如地下水距冻结区很近)及适当的水源补给通道(即毛细通道),就能够源源不断地补充被吸收的结合水,则未冻结的水分就会不断地向冻结区迁移积聚,使冰晶体扩大,在土层中形成冰夹层,土体积发生隆胀,即冻胀现象。这种冰晶体的不断增大,一直要到水源的补给断绝后才停止。

2. 影响冻胀的因素

从上述土冻胀的机理分析中可以看到,土的冻胀现象是在一定条件下形成的。影响冻胀的因素有下列三个方面。

(1)土的因素。冻胀现象通常发生在细粒土中,特别是在粉土、粉质黏土中,冻结时水分迁移积聚最为强烈,冻胀现象严重。这是因为这类土具有较显著的毛细现象,上升高度大,上升速度快,具有较通畅的水源补给通道,同时,这类土的颗粒较细,表面能大,土粒矿物成分亲水性强,能持有较多的结合水,从而能使大批结合水迁移和积聚。相反,黏土虽有较厚的结合水膜,但毛细孔隙较小,对水分迁移的阻力很大,没有通畅的水源补给通道,所以其冻胀性较上述粉质土为小。

砂砾等粗颗粒土,没有或具有很少量的结合水,孔隙中自由水冻结后,不会发生水分的迁移积聚,同时由于砂砾的毛细现象不显著,因而不会发生冻胀。所以在工程实践中常在路基或路基中换填砂土,以防治冻胀。

(2)水的因素。前面已经指出,土层发生冻胀的原因是水分的迁移和积聚。因此,当冻结区附近地下水水位较高,毛细水上升高度能够达到或接近冻结线,使冻结区能得到水源的补给时,将发生比较强烈的冻胀现象。这样,可以区分两种类型的冻胀:一种是冻结过程中有外来水源补给的,叫开敞型冻胀;另一种是冻胀冻结过程中没有外来水分补给的,叫作封闭型冻胀。

开敞型冻胀往往在土层中形成很厚的冰夹层,产生强烈冻胀,而封闭型冻胀,土中冰夹层薄,冻胀量也小。

(3)温度的因素。如气温骤降且冷却强度很大时,土的冻结迅速向下推移,即冻结速度很快。这时,土中弱结合水及毛细水来不及向冻结区迁移就在原地冻结成冰,毛细通道也被冰晶体所堵塞。这样,水分的迁移和积聚不会发生,在土层中看不到冰夹层,只有散布于土孔隙中的冰晶体,这时形成的冻土一般无明显的冻胀。

如气温缓慢下降,冷却强度小,但负温持续的时间较长,则就能促使未冻结区水分不断地向冻结区迁移积聚,在土中形成冰夹层,出现明显的冻胀现象。

上述三方面的因素是土层发生冻胀的三个必要因素。因此,在持续负温作用下,地下水位较高处的粉砂、粉土、粉质黏土等土层常具有较大的冻胀危害。但是,也可以根据影响冻胀的三个因素,采取相应的防治冻胀的工程措施。

三、冻结深度

土的冻胀和冻融将危害建筑物的正常和安全使用,因此一般设计中,均要求将基础底面置于当地冻结深度以下,以防止冻害的影响。土的冻结深度不仅和当地气候有关,而且也和土的类别、温度以及地面覆盖情况(如植被、积雪、覆盖土层等)有关,在工程实践中,把在地表平坦、裸露、城市之外的空旷场地中不少于10年实测最大冻深的平均值称为标准冻结深度z_0。我国《建筑地基基础设计规范》(GB 50007—2011)等规范根据实测资料编绘了中国季节性冻土标准冻深线图,当无实测资料时,可参照标准冻深线图,并结合实地调查确定。

在季节性冻土区的路基工程,由于路基土层起保温作用,使路基下天然地基中的冻结深度要相应减小,其减小的程度与路基土的保温性能有关。

练 习 题

[3-1] 将某土样置于渗透仪中进行变水头渗透试验。已知试样的高度 $l = 4.0\text{cm}$,试样的横断面面积为 32.2cm^2,变水头测压管面积为 1.2cm^2。试验经过的时间 Δt 为 1h,测压管的水头高度从 $h_1 = 320.5\text{cm}$ 降至 $h_2 = 290.3\text{cm}$,测得的水温 $T = 25℃$。试确定:(1)该土样在20℃时的渗透系数 k_{20} 值;

(2)根据渗透系数大致判断该土样属于哪一种土。

[3-2] 在题图 3-1 所示容器中的土样,受到水的渗流作用。已知土样高度 $l = 0.4\text{m}$,土样横截面面积 $F = 25\text{cm}^2$,土样的土粒相对密度 $G_s = 2.69$,孔隙比 $e = 0.800$。

(1)计算作用在土样上的动水力大小及其方向;

(2)若土样发生流砂现象,其水头差 h 应是多少?

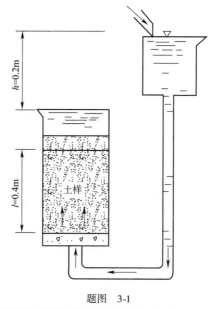

题图 3-1

思 考 题

[3-1] 土层中的毛细水带是怎样形成的？各有何特点？

[3-2] 毛细水上升的原因是什么？在哪种土中毛细现象最显著？

[3-3] 影响土的渗透能力的主要因素有哪些？

[3-4] 何谓渗透模型？引入这一概念有何意义？

[3-5] 渗透系数的测定方法主要有哪些？它们的适用条件是什么？

[3-6] 何谓动水力、临界水头梯度？

[3-7] 试述流砂现象和管涌现象的异同。

[3-8] 土发生冻胀的原因是什么？发生冻胀的条件是什么？

[3-9] 试从土发生冻胀的原因来分析工程实践中防治冻害措施的有效性。

第四章 土中应力计算

第一节 概 述

一、土中应力计算的目的和方法

土中应力是指土体因受自身重力、建筑物以及其他因素(如车辆荷载、土中水的渗流、地震等)作用,土中所产生的应力。土中应力包括自重应力与附加应力,前者是因土受到重力作用而产生的,因其一般随着土的形成就存在,因此也称为长驻应力;后者是因受到建筑物等外荷载作用而产生的。由于产生的条件不相同,土中自重应力与附加应力的分布规律和计算方法也不相同。

土中应力的变化将引起土的变形,从而使建筑物发生下沉、倾斜以及水平位移等,如果这种变形过大,往往会影响建筑物的正常使用。此外,土中应力过大时,也会导致土的强度破坏,甚至使土体发生滑动而失去稳定。因此,研究土体的变形、强度及稳定性等力学问题时,都必须先获知土中的应力状态。所以计算土中应力分布是土力学的重要内容之一。

目前,计算土中应力的计算方法,主要是采用弹性理论公式,也就是把地基土视为均匀的、各向同性的半无限弹性体。这虽然同土体的实际情况有差别,但其计算结果还是能满足实际工程的要求,其原因可以从下述几方面来分析。

(1)土的分散性影响。前文已经指出,土是由三相组成的分散体,而不是连续介质,土中应力是通过土颗粒间的接触来传递的。但是,由于建筑物的基础底面尺寸远远大于土颗粒尺寸,同时实际工程一般也只是计算平面上的平均应力,而不是土颗粒间的接触集中应力。因此,可以忽略土分散性的影响,近似地把土体作为连续体考虑,而应用弹性理论。

(2)土的非均质性和非理想弹性体的影响。土在形成过程中具有各种结构与构造,使土呈现不均匀性。同时,土体也不是一种理想的弹性体,而是一种具有弹塑性或黏滞性的介质。但是,弹性分析是求解非线性问题的第一步,而且在实际工程中土中应力水平较低,土的应力应变关系接近于线性关系。因此,当土层间的性质差异并不悬殊时,采用弹性理论计算土中应力在实用上是允许的。

(3)地基土可视为半无限体。所谓半无限体就是无限空间体的一半,也即该物体在水平向 x 及 y 轴的正负方向是无限延伸的,而竖直向 z 轴仅只在向下的正方向是无限延伸的,向上的负方向等于零。地基土在水平方向及深度方向相对于建筑物基础的尺寸而言,可以认为是无限延伸的。因此,可以认为地基土是符合半无限体的假定。

二、土中某点的应力情况

若对半无限土体建立如图4-1所示的直角坐标系,则土体中某点 M 的应力状态,可以用一个正六面单元体上的应力来表示,作用在单元体上的3个法向应力分量为 σ_x、σ_y、σ_z,6个剪

应力分量为 $\tau_{xy} = \tau_{yx}$、$\tau_{yz} = \tau_{zy}$、$\tau_{zx} = \tau_{xz}$。剪应力的角标前面一个英文字母表示剪应力作用面的法向方向,后一个表示剪应力的作用方向。应该注意,在土力学中法向应力以压应力为正,拉应力为负,这与一般固体力学中的符号有所不同。此外,在土力学中剪应力的正负号规定是,当剪应力作用面的外法线方向与坐标轴的正方向一致时,则剪应力的方向与坐标轴正方向一致时为负,反之为正;若剪应力作用面的外法线方向与坐标轴正方向相反时,则剪应力的方向与坐标轴正方向一致时为正,反之为负。图4-1 所示的法向应力及剪应力均为正值。

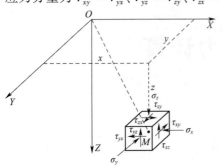

图 4-1　土中某点的应力状态

第二节　土中自重应力计算

一、基本计算公式

若土体是均质的半无限体,重度(即容重)为 γ,土体在自身重力作用下任一竖直切面都是对称面,因此切面上不存在剪应力($\tau = 0$)。如图 4-2 所示,考虑长度为 z,截面面积 $F = 1$ 的土柱体,取隔离体,考虑 z 方向的平衡,设土柱体重为 W,底截面上的应力大小为 σ_{cz}。则:

$$\sigma_{cz} F = W = \gamma z F$$

即

$$\sigma_{cz} = \gamma z \quad (4\text{-}1)$$

式(4-1)就是自重应力计算公式,可以看出,自重应力随深度呈线性增加,呈三角形分布。

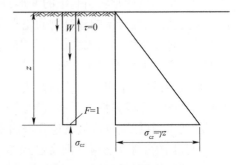

图 4-2　均匀土的自重应力分布

二、土体成层及有地下水时的计算公式

1. 当土体成层时

设各土层厚度及重度分别为 h_i 和 γ_i($i = 1,2,\cdots,n$),类似于式(4-1)的推导,这时土柱体总重力为 n 段小土柱体之和,则在第 n 层土的底面,自重应力计算公式为:

$$\sigma_{cz} = \gamma_1 h_1 + \gamma_2 h_2 + \cdots + \gamma_n h_n = \sum_{i=1}^{n} \gamma_i h_i \quad (4\text{-}2)$$

图 4-3 给出两层土的情况。因 γ_i 值不同,故自重应力沿深度的分布呈折线形状。

2. 土层中有地下水时

计算地下水位以下土的自重应力时,应根据土的性质确定是否需要考虑水的浮力作用。通常认为,砂性土是应该考虑浮力作用的,黏性土则视其物理状态而定。对于黏性土:若水下的黏性土其液性指数 $I_L \geq 1$,则土处于流动状态,土颗粒之间存在着大量自由水,此时可以认为土体受到水的浮力作用;若 $I_L \leq 0$,则土处于固体状态,土中自由水受到土颗粒间结合水膜的阻碍不能传递静水压力,故认为土体不受水的浮力作用;若 $0 < I_L < 1$,土处于可塑状态时,

土颗粒是否受到水的浮力作用就较难确定,一般在实践中均按不利状态来考虑。

若地下水位以下的土受到水的浮力作用,则水下部分土的重度应按浮重度 γ' 计算,其计算方法如同成层土的情况。

在地下水位以下,如埋藏有不透水层(例如,岩层或只含结合水的坚硬黏土层),由于不透水层中不存在水的浮力,所以层面及层面以下的自重应力应按上覆土层的水土总重计算,如图4-4虚线所示。

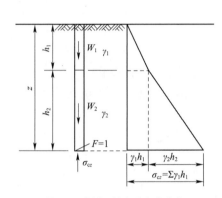

图4-3 成层土的自重应力分布

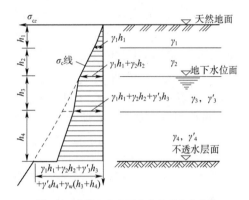

图4-4 成层土中水下土的自重应力分布

三、水平向自重应力计算

土的水平向自重应力 σ_{cx} 和 σ_{cy},可按式(4-3)计算:

$$\sigma_{cx} = \sigma_{cy} = K_0 \sigma_{cz} \tag{4-3}$$

式中:K_0——称为侧压力系数,也称静止土压力系数。K_0 值可以在试验室测定,它与土的强度指标或变形指标间存在着理论或经验关系,详细讨论见第五、七章。

[**例题 4-1**] 某土层及其物理性质指标如图4-5所示,计算土中自重应力。

解: 第一层土为细砂,地下水位以下的细砂受到水的浮力作用,其浮重度 γ_1' 为:

$$\gamma_1' = \frac{\gamma_1(G_s - 1)}{G_s(1 + \omega)} = \frac{19.0 \times (2.69 - 1)}{2.69 \times (1 + 0.18)} = 10.0 \text{kN/m}^3$$

第二层黏土层的液性指数 $I_L = \frac{\omega - \omega_P}{\omega_L - \omega_P} = \frac{50 - 25}{48 - 25} =$ 1.09 > 1,故认为黏土层受到水的浮力作用,其浮重度 γ_2' 为:

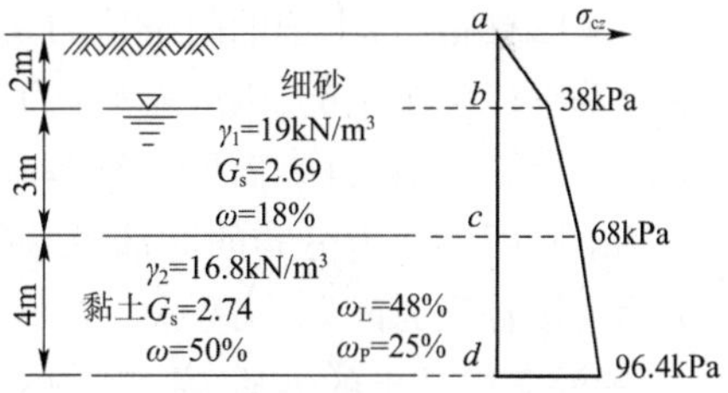

图4-5 例题4-1图

$$\gamma_2' = \frac{16.8 \times (2.74 - 1)}{2.74 \times (1 + 0.50)} = 7.1 \text{kN/m}^3$$

a 点:$z = 0$,$\sigma_{cz} = \gamma z = 0$

b 点:$z = 2\text{m}$,$\sigma_{cz} = 19.0 \times 2 = 38.0 \text{kPa}$

c 点:$z = 5\text{m}$,$\sigma_{cz} = \sum \gamma_i h_i = 19.0 \times 2 + 10.0 \times 3 = 68.0 \text{kPa}$

d 点:$z = 9\text{m}$,$\sigma_{cz} = 19.0 \times 2 + 10.0 \times 3 + 7.1 \times 4 = 96.4 \text{kPa}$

土层中的自重应力 σ_{cz} 分布图如图4-5所示。

[例题 4-2] 计算图 4-6 所示水下地基土中的自重应力分布。

解:水下的粗砂受到水的浮力作用,其浮重度可根据表 2-5 计算:

$$\gamma' = \gamma_{sat} - \gamma_w = 19.5 - 9.81 = 9.69 \text{kN/m}^3$$

黏土层因为 $\omega = 20\% < \omega_P = 24\%$,则 $I_L < 0$,故认为土层不受水的浮力作用,土层面上还受到上面的静水压力作用。土中各点的自重应力计算如下:

a 点:$z = 0$,$\sigma_{cz} = \gamma z = 0$

$b_上$ 点:$z = 10\text{m}$,但该点位于粗砂层中,则:

$$\sigma_{cz} = \gamma' z = 9.69 \times 10 = 96.9 \text{kPa}$$

$b_下$ 点:$z = 10\text{m}$,但该点位于黏土层中,则:

$$\sigma_{cz} = \gamma' z + \gamma_w h_w = 9.69 \times 10 = 9.81 \times 13 = 224.4 \text{kPa}$$

c 点:$z = 15\text{m}$,$\sigma_{cz} = 224.4 + 19.3 \times 5 + 10.0 \times 3 = 320.9 \text{kPa}$

土中自重应力分布如图 4-6 所示。

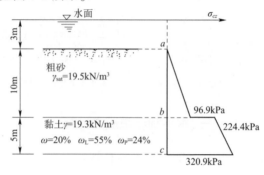

图 4-6 例题 4-2 图

第三节 基底压力分布与计算

前文已经指出,土中的附加应力是由建筑物荷载作用所引起的应力增量,而建筑物的荷载是通过基础传到土中的,因此基础底面的压力分布形式将对土中应力产生影响。本章在讨论附加应力计算之前,首先需要研究基础底面的压力分布问题。

基础底面的压力分布问题涉及基础与地基土两种不同物体间的接触压力问题,在弹性理论中称为接触压力问题。这是一个比较复杂的问题,影响因素很多,如基础的刚度、形状、尺寸、埋置深度以及土的性质、荷载大小等。在理论分析中,要顾及这么多的因素是困难的,目前在弹性理论中主要是研究不同刚度的基础与弹性半空间体表面的接触压力分布问题。关于基底压力分布的理论推导过程,在本节中不做介绍,这方面的内容可参阅有关书籍。本节仅讨论基底压力分布的基本概念及简化计算方法。

一、基础底面压力分布的概念

若一个基础上作用有均布荷载,假设基础是由许多小块组成,如图 4-7a) 所示,各小块之间光滑而无摩擦力,则这种基础相当于绝对柔性基础(即基础的抗弯刚度 $EI \to 0$),基础上荷载通过小块直接传递到土上,基础底面的压力分布图形将与基础上作用的荷载分布图形相同。这时,基础底面的沉降则各处不同,中央大而边缘小。因此,柔性基础的底面压力分布与作用的荷载分布形状相同。如由土筑成的路堤,可以近似地认为路堤本身不传递剪力,那么它就相当于一种柔性基础,路堤自重引起的基底压力分布就与路堤断面形状相同是梯形分布,如图4-7b)所示。

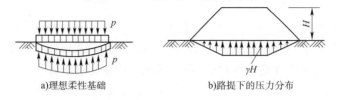

图 4-7 柔性基础下的压力分布图

桥梁墩台基础有时采用大块混凝土实体结构(图4-8),它的刚度很大,可以认为是绝对刚性基础(即 $EI \to \infty$)。刚性基础不会发生挠曲变形,在中心荷载作用下,基底各点的沉降是相同的,这时基底压力分布是马鞍形,中央小而边缘大(按弹性理论边缘应力为无穷大),如图4-8a)所示。当作用的荷载较大时,基础边缘由于应力很大,将会使土产生塑性变形,边缘应力不再增加,而中央部分继续增大,使基底压力重新分布而呈抛物线分布,如图4-8b)所示。

若作用荷载继续增大,则基底压力会继续发展呈钟形分布,如图4-8c)所示。所以刚性基础底面的压力分布形状同荷载大小有关,另外,相关试验研究表明,它还同基础埋置深度及土的性质有关,如普列斯曾在 $0.6m \times 0.6m$ 的刚性板上做了实测试验工作,现将其结果列于表4-1中。

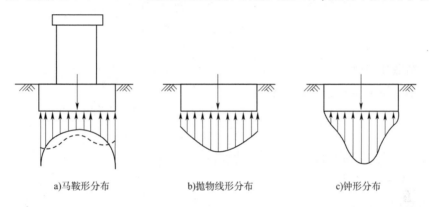

图 4-8 刚性基础下的压力分布

刚性荷载板底面压力分布的试验结果 表 4-1

土 类	荷载板底面的埋置深度(m)		
	0	0.30	0.60
砂土 (干的)	抛物线分布 $p_{max} = 1.36 p_m$	荷载小时鞍状分布 $p_0 = 0.93 p_m$	荷载大时抛物线分布 $p_{max} = 1.15 p_m$
黏土 A	荷载小时鞍形分布 $p_0 = 0.98 p_m$ $p_{max} = 1.23 p_m$	荷载小时鞍状分布 $p_0 = 0.98 p_m$ $p_{max} = 1.20 p_m$	荷载大时抛物线分布 $p_{max} = 1.13 p_m$
黏土 B ($\omega = 32\%$)	鞍形分布 $p_0 = 0.96 p_m$ $p_{max} = 1.26 p_m$	荷载小时鞍状分布 $p_0 = 0.97 p_m$ $p_{max} = 1.23 p_m$	

注:p_m 为荷载板底面平均压力;p_0 为荷载板底面中心的压力。

有限刚度基础底面的压力分布,可按基础的实际刚度及土的性质,用弹性地基上梁和板的方法计算,在本节中不做介绍。

二、基底压力的简化计算方法

从上述讨论可见,基底压力的分布是比较复杂的,但根据弹性理论中的圣维南原理以及从土中实际应力的测量结果得知,当作用在基础上的荷载总值一定时,基底压力分布形状对土中应力分布的影响,只在一定深度范围内,一般距基底的深度超过基础宽度的1.5~2.0倍时,它的影响已很不显著。因此,在实用上对基底压力的分布可近似地认为是按直线规律变化,采用简化方法计算,也即按材料力学公式计算。

基底压力分布的简化计算如图4-9所示。

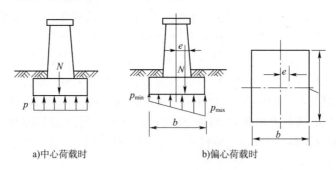

a)中心荷载时　　b)偏心荷载时

图4-9　基底压力分布的简化计算

1. 中心荷载作用时

基底压力 p 按中心受压公式计算:

$$p = \frac{N}{F} \tag{4-4}$$

式中:N——作用在基础底面中心的竖直荷载;
　　　F——基础底面积。

2. 偏心荷载作用时

基底压力按偏心受压公式计算:

$$p_{\min}^{\max} = \frac{N}{F} \pm \frac{M}{W} = \frac{N}{F}\left(1 \pm \frac{6e}{b}\right) \tag{4-5}$$

式中:N、M——作用在基础底面中心的竖直荷载及弯矩,$M = Ne$;
　　　e——荷载偏心距(在宽度 b 方向上);
　　　W——基础底面的抵抗矩,对矩形基础 $W = \dfrac{lb^2}{6}$;
　　　b、l——基础底面的宽度与长度。

由式(4-5)可知,按荷载偏心距 e 的大小,基底压力的分布可能出现下述三种情况(图4-10):

(1) 当 $e < \dfrac{b}{6}$ 时,由式(4-5)知,$p_{\min} > 0$,基底压力呈梯形分布,如图4-10a)所示。

(2) 当 $e = \dfrac{b}{6}$ 时,$p_{\min} = 0$,基底压力呈三角形分布,如图4-10b)所示。

(3) 当 $e > \dfrac{b}{6}$ 时,$p_{\min} < 0$,也即产生拉应力,如图4-10c)所示,但基底与土之间是不能承

受拉应力的,这时产生拉应力部分的基底将与土脱开,而不能传递荷载,基底压力将重新分布,如图 4-10d) 所示。重新分布后的基底最大压应力 p'_{max},根据应力重分布后合力作用点位置保持不变,由平衡条件求得:

$$p'_{max} = \frac{2N}{3\left(\frac{b}{2} - e\right)l} \tag{4-6}$$

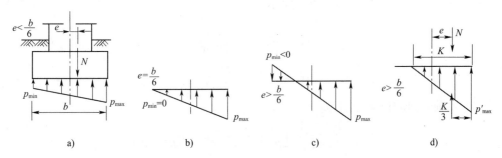

图 4-10 偏心荷载时基底压力分布的几种情况

第四节 竖向集中力作用下土中应力计算

土中附加应力是由建筑物荷载引起的应力增量。本节讨论在竖向集中力作用时土中的附加应力计算。虽然在实践中是没有集中力的,但它在土的应力计算中是一个基本公式,应用集中力的解答,通过叠加原理或者数值积分的方法可以得到各种分布荷载作用时的土中应力计算公式。

下面讨论在均匀的各向同性的半无限弹性体表面,作用一竖向集中力 Q(图 4-11),计算半无限体内任一点 M 的应力(不考虑弹性体的体积力)。这个课题已在弹性理论中由布西奈斯克(J. V. Boussinesq,1885)解得,其应力及位移的表达式分别如下,如图 4-11、图 4-12 所示。

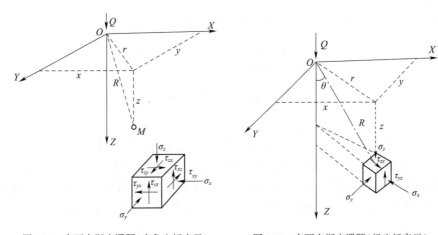

图 4-11 布西奈斯克课题(直角坐标表示)　　图 4-12 布西奈斯克课题(极坐标表示)

一、采用直角坐标系时

法向应力:

$$\sigma_z = \frac{3Qz^3}{2\pi R^5} \tag{4-7}$$

$$\sigma_x = \frac{3Q}{2\pi}\left\{\frac{zx^2}{R^5} + \frac{1-2\mu}{3}\left[\frac{R^2 - Rz - z^2}{R^3(R+z)} - \frac{x^2(2R+z)}{R^3(R+z)^2}\right]\right\} \tag{4-8}$$

$$\sigma_y = \frac{3Q}{2\pi}\left\{\frac{zy^2}{R^5} + \frac{1-2\mu}{3}\left[\frac{R^2 - Rz - z^2}{R^3(R+z)} - \frac{y^2(2R+z)}{R^3(R+z)^2}\right]\right\} \tag{4-9}$$

剪应力：

$$\tau_{xy} = \tau_{yx} = \frac{3Q}{2\pi}\left[\frac{xyz}{R^5} - \frac{1-2\mu}{3}\frac{xy(2R+z)}{R^3(R+z)^2}\right] \tag{4-10}$$

$$\tau_{yz} = \tau_{zy} = -\frac{3Q}{2\pi}\frac{yz^2}{R^5} \tag{4-11}$$

$$\tau_{zx} = \tau_{xz} = -\frac{3Q}{2\pi}\frac{xz^2}{R^5} \tag{4-12}$$

X、Y、Z 轴方向的位移分别为：

$$u = \frac{Q(1+\mu)}{2\pi E}\left[\frac{xz}{R^3} - (1-2\mu)\frac{x}{R(R+z)}\right] \tag{4-13}$$

$$v = \frac{Q(1+\mu)}{2\pi E}\left[\frac{yz}{R^3} - (1-2\mu)\frac{y}{R(R+z)}\right] \tag{4-14}$$

$$w = \frac{Q(1+\mu)}{2\pi E}\left[\frac{z^2}{R^3} + 2(1-\mu)\frac{1}{R}\right] \tag{4-15}$$

$$R = \sqrt{x^2 + y^2 + z^2}$$

式中：x、y、z —— M 点的坐标；

E、μ —— 弹性模量及泊松比。

二、当 M 点应力用极坐标表示时

$$\sigma_z = \frac{3Q}{2\pi z^2}\cos^5\theta \tag{4-16}$$

$$\sigma_r = \frac{Q}{2\pi z^2}\left[3\sin^2\theta\cos^3\theta - \frac{(1-2\mu)\cos^2\theta}{1+\cos\theta}\right] \tag{4-17}$$

$$\sigma_t = -\frac{Q(1-2\mu)}{2\pi z^2}\left[\cos^3\theta - \frac{\cos^2\theta}{1+\cos\theta}\right] \tag{4-18}$$

$$\tau_{rz} = \frac{3Q}{2\pi z^2}(\sin\theta\cos^4\theta) \tag{4-19}$$

$$\tau_{tr} = \tau_{tz} = 0 \tag{4-20}$$

上述的应力及位移分量计算公式，在集中力作用点处是不适用的，因为当 $R\to 0$ 时，从上述公式可见应力及位移均趋于无穷大，这时土已发生塑性变形，按弹性理论解得的公式已不适用了。

在上述应力及位移分量中，应用最多的是竖向法向应力 σ_z 及竖向位移 w，因此本章将着重讨论 σ_z 的计算。为了应用方便，式(4-7)的 σ_z 表达式可以写成如下形式：

$$\sigma_z = \frac{3Qz^3}{2\pi R^5} = \frac{3Q}{2\pi z^2}\frac{1}{\left[1+\left(\frac{r}{z}\right)^2\right]^{\frac{5}{2}}} = \alpha\frac{Q}{z^2} \tag{4-21}$$

式中，应力系数 $\alpha = \dfrac{3}{2\pi\left[1+\left(\dfrac{r}{z}\right)^2\right]^{\frac{5}{2}}}$，它是 $\left(\dfrac{r}{z}\right)$ 的函数，可制成表格查用。现将应力系

数 α 值列于表4-2。

集中力作用下的应力系数 α 值 表4-2

$\frac{r}{z}$	α	$\frac{r}{z}$	α	$\frac{r}{z}$	α	$\frac{r}{z}$	α	$\frac{r}{z}$	α
0.00	0.4775	0.50	0.2733	1.00	0.0844	1.50	0.0251	2.00	0.0085
0.05	0.4745	0.55	0.2466	1.05	0.0744	1.55	0.0224	2.20	0.0058
0.10	0.4657	0.60	0.2214	1.10	0.0658	1.60	0.0200	2.40	0.0040
0.15	0.4516	0.65	0.1978	1.15	0.0581	1.65	0.0179	2.60	0.0029
0.20	0.4329	0.70	0.1762	1.20	0.0513	1.70	0.0160	2.80	0.0021
0.25	0.4103	0.75	0.1565	1.25	0.0454	1.75	0.0144	3.00	0.0015
0.30	0.3849	0.80	0.1386	1.30	0.0402	1.80	0.0129	3.50	0.0007
0.35	0.3577	0.85	0.1226	1.35	0.0357	1.85	0.0116	4.00	0.0004
0.40	0.3294	0.90	0.1083	1.40	0.0317	1.90	0.0105	4.50	0.0002
0.45	0.3011	0.95	0.0956	1.45	0.0282	1.95	0.0095	5.00	0.0001

在工程实践中最常遇到的问题是地面竖向位移(即地表沉降)。计算地面某点A(其坐标为$z=0$、$R=r$)的沉降s,可由式(4-15)求得(图4-13),即:

$$s = w = \frac{Q(1-\mu^2)}{\pi E_0 r} \quad (4-22)$$

式中:E_0——土的变形模量(kPa),其含义参见第五章第二节。

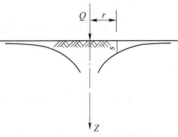

图4-13 集中力作用下的地面沉降

[**例题4-3**] 在地表面作用集中力$Q=200$kN,计算地面下深度$z=3$m处水平面上的竖向法向应力σ_z分布,以及距Q的作用点$r=1$m处竖直面上的竖向法向应力σ_z分布。

解:各点的竖向应力σ_z可按式(4-21)计算,并列于表4-3及表4-4中,同时可绘出σ_z的分布图,如图4-14所示。σ_z的分布曲线表明,在半无限土体内任一水平面上,随着与集中力作用点距离的增大,σ_z值迅速减小。在不通过集中力作用点的任一竖向剖面上,在土体表面处$\sigma_z=0$,随着深度的增加,σ_z逐渐增大,在某一深度处达到最大值,此后又逐渐减小。

$z=3$m 处水平面上竖向应力 σ_z 的计算 表4-3

r(m)	0	1	2	3	4	5
$\frac{r}{z}$	0	0.33	0.67	1.00	1.33	1.67
α	0.478	0.369	0.189	0.084	0.038	0.017
σ_z(kPa)	10.6	8.2	4.2	1.9	0.8	0.4

$r=1$m 处竖直面上的竖向应力 σ_z 的计算 表4-4

z(m)	0	1	2	3	4	5	6
$\frac{r}{z}$	∞	1.00	0.50	0.33	0.25	0.20	0.17
α	0	0.084	0.273	0.369	0.410	0.433	0.444
σ_z(kPa)	0	16.8	13.7	8.2	5.1	3.5	2.5

[**例题4-4**] 有一矩形基础,$b=2$m、$l=4$m,作用均布荷载$p=10$kPa,计算矩形基础中点

下深度 $z=2$m 及 10m 处的竖向应力 σ_z 值。

计算时将基础上的分布荷载用 8 个等份集中力 Q_i 代替,如图 4-15 所示。

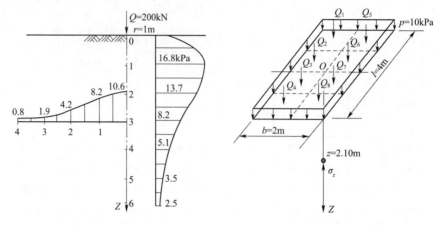

图 4-14　竖向集中力作用下土中应力分布　　图 4-15　基础上的分布荷载用集中力代替

解:将基础分成 8 等份,每等份面积 $\Delta F=1\text{m}\times 1\text{m}$,则作用在每等份面积上的集中力:
$$Q_i = p \times \Delta F = 10 \times 1 = 10\text{kN}$$

各集中力 Q_i 对矩形基础中点 O 的距离分别为:
$$r_1 = \sqrt{0.5^2+1.5^2} = 1.581\text{m}$$
$$r_2 = \sqrt{0.5^2+0.5^2} = 0.707\text{m}$$

将各集中力 Q_i 对基础中点 O 下深度 $z=2$m 及 10m 处的竖向应力 σ_z 值计算列于表 4-5。

σ_{zi} 计 算 表　　　　　　　　　　　　　　表 4-5

Q_i	z（m）	r（m）	$\dfrac{r}{z}$	α	$\sigma_{zi}=\alpha\dfrac{Q}{z^2}$（kPa）
Q_i	2	1.581	0.791	0.142	0.36
Q_s	2	0.707	0.353	0.356	0.89
Q_i	10	1.581	0.158	0.449	0.045
Q_s	10	0.707	0.071	0.471	0.047

在 O 点下深度 $z=2$m 处的竖向应力 σ_z 为:
$$\sigma_z = \sum_{i=1}^{2}\sigma_{zi} = 4\times(0.36+0.89) = 5\text{kPa}$$

$z=10$m 处的竖向应力 σ_z 为:
$$\sigma_z = \sum_{i=1}^{2}\sigma_{zi} = 4\times(0.045+0.047) = 0.368\text{kPa}$$

第五节　竖向分布荷载作用下土中应力计算

在实践中,荷载很少是以集中力的形式作用在土上,而往往是通过基础分布在一定面积上。若基础底面的形状或基底下的荷载分布不规则时,则可以把分布荷载分割为许多集中力,然后应用布西奈斯克公式和叠加方法计算土中应力。若基础底面的形状及分布荷载都是有规律时,则可以应用积分方法解得相应的土中应力。

若在半无限土体表面作用一分布荷载 $p(\xi,\eta)$,如图4-16所示。为了计算土中某点 $M(x,y,z)$ 的竖向应力值 σ_z,可以在基底范围内取元素面积 $\mathrm{d}F = \mathrm{d}\xi\mathrm{d}\eta$,作用在元素面积上的分布荷载可以用集中力 $\mathrm{d}Q$ 表示,$\mathrm{d}Q = p(\xi,\eta)\mathrm{d}\xi\mathrm{d}\eta$。这时,土中 M 点的竖向应力 σ_z 值可以用式(4-7)在基底面积范围内进行积分求得,即:

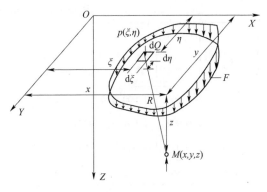

图4-16 分布荷载作用下土中应力计算

$$\sigma_z = \iint_F \mathrm{d}\sigma_z = \frac{3z^3}{2\pi}\iint_F \frac{Q}{R^5} = \frac{3z^3}{2\pi}\iint_F \frac{p(\xi,\eta)\mathrm{d}\xi\mathrm{d}\eta}{\left[\sqrt{(x-\xi)^2+(y-\eta)^2+z^2}\right]^5} \quad (4\text{-}23)$$

求解上式取决于3个边界条件:
(1)分布荷载 $p(\xi,\eta)$ 的分布规律及其大小。
(2)分布荷载的分布面积 F 的几何形状及其大小。
(3)应力计算点 M 的坐标 x、y、z 值。
下面介绍几种常见的基础底面形状及分布荷载作用时,土中应力的计算公式。

一、空间问题

若作用的荷载是分布在有限面积范围内,那么由式(4-23)可知,土中应力是与计算点的空间坐标 (x,y,z) 有关,这类解均属空间问题。如前文所介绍的集中力作用时的布西奈斯克课题,以及下面所讨论的圆形面积和矩形面积分布荷载下的解,均为空间问题。

(1)圆形面积上作用均布荷载时,土中竖向应力 σ_z 的计算。

在图4-17中,圆形面积上作用均布荷载 p,计算土中任一点 $M(r,z)$ 的竖向应力。若采用极坐标表示,原点在圆心 O。取元素面积 $\mathrm{d}F = \rho\mathrm{d}\varphi\mathrm{d}\rho$,其上作用元素荷载 $\mathrm{d}Q = p\mathrm{d}F = p\rho\mathrm{d}\varphi\mathrm{d}\rho$,那么可以由式(4-7)在圆面积范围内积分求得 σ_z 值。应注意,式中的 R 值在图4-17中是用 R_1 表示,已知:

$$R_1 = \sqrt{l^2+z^2} = (\rho^2+r^2-2\rho r\cos\varphi+z^2)^{\frac{1}{2}}$$

则得:

$$\sigma_z = \frac{3pz^3}{2\pi}\int_0^{2\pi}\int_0^R \frac{\rho\mathrm{d}\rho\mathrm{d}\varphi}{(\rho^2+r^2-2\rho r\cos\varphi+z^2)^{\frac{5}{2}}} \quad (4\text{-}24)$$

解式(4-24),得竖向应力 σ_z 的表达式:

$$\sigma_z = \alpha_c p \quad (4\text{-}25)$$

式中:α_c——应力系数,它是 $\dfrac{r}{R}$ 及 $\dfrac{z}{R}$ 的函数,可由表4-6查得;

R——圆面积的半径;

r——应力计算点 M 到 z 轴的水平距离。

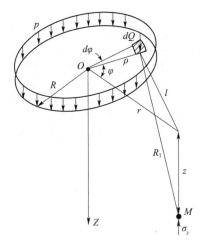

图4-17 圆形面积均布荷载作用下的土中应力计算

圆形面积上均布荷载作用下的竖向应力系数 α_c 值   表 4-6

$\dfrac{r}{R}$	$\dfrac{z}{R}$										
	0	0.2	0.4	0.6	0.8	1.0	1.2	1.4	1.6	1.8	2.0
0.0	1.000	1.000	1.000	1.000	1.000	0.500	0.000	0.000	0.000	0.000	0.000
0.2	0.998	0.991	0.987	0.970	0.890	0.468	0.077	0.015	0.005	0.002	0.001
0.4	0.949	0.943	0.920	0.860	0.712	0.435	0.181	0.065	0.026	0.012	0.006
0.6	0.864	0.852	0.813	0.733	0.591	0.400	0.224	0.113	0.056	0.029	0.016
0.8	0.756	0.742	0.699	0.619	0.504	0.366	0.237	0.142	0.083	0.048	0.029
1.0	0.646	0.633	0.593	0.525	0.434	0.332	0.235	0.157	0.102	0.065	0.042
1.2	0.547	0.535	0.502	0.447	0.377	0.300	0.226	0.162	0.113	0.078	0.053
1.4	0.461	0.452	0.425	0.383	0.329	0.270	0.212	0.161	0.118	0.088	0.062
1.6	0.390	0.383	0.362	0.330	0.288	0.243	0.197	0.156	0.120	0.090	0.068
1.8	0.332	0.327	0.311	0.285	0.254	0.218	0.182	0.148	0.118	0.092	0.072
2.0	0.285	0.280	0.268	0.248	0.224	0.196	0.167	0.140	0.114	0.092	0.074
2.2	0.246	0.242	0.233	0.218	0.198	0.176	0.153	0.131	0.109	0.090	0.074
2.4	0.214	0.211	0.203	0.192	0.176	0.159	0.146	0.122	0.101	0.087	0.073
2.6	0.187	0.185	0.179	0.170	0.158	0.144	0.129	0.113	0.098	0.084	0.071
2.8	0.165	0.163	0.159	0.151	0.141	0.130	0.118	0.105	0.092	0.080	0.069
3.0	0.146	0.145	0.141	0.135	0.127	0.118	0.108	0.097	0.087	0.077	0.067
3.4	0.117	0.116	0.114	0.110	0.105	0.098	0.091	0.084	0.076	0.068	0.061
3.8	0.096	0.095	0.093	0.091	0.087	0.083	0.078	0.073	0.067	0.061	0.053
4.2	0.079	0.079	0.078	0.076	0.073	0.070	0.067	0.063	0.059	0.054	0.050
4.6	0.067	0.067	0.066	0.064	0.063	0.060	0.058	0.055	0.052	0.048	0.045
5.0	0.057	0.057	0.056	0.055	0.054	0.052	0.050	0.048	0.046	0.043	0.041
5.5	0.048	0.048	0.047	0.046	0.045	0.044	0.043	0.041	0.039	0.038	0.036
6.0	0.040	0.040	0.040	0.039	0.039	0.038	0.037	0.036	0.034	0.033	0.031

[**例题 4-5**] 有一圆形基础,半径 $R=1\text{m}$,其上作用中心荷载 $Q=200\text{kN}$,求基础边缘点下的竖向应力 σ_z 分布,并将计算结果与例题 4-3 中把 Q 作为集中力作用时的计算结果(表 4-4)进行比较。

解:在基础底面的压力为:

$$p = \frac{Q}{F} = \frac{200}{\pi \times 1^2} = 63.7\text{kPa}$$

圆形基础边缘点下的竖向应力 σ_z 按式(4-25)计算,即:

$$\sigma_z = \alpha_c p$$

将计算结果列于表 4-7,在表中同时列出了例题 4-3 中表 4-4 的结果。

圆形面积边缘点下竖向应力 σ_z 计算　　　　　　　　表 4-7

z (m)	圆形面积均布荷载力 p 作用时		集中力 Q 作用时	
	α_c	$\sigma_z = \alpha_c p (\text{kPa})$	α	$\sigma_z (\text{kPa})$
0	0.500	31.8	0	0
0.5	0.418	26.6	0.0085	6.8
1.0	0.332	21.1	0.084	16.8
2.0	0.196	12.5	0.273	13.7
3.0	0.118	7.5	0.369	8.2
4.0	0.077	4.9	0.410	5.1
6.0	0.038	2.4	0.444	2.5

对比表中两种计算结果可以看到,当深度 $z \geq 4\text{m}$ 后,两种计算的结果已相差很小。由此说明,当 $\dfrac{z}{2R} \geq 2$ 后,荷载分布形式对土中应力的影响已很不显著。

(2) 矩形面积均布荷载作用时土中竖向应力 σ_z 计算。

① 矩形面积中点 O 下土中竖向应力 σ_z 计算。

图 4-18 表示在地基表面 $l \times b$ 的面积上作用均布荷载 p,其中点 O 下深度 z 处竖向应力 σ_z 可由式(4-23)解得:

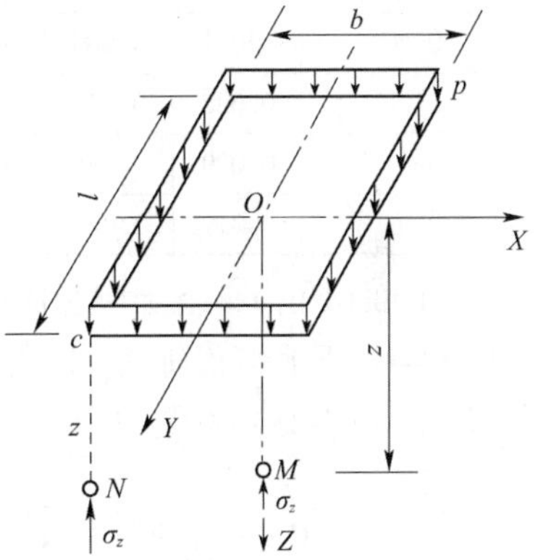

$$\sigma_z = \frac{3z^3}{2\pi} p \int_{-\frac{l}{2}}^{\frac{l}{2}} \int_{-\frac{b}{2}}^{\frac{b}{2}} \frac{\mathrm{d}\eta \mathrm{d}\xi}{(\sqrt{\xi^2 + \eta^2 + z^2})^5}$$

$$= \frac{2p}{\pi} \left[\frac{2mn(1 + n^2 + 8m^2)}{\sqrt{1 + n^2 + 4m^2}(1 + 4m^2)(n^2 + 4m^2)} + \arctan \frac{n}{2m\sqrt{1 + n^2 + 4m^2}} \right]$$

$$= \alpha_0 p \tag{4-26}$$

图 4-18　矩形面积均布荷载作用下中点及角点竖向应力 σ_z 的计算

式中,应力系数 $\alpha_0 = \dfrac{2}{\pi} \left[\dfrac{2mn(1 + n^2 + 8m^2)}{\sqrt{1 + n^2 + 4m^2}(1 + 4m^2)(n^2 + 4m^2)} + \arctan \dfrac{n}{2m\sqrt{1 + n^2 + 4m^2}} \right]$,

α_0 是 $n = \dfrac{l}{b}$ 和 $m = \dfrac{z}{b}$ 的函数,可由表 4-8 查得。

矩形面积上均布荷载作用时,中点下竖向应力系数 α_0 值　　　　　　　　表 4-8

深宽比 $m = \dfrac{z}{b}$	矩形面积长宽比 $n = \dfrac{l}{b}$									
	1.0	1.2	1.4	1.6	1.8	2.0	3.0	4.0	5.0	≥10
0	1.000	1.000	1.000	1.000	1.000	1.000	1.000	1.000	1.000	1.000
0.2	0.960	0.968	0.972	0.974	0.975	0.976	0.977	0.977	0.977	0.977
0.4	0.800	0.830	0.848	0.859	0.866	0.870	0.879	0.880	0.881	0.881
0.6	0.606	0.651	0.682	0.703	0.717	0.727	0.748	0.753	0.754	0.755

续上表

深宽比 $m = \dfrac{z}{b}$	矩形面积长宽比 $n = \dfrac{l}{b}$									
	1.0	1.2	1.4	1.6	1.8	2.0	3.0	4.0	5.0	≥10
0.8	0.449	0.496	0.532	0.558	0.579	0.593	0.627	0.636	0.639	0.642
1.0	0.334	0.378	0.414	0.441	0.463	0.481	0.524	0.540	0.545	0.550
1.2	0.257	0.294	0.325	0.352	0.374	0.392	0.442	0.462	0.470	0.477
1.4	0.201	0.232	0.260	0.284	0.304	0.321	0.376	0.400	0.410	0.420
1.6	0.160	0.187	0.210	0.232	0.251	0.267	0.322	0.348	0.360	0.374
1.8	0.130	0.153	0.173	0.192	0.209	0.224	0.278	0.305	0.320	0.337
2.0	0.108	0.127	0.145	0.161	0.176	0.189	0.237	0.270	0.285	0.304
2.5	0.072	0.085	0.097	0.109	0.210	0.131	0.174	0.202	0.219	0.249
3.0	0.051	0.060	0.070	0.078	0.087	0.095	0.130	0.155	0.172	0.208
3.5	0.038	0.045	0.052	0.059	0.066	0.072	0.100	0.123	0.139	0.180
4.0	0.029	0.035	0.040	0.046	0.051	0.056	0.080	0.095	0.113	0.158
5.0	0.019	0.022	0.026	0.030	0.033	0.037	0.053	0.067	0.079	0.128

②矩形面积角点 c 下土中竖向应力 σ_z 计算。

在图 4-18 所示均布荷载 p 作用下,计算矩形面积角点 c 下深度 z 处 N 点的竖向应力 σ_z 时,同样可以由式(4-23)解得:

$$\sigma_z = \iint_F d\sigma_z = \frac{3z^3}{2\pi}p \int_{-\frac{l}{2}}^{\frac{l}{2}} \int_{-\frac{b}{2}}^{\frac{b}{2}} \frac{d\xi d\eta}{\left[\left(\frac{b}{2}-\xi\right)^2 + \left(\frac{l}{2}-\eta\right)^2 + z^2\right]^{\frac{5}{2}}}$$

$$= \frac{p}{2\pi}\left[\frac{mn(1+n^2+2m^2)}{\sqrt{1+m^2+n^2}(m^2+n^2)(1+m^2)} + \arctan\frac{n}{m\sqrt{1+n^2+m^2}}\right]$$

$$= \alpha_a p \qquad (4\text{-}27)$$

式中,应力系数 $\alpha_a = \dfrac{1}{2\pi}\left[\dfrac{mn(1+n^2+2m^2)}{\sqrt{1+m^2+n^2}(m^2+n^2)(1+m^2)} + \arctan\dfrac{n}{m\sqrt{1+n^2+m^2}}\right]$,

α_a 是 $n = \dfrac{l}{b}$ 和 $m = \dfrac{z}{b}$ 的函数,可由表 4-9 查得。

矩形面积上均布荷载作用时,角点下竖向应力系数 α_a 值   表 4-9

深宽比 $m = \dfrac{z}{b}$	矩形面积长宽比 $n = \dfrac{l}{b}$									
	1.0	1.2	1.4	1.6	1.8	2.0	3.0	4.0	5.0	≥10
0	0.250	0.250	0.250	0.250	0.250	0.250	0.250	0.250	0.250	0.250
0.2	0.249	0.249	0.249	0.249	0.249	0.249	0.249	0.249	0.249	0.249
0.4	0.240	0.242	0.243	0.243	0.244	0.244	0.244	0.244	0.244	0.244
0.6	0.223	0.228	0.230	0.232	0.232	0.233	0.234	0.234	0.234	0.234
0.8	0.200	0.208	0.212	0.215	0.217	0.218	0.220	0.220	0.220	0.220
1.0	0.175	0.185	0.191	0.196	0.198	0.200	0.203	0.204	0.204	0.205

续上表

深宽比 $m = \dfrac{z}{b}$	矩形面积长宽比 $n = \dfrac{l}{b}$									
	1.0	1.2	1.4	1.6	1.8	2.0	3.0	4.0	5.0	≥10
1.2	0.152	0.163	0.171	0.176	0.179	0.182	0.187	0.188	0.189	0.189
1.4	0.131	0.142	0.151	0.157	0.161	0.164	0.171	0.173	0.174	0.174
1.6	0.112	0.124	0.133	0.140	0.145	0.148	0.157	0.159	0.160	0.160
1.8	0.097	0.108	0.117	0.124	0.129	0.133	0.143	0.146	0.147	0.148
2.0	0.084	0.095	0.103	0.110	0.116	0.120	0.131	0.135	0.136	0.137
2.5	0.060	0.069	0.077	0.083	0.089	0.093	0.106	0.111	0.114	0.115
3.0	0.045	0.052	0.058	0.064	0.069	0.073	0.087	0.093	0.096	0.099
4.0	0.027	0.032	0.036	0.040	0.044	0.048	0.060	0.067	0.071	0.076
5.0	0.018	0.021	0.024	0.027	0.030	0.033	0.044	0.050	0.055	0.061
7.0	0.010	0.011	0.013	0.015	0.016	0.018	0.025	0.031	0.035	0.043
9.0	0.006	0.007	0.008	0.009	0.010	0.011	0.016	0.020	0.024	0.032
10.0	0.005	0.006	0.007	0.007	0.008	0.009	0.013	0.017	0.020	0.028

③矩形面积均布荷载作用时,土中任意点的竖向应力 σ_z 计算——角点法。

如图 4-19 所示,在矩形面积 abcd 上作用均布荷载 p,要求计算土中任意点 M 的竖向应力 σ_z,M 点既不在矩形面积中点的下面,也不在角点的下面,而是任意点。M 点的竖直投影点 A 可能在矩形面积 abcd 范围之内,也可能在范围之外。这时,可以用式(4-27)按下述叠加方法进行计算,这种计算方法一般称为角点法。

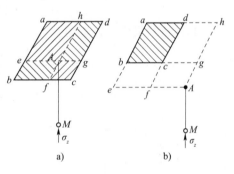

图 4-19 角点法计算图示

A. 若 A 点在矩形面积范围之内[图 4-19a)]。

计算时,可以通过 A 点将受荷面积 abcd 划分为 4 个小矩形面积 aeAh、ebfA、hAgd 及 Afcg。这时,A 点分别在 4 个小矩形面积的角点,这样就可以用式(4-27)分别计算 4 个小矩形面积均布荷载在角点 A 下引起的竖向应力 σ_{zi},再叠加起来即得:

$$\sigma_z = \sum \sigma_{zi} = \sigma_{z(aeAh)} + \sigma_{z(ebfA)} + \sigma_{z(hAgd)} + \sigma_{z(Afcg)}$$

B. 若 A 点在矩形面积范围之外[图 4-19b)]。

计算时,可按图 4-19b)划分的方法,分别计算矩形面积 aeAh、beAg、dfAh 及 cfAg 在角点 A 下引起的竖向应力 σ_{zi},然后按下述叠加方法计算:

$$\sigma_z = \sigma_{z(aeAh)} - \sigma_{z(beAg)} - \sigma_{z(dfAh)} + \sigma_{z(cfAg)}$$

[例题 4-6] 有一矩形面积基础,$b = 4$m,$l = 6$m,其上作用均布荷载 $p = 100$kPa,计算矩形基础中点 O 下深度 $z = 8$m 处 M 点竖向应力 σ_z 值(图 4-20)。

解:按式(4-26)计算 σ_z 值,即:

$$\sigma_z = \alpha_0 p$$

已知 $\dfrac{l}{b} = \dfrac{6}{4} = 1.5$,$\dfrac{z}{b} = \dfrac{8}{4} = 2$,由表 4-8 查得应力系数 $\alpha_0 = 0.153$。

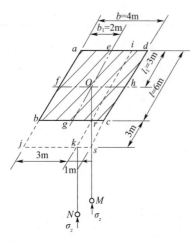

图 4-20　例题 4-6、例题 4-7、例题 4-8 图

由式(4-26)得：$\sigma_z = 0.153 \times 100 = 15.3\text{kPa}$。

[**例题 4-7**]　同例题 4-6，但用角点法计算 M 点的竖向应力 σ_z 值。

解：将矩形面积 $abcd$ 通过中心点 O 划分成 4 个相等的小矩形面积（$afOe$、$Ofbg$、$eOhd$ 及 $Ogch$），M 点位于 4 个小矩形面积的角点下，可按式(4-27)用角点法计算 M 点的竖向应力 σ_z 值。

考虑矩形面积 $afOe$，已知 $\dfrac{l_1}{b_1} = \dfrac{3}{2} = 1.5$，$\dfrac{z}{b_1} = \dfrac{8}{2} = 4$，由表 4-9 查得应力系数 $\alpha_a = 0.038$，故得：

$$\sigma_z = 4\sigma_{z(afOe)} = 4 \times 0.038 \times 100 = 15.2\text{kPa}$$

按角点法计算，结果与例题 4-6 的计算结果一致。

[**例题 4-8**]　同例题 4-6，但求矩形基础外 k 点下深度 $z = 6\text{m}$ 处 N 点竖向应力 σ_z 值(图 4-20)。

解：如图 4-20 所示，将 k 点置于假设的矩形受荷面积的角点处，按角点法计算 N 点的竖向应力。N 点的竖向应力是由矩形受荷面积 $ajki$ 与 $iksd$ 引起的竖向应力之和减去矩形受荷面积 $bjkr$ 与 $rksc$ 引起的竖向应力。即：

$$\sigma_z = \sigma_{z(ajki)} + \sigma_{z(iksd)} - \sigma_{z(bjkr)} - \sigma_{z(rksc)}$$

将其计算结果列于表 4-10。

用角点法计算 N 点竖向应力 σ_z 值　　　　表 4-10

荷载作用面积	$n = \dfrac{l}{b}$	$m = \dfrac{z}{b}$	α_a
$ajki$	$\dfrac{9}{3} = 3$	$\dfrac{6}{3} = 2$	0.131
$iksd$	$\dfrac{9}{1} = 9$	$\dfrac{6}{1} = 6$	0.051
$bjkr$	$\dfrac{3}{3} = 1$	$\dfrac{6}{3} = 2$	0.084
$rksc$	$\dfrac{3}{1} = 3$	$\dfrac{6}{1} = 6$	0.035

$$\sigma_z = 100 \times (0.131 + 0.051 - 0.084 - 0.035)$$
$$= 100 \times 0.063 = 6.3\text{kPa}$$

(3) 矩形面积上作用三角形分布荷载时，土中竖向应力 σ_z 计算。

如图 4-21 所示，在地基表面作用矩形($l \times b$)三角形分布荷载，计算荷载为零的角点下深度 z 处 M 点的竖向应力 σ_z 时，同样可以用式(4-23)求解。将坐标原点取在荷载为零的角点上，z 轴通过 M 点。取元素面积 $dF = dxdy$，其上作用元素集中力 $dQ = \dfrac{x}{b}p\,dxdy$，则

$$\sigma_z = \dfrac{3z^3}{2\pi}p \int_0^l \int_0^b \dfrac{\dfrac{x}{b}dxdy}{(x^2 + y^2 + z^2)^{\frac{5}{2}}}$$

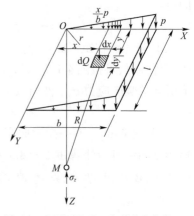

图 4-21　矩形面积上三角形分布荷载作用下 σ_z 计算

$$= \frac{mn}{2\pi}\left[\frac{1}{\sqrt{n^2+m^2}} - \frac{m^2}{(1+m^2)\sqrt{1+m^2+n^2}}\right]p$$

$$= \alpha_t p \tag{4-28}$$

式中,应力系数 $\alpha_t = \frac{mn}{2\pi}\left[\frac{1}{\sqrt{n^2+m^2}} - \frac{m^2}{(1+m^2)\sqrt{1+m^2+n^2}}\right]$,它是 $m = \frac{z}{b}$、$n = \frac{l}{b}$ 的函数,可由表 4-11 查得。应注意,上述 b 值不是指基础的宽度,而是指三角形荷载分布方向的基础边长,如图 4-21 所示。

矩形面积上三角形分布荷载作用下,压力为零的角点以下的竖向应力系数 α_t 值　　表 4-11

$m = \frac{z}{b}$　$n = \frac{l}{b}$	0.2	0.6	1.0	1.4	1.8	3.0	8.0	10.0
0	0.0000	0.0000	0.0000	0.0000	0.0000	0.0000	0.0000	0.0000
0.2	0.0233	0.0296	0.0304	0.0305	0.0306	0.0306	0.0306	0.0306
0.4	0.0269	0.0487	0.0531	0.0543	0.0546	0.0548	0.0549	0.0549
0.6	0.0259	0.0560	0.0654	0.0684	0.0694	0.0701	0.0702	0.0702
0.8	0.0232	0.0553	0.0688	0.0739	0.0759	0.0773	0.0776	0.0776
1.0	0.0201	0.0508	0.0666	0.0735	0.0766	0.0790	0.0796	0.0796
1.2	0.0171	0.0450	0.0615	0.0698	0.0733	0.0774	0.0783	0.0783
1.4	0.0145	0.0392	0.0554	0.0644	0.0692	0.0739	0.0752	0.0753
1.6	0.0123	0.0339	0.0492	0.0586	0.0639	0.0697	0.0715	0.0715
1.8	0.0105	0.0294	0.0453	0.0528	0.0585	0.0652	0.0675	0.0675
2.0	0.0090	0.0255	0.0384	0.0474	0.0533	0.0607	0.0636	0.0636
2.5	0.0063	0.0183	0.0284	0.0362	0.0419	0.0514	0.0547	0.0548
3.0	0.0046	0.0135	0.0214	0.0230	0.0331	0.0419	0.0474	0.0476
5.0	0.0018	0.0054	0.0088	0.0120	0.0148	0.0214	0.0296	0.0301
7.0	0.0009	0.0028	0.0047	0.0064	0.0081	0.0124	0.0204	0.0212
10.0	0.0005	0.0014	0.0024	0.0033	0.0041	0.0066	0.0128	0.0139

注:b 为三角形荷载分布方向的基础边长,l 为另一方向的全长。

[**例题 4-9**] 有一矩形面积($l = 5\text{m}$、$b = 3\text{m}$)三角形分布的荷载作用在地基表面,荷载最大值 $p = 100\text{kPa}$,计算在矩形面积内 O 点下深度 $z = 3\text{m}$ 处 M 点的竖向应力 σ_z 值(图 4-22)。

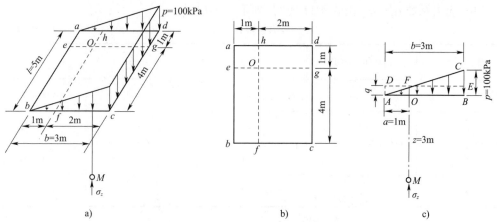

图 4-22　例题 4-9 计算图

解:本例题求解时,要通过两次叠加法计算。第一次是荷载作用面积的叠加,即前述的角点法;第二次是荷载分布图形的叠加。分别计算如下:

①荷载作用面积叠加计算。

因为 O 点在矩形面积 $abcd$ 内,故可用角点法计算。如图 4-22a)、b)所示,通过 O 点将矩形面积划分为 4 块,假定其上作用着均布荷载 q[见图 4-22c)中荷载 $DABE$],则 M 点产生的竖向应力 σ_{zi} 可用前述角点法计算,即:

$$\sigma_{z1} = \sigma_{z1(aeOh)} + \sigma_{z1(ebfO)} + \sigma_{z1(Ofcg)} + \sigma_{z1(hOgd)} = q(\alpha_{a1} + \alpha_{a2} + \alpha_{a3} + \alpha_{a4})$$

式中:α_{a1}、α_{a2}、α_{a3}、α_{a4}——各块面积的应力系数,由表 4-9 查得,其计算结果列于表 4-12。

应力系数 α_{ai} 计算 表 4-12

编 号	荷载作用面积	$n = \dfrac{l}{b}$	$m = \dfrac{z}{b}$	α_{ai}
1	$aeOh$	$\dfrac{1}{1} = 1$	$\dfrac{3}{1} = 3$	0.045
2	$ebfO$	$\dfrac{4}{1} = 4$	$\dfrac{3}{1} = 3$	0.093
3	$Ofcg$	$\dfrac{4}{2} = 2$	$\dfrac{3}{2} = 1.5$	0.156
4	$hOgd$	$\dfrac{2}{1} = 2$	$\dfrac{3}{1} = 3$	0.073

$$\sigma_{z1} = q \sum \alpha_{ai} = \frac{100}{3} \times (0.045 + 0.093 + 0.156 + 0.073) = \frac{100}{3} \times 0.367 = 12.2 \text{kPa}$$

②荷载分布图形叠加计算。

上述角点法求得的应力 σ_{z1} 是由均布荷载 q 引起的,但实际作用的荷载是三角形分布,因此可以将图 4-22c)所示的三角形分布荷载 ABC 分割成 3 块:均布荷载 $DABE$、三角形荷载 AFD 及 CFE。三角形荷载 ABC 等于均布荷载 $DABE$ 减去三角形荷载 AFD,加上三角形荷载 CFE。故可将此三块分布荷载产生的应力叠加计算。

三角形分布荷载 AFD,其最大值为 q,作用在矩形面积 $aeOh$ 及 $ebfO$ 上,并且 O 点在荷载零点处。因此,它对 M 点引起的竖向应力 σ_{z2} 是两块矩形面积三角形分布荷载引起的应力之和,可按式(4-28)计算。即:

$$\sigma_{z2} = \sigma_{z2(aeOh)} + \sigma_{z2(ebfO)} = q(\alpha_{t1} + \alpha_{t2})$$

式中,应力系数 α_{t1}、α_{t2} 由表 4-11 查得,列于表 4-13 中。

应力系数 α_{ti} 计算 表 4-13

编 号	荷载作用面积	$n = \dfrac{l}{b}$	$m = \dfrac{z}{b}$	α_{ai}
1	$aeOh$	$\dfrac{1}{1} = 1$	$\dfrac{3}{1} = 3$	0.021
2	$ebfO$	$\dfrac{4}{1} = 4$	$\dfrac{3}{1} = 3$	0.045
3	$Ofcg$	$\dfrac{4}{2} = 2$	$\dfrac{3}{2} = 1.5$	0.069
4	$hOgd$	$\dfrac{1}{2} = 0.5$	$\dfrac{3}{2} = 1.5$	0.032

$$\sigma_{z2} = \frac{100}{3}(0.021 + 0.045) = 2.2 \text{kPa}$$

三角形分布荷载 CFE，其最大值为 $p-q$，作用在矩形面积 $Ofcg$ 及 $hOgd$ 上，同样 O 点也在荷载零点处。因此，它对 M 点产生的竖向应力 σ_{z3} 是这两块矩形面积三角形分布荷载引起的应力之和，可按式(4-28)计算。即：

$$\sigma_{z3} = \sigma_{z3(Ofcg)} + \sigma_{z3(hOgd)} = (p-q)(\alpha_{t3} + \alpha_{t4})$$

$$= \left(100 - \frac{100}{3}\right) \times (0.069 + 0.032) = 6.7\text{kPa}$$

最后叠加求得三角形分布荷载 ABC 对 M 点产生的竖向应力 σ_z 为：

$$\sigma_z = \sigma_{z1} - \sigma_{z2} + \sigma_{z3} = 12.2 - 2.2 + 6.7 = 16.7\text{kPa}$$

二、平面问题

若在半无限体表面作用无限长条形的分布荷载，荷载在宽度方向分布是任意的，但在长度方向的分布规律是相同的，如图4-23所示。在计算土中任一点 M 的应力时，只与该点的平面坐标 (x,z) 有关，而与荷载长度方向 y 轴坐标无关，这种情况属于平面应变问题。虽然在工程实践中不存在无限长条分布荷载，但常把路堤、堤坝以及长宽比 $\dfrac{l}{b} \geq 10$ 的条形基础等，视作平面应变问题计算。

1. 均布线荷载作用时土中应力计算

在地基土表面作用无限分布的均布线荷载 p，如图4-24所示，计算土中任一点 M 的应力时，可以用布西奈斯克公式[式(4-7)～式(4-12)]积分求得：

$$\sigma_z = \frac{3z^3}{2\pi}p\int_{-\infty}^{\infty}\frac{\mathrm{d}y}{(x^2+y^2+z^2)^{\frac{5}{2}}} = \frac{2z^3 p}{\pi(x^2+z^2)^2} \tag{4-29}$$

$$\sigma_x = \frac{2x^2 z p}{\pi(x^2+z^2)^2} \tag{4-30}$$

$$\tau_{xz} = \frac{2xz^2 p}{\pi(x^2+z^2)^2} \tag{4-31}$$

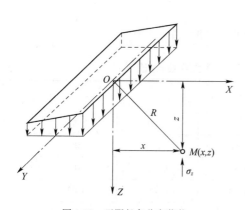 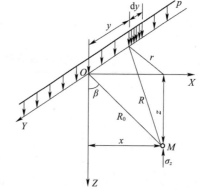

图4-23 无限长条分布荷载　　图4-24 均布线荷载作用时土中应力计算

式(4-29)～式(4-31)在弹性理论中称为弗拉曼(Flamant)解。若用极坐标表示时，从图4-24可知，$z = R_0\cos\beta$，$x = R_0\sin\beta$，代入式(4-29)～式(4-31)即得：

$$\sigma_z = \frac{2p}{\pi R_0}\cos^3\beta \tag{4-32}$$

$$\sigma_x = \frac{p}{\pi R_0}\sin\beta \cdot \sin2\beta \tag{4-33}$$

$$\tau_{xz} = \frac{p}{\pi R_0}\cos\beta \cdot \sin2\beta \tag{4-34}$$

2. 均布条形荷载作用时土中应力计算

(1) 计算土中任一点的竖向应力。

在土体表面作用均布条形荷载 p，其分布宽度为 b，如图 4-25 所示，计算土中任一点 $M(x,z)$ 的竖向应力 σ_z 时，可以将式(4-29)在荷载分布宽度 b 范围内积分求得：

$$\begin{aligned}\sigma_z &= \int_{-\frac{b}{2}}^{\frac{b}{2}} \frac{2z^3 p\, d\xi}{\pi\left[(x-\xi)^2 + z^2\right]^2} \\ &= \frac{p}{\pi}\left[\arctan\frac{1-2n'}{2m} + \arctan\frac{1+2n'}{2m} - \frac{4m(4n'^2 - 4m^2 - 1)}{(4n'^2 + 4m^2 - 1)^2 + 16m^2}\right] \\ &= \alpha_u p\end{aligned} \tag{4-35}$$

式中：α_u ——应力系数，它是 $n' = \dfrac{x}{b}$ 及 $m = \dfrac{z}{b}$ 的函数，可从表 4-14 中查得。

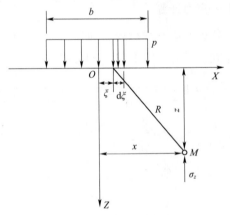

图 4-25 均布条形荷载作用时土中 σ_z 计算

均布条形荷载下竖向应力系数 α_u 值 表 4-14

$n' = \dfrac{x}{b}$	$m = \dfrac{z}{b}$					
	0	0.25	0.50	1.00	1.50	2.00
0	1.00	1.00	0.50	0	0	0
0.25	0.96	0.90	0.50	0.02	0	0
0.50	0.82	0.74	0.48	0.08	0.02	0
0.75	0.67	0.61	0.45	0.15	0.04	0.02
1.00	0.55	0.51	0.41	0.19	0.07	0.03
1.25	0.46	0.44	0.37	0.20	0.10	0.04

续上表

$n' = \dfrac{x}{b}$	$m = \dfrac{z}{b}$					
	0	0.25	0.50	1.00	1.50	2.00
1.50	0.40	0.38	0.33	0.21	0.11	0.06
1.75	0.35	0.34	0.30	0.21	0.13	0.07
2.00	0.31	0.31	0.28	0.20	0.13	0.08
3.00	0.21	0.21	0.20	0.17	0.14	0.10
4.00	0.16	0.16	0.15	0.14	0.12	0.10
5.00	0.13	0.13	0.12	0.12	0.11	0.09
6.00	0.11	0.10	0.10	0.10	0.10	—

注意坐标轴的原点是在均布荷载的中点处。

若采用图 4-26 中的极坐标表示时,从 M 点到荷载边缘的连线与竖直线间的夹角分别为 β_1 和 β_2,对其正负号的规定是,从竖直线 MN 绕 M 点逆时针旋转至连线时为正,反之为负。在图 4-26 中的 β_1 和 β_2 均为正值。

取元素荷载宽度 dx,可知:

$$dx = \frac{R_0 d\beta}{\cos\beta}$$

利用极坐标表示的弗拉曼公式 [式(4-32) ~ 式(4-34)],在荷载分布宽度范围内积分,即可求得 M 点的应力表达式:

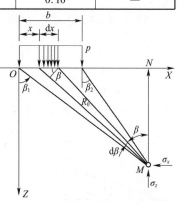

图 4-26 均布条形荷载作用时土中应力计算(极坐标表示)

$$\sigma_z = \frac{2p}{\pi R_0}\int_{\beta_2}^{\beta_1}\cos^3\beta \times \frac{R_0}{\cos\beta}d\beta = \frac{2p}{\pi}\int_{\beta_2}^{\beta_1}\cos^2\beta d\beta$$

$$= \frac{p}{\pi}\left(\beta_1 + \frac{1}{2}\sin2\beta_1 - \beta_2 - \frac{1}{2}\sin2\beta_2\right) \tag{4-36}$$

$$\sigma_x = \frac{p}{\pi}\left(\beta_1 - \frac{1}{2}\sin2\beta_1 - \beta_2 + \frac{1}{2}\sin2\beta_2\right) \tag{4-37}$$

$$\tau_{xz} = \frac{p}{2\pi}(\cos2\beta_2 - \cos2\beta_1) \tag{4-38}$$

(2)计算土中任一点的主应力。

如图 4-27 所示,在土体表面作用均布条形荷载 p,计算土中任一点 M 的最大、最小主应力 σ_1 和 σ_3 时,可以用材料力学中有关主应力与法向应力及剪应力间的关系式计算,即:

$$\left.\begin{array}{l}\sigma_1\\ \sigma_3\end{array}\right\} = \frac{\sigma_x + \sigma_z}{2} \pm \sqrt{\left(\frac{\sigma_x - \sigma_z}{2}\right)^2 + \tau_{xz}^2} \tag{4-39}$$

$$\tan2\theta = \frac{2\tau_{xz}}{\sigma_z - \sigma_x} \tag{4-40}$$

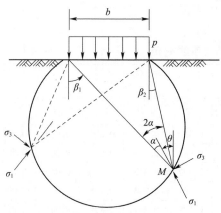

图 4-27 均布条形荷载作用时土中主应力计算

式中:θ ——最大主应力的作用方向与竖直线间的夹角。

将式(4-36)~式(4-38)代入上式，即得 M 点的主应力表达式及其作用方向。

$$\left.\begin{array}{c}\sigma_1\\\sigma_3\end{array}\right\} = \frac{p}{\pi}[(\beta_1 - \beta_2) \pm \sin(\beta_1 - \beta_2)] \quad (4-41)$$

$$\tan2\theta = \tan(\beta_1 + \beta_2) \quad (4-42)$$

$$\theta = \frac{1}{2}(\beta_1 + \beta_2)$$

若令从 M 点到荷载宽度边缘连线的夹角为 2α（一般也称视角），则从图 4-27 可得：

$$2\alpha = \beta_1 - \beta_2 \quad (4-43)$$

那么，由式(4-42)可知，最大主应力 σ_1 的作用方向正好在视角 2α 的等分线上，如图 4-27 所示。

将式(4-43)代入式(4-41)，也可得到用视角表示的任一点 M 的主应力表达式：

$$\left.\begin{array}{c}\sigma_1\\\sigma_3\end{array}\right\} = \frac{p}{\pi}(2\alpha \pm \sin2\alpha) \quad (4-44)$$

从上式看到，式中仅有一个变量 α，因此土中凡视角 2α 相等的点，其主应力也相等。这样，土中主应力的等值线将是通过荷载分布宽度两个边缘点的圆，如图 4-27 所示。

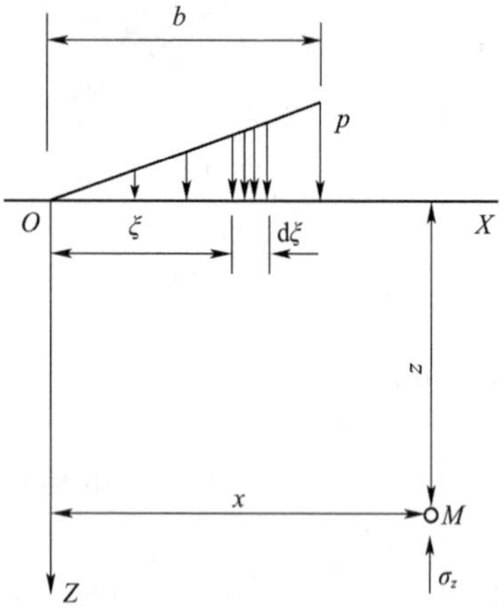

3. 三角形分布条形荷载作用时土中应力计算（图 4-28）

其最大值为 p，计算土中 M 点 (x,z) 的竖向应力 σ_z 时，可按式(4-29)在宽度范围 b 内积分即得：

$$\mathrm{d}p = \frac{\xi}{b}p\mathrm{d}\xi$$

$$\begin{aligned}\sigma_z &= \frac{2z^3 p}{\pi b} \int_0^b \frac{\xi \mathrm{d}\xi}{[(x-\xi)^2 + z^2]^2}\\ &= \frac{p}{\pi}\left[n'\left(\arctan\frac{n'}{m} - \arctan\frac{n'-1}{m}\right) - \frac{m(n'-1)}{(n'-1)^2 + m^2}\right]\\ &= \alpha_s p\end{aligned}$$

$$(4-45)$$

图 4-28 三角形分布条形荷载作用时土中竖向应力 σ_z 计算

式中：α_s——应力系数，它是 $n' = \dfrac{x}{b}$ 及 $m = \dfrac{z}{b}$ 的函数，可由表 4-15 中查得。

坐标轴原点在三角形荷载的零点处。

三角形分布的条形荷载下竖向应力系数 α_s 值　　表 4-15

$n' = \dfrac{x}{b}$	$m = \dfrac{z}{b}$										
	-1.5	-1.0	-0.5	0.0	0.25	0.50	0.75	1.0	1.5	2.0	2.5
0.00	0.000	0.000	0.000	0.000	0.250	0.500	0.750	0.500	0.000	0.000	0.000
0.25	0.000	0.000	0.001	0.075	0.256	0.480	0.643	0.424	0.017	0.003	0.000
0.50	0.002	0.003	0.023	0.127	0.263	0.410	0.477	0.353	0.056	0.017	0.003
0.75	0.006	0.016	0.042	0.153	0.248	0.335	0.361	0.293	0.108	0.024	0.009
1.00	0.014	0.025	0.061	0.159	0.223	0.273	0.279	0.241	0.129	0.045	0.013
1.50	0.020	0.048	0.096	0.145	0.178	0.200	0.202	0.185	0.124	0.062	0.041

续上表

$n' = \dfrac{x}{b}$	$m = \dfrac{z}{b}$										
	-1.5	-1.0	-0.5	0.0	0.25	0.50	0.75	1.0	1.5	2.0	2.5
2.00	0.033	0.061	0.092	0.127	0.146	0.155	0.163	0.153	0.108	0.069	0.050
3.00	0.050	0.064	0.080	0.096	0.103	0.104	0.108	0.104	0.090	0.071	0.050
4.00	0.051	0.060	0.067	0.075	0.078	0.085	0.082	0.075	0.073	0.060	0.049
5.00	0.047	0.052	0.057	0.059	0.062	0.063	0.063	0.065	0.061	0.051	0.047
6.00	0.041	0.041	0.050	0.051	0.052	0.053	0.053	0.053	0.050	0.050	0.045

[**例题 4-10**] 有一路堤如图 4-29a)所示,已知填土重度 $\gamma = 20\text{kN/m}^3$,求路堤中线下 O 点($z=0$)及 M 点($z=10\text{m}$)的竖向应力 σ_z 值。

解:路堤填土的重力产生的荷载为梯形分布,如图 4-29b)所示,其最大强度 $p = \gamma h = 20 \times 5 = 100\text{kPa}$。将梯形荷载 $abcd$ 分解为两个三角形荷载 ebc 及 ead 之差,这样就可以用式(4-45)进行叠加计算。

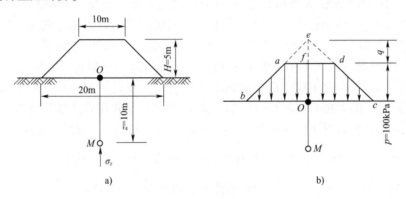

图 4-29　例题 4-10 图

其中,q 为三角形荷载 eaf 的最大强度,可按三角形比例关系求得:

$$q = p = 100\text{kPa}$$

$$\sigma_z = 2[\sigma_{z(ebO)} - \sigma_{z(eaf)}] = 2[\alpha_{s1}(p+q) - \alpha_{s2}q]$$

应力系数 α_{s1}、α_{s2} 可由表 4-15 查得,将其结果列于表 4-16 中。

应力系数 α_{si} 计算　　　　表 4-16

编　号	荷载分布面积	$\dfrac{x}{b}$	O 点($z=0$)		M 点($z=10$)	
			$\dfrac{z}{b}$	α_{si}	$\dfrac{z}{b}$	α_{si}
1	ebO	$\dfrac{10}{10}=1$	0	0.500	$\dfrac{10}{10}=1$	0.241
2	eaf	$\dfrac{5}{5}=1$	0	0.500	$\dfrac{10}{5}=2$	0.153

故得 O 点的竖向应力 σ_z:

$$\sigma_z = 2[\sigma_{z(ebO)} - \sigma_{z(eaf)}] = 2[0.5 \times (100+100) - 0.5 \times 100] = 100\text{kPa}$$

M 点的竖向应力 σ_z 为:

$$\sigma_z = 2[0.241 \times (100+100) - 0.153 \times 100] = 65.8\text{kPa}$$

第六节 应力计算中的其他问题

一、建筑物基础下地基应力计算

建筑物基础下的应力计算包括自重应力及附加应力两部分,其计算方法在前面几节中均已作了介绍。在第四、五节中所提出的布西奈斯克课题,以及其他荷载作用下的土中应力计算公式,都是假定荷载作用在半无限土体表面,但是实际的建筑物基础均有一定的埋置深度 D,基础底面荷载是作用在地基内部深度 D 处。因此,按前述公式计算将有误差,一般浅基础的埋置深度较小,所引起的计算误差不大,可不考虑,但是对深基础则应考虑其埋深影响。

计算图 4-30 所示桥墩基础下的地基应力时,可以按基础施工过程分解成图 4-30 中的 a、b、c、d 几个阶段,分别计算土中自重应力及附加应力的变化。

图 4-30a) 表示基础施工前,地基中只有自重应力 $\sigma_{cz} = \gamma z$,在预定基础埋置深度 D 处自重应力为 $\sigma_{cz} = \gamma D$。图 4-30b) 是基坑开挖后,这时挖去的土体重力 $Q = \gamma DF$,式中 F 为基底面积。它将使地基中应力减小,其减小值相当于在基础底面作用处作用一向上的均布荷载 γD 所引起的应力,也即 $\sigma_z = \alpha_0 \gamma D$,式中 α_0 为应力系数。其减小的地基应力分布图形如图 4-30b) 中阴影线部分。图 4-30c) 表示基础浇注时,当施加于基础底面的荷载正好等于基坑被挖去的土体重力时,则图 4-30b) 原来被减小的应力又恢复到原来的自重应力水平,这时土中附加应力等于零;图 4-30d) 表示桥墩已施工完毕,基础底面作用着全部荷载 N,与图 4-30c) 情况相比,这时基础底面增加的荷载为 $N - Q$,在这个荷载作用下引起的地基附加压力为 $p_0 = \frac{N - Q}{F} = p - \gamma D$,式中 $p = \frac{N}{F}$。因此,在基础底面下深度 z 处产生的附加应力为 $\sigma_z = \alpha_0 p_0$。在图 4-30d) 中左侧表示土中自重应力分布、右侧表示附加应力分布曲线。

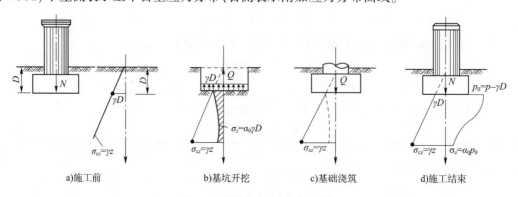

a) 施工前   b) 基坑开挖   c) 基础浇筑   d) 施工结束

图 4-30 桥墩基础下地基应力计算

从图 4-30 的桥墩施工过程分解图上可以很清楚地理解,在计算基础下的地基附加应力时,为什么不用基底压力 p,而要用 p_0 计算的原因了。

[**例题 4-11**] 图 4-31 表示某桥梁桥墩基础及土层剖面。已知基础底面尺寸为 $b = 2\text{m}$、$l = 8\text{m}$。作用在基础底面中心处的荷载为:$N = 1120\text{kN}$、$H = 0$、$M = 0$。计算在竖直荷载 N 作用下,基础中心轴线上的自重应力及附加应力的分布。

已知各土层的重度为:

褐黄色粉质黏土:$\gamma = 18.7\text{kN/m}^3$(水上)、$\gamma' = 8.9\text{kN/m}^3$(水下)。

灰色淤泥质粉质黏土：$\gamma' = 8.4\text{kN/m}^3$（水下）。

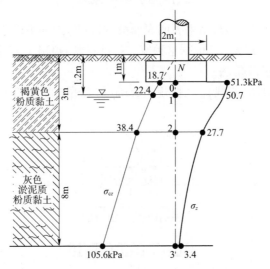

图4-31 例题4-11 桥墩基础下地基应力计算

解：在基础底面中心轴线上取几个计算点0、1、2、3，它们都位于土层分界面上，如图4-31所示。

(1) 自重应力计算。

按式(4-2)计算 $\sigma_{cz} = \sum \gamma_i h_i$，将各点的自重应力计算结果列于表4-17。

自重应力计算　　　　表4-17

计算点	土层厚度 h_i(m)	重度 γ_i(kN/m³)	$\gamma_i h_i$ (kPa)	$\sigma_{cz} = \sum \gamma_i h_i$ (kPa)
0	1.0	18.7	18.7	18.7
1	0.2	18.7	3.7	22.4
2	1.8	8.9	16.0	38.4
3	8.0	8.4	67.2	105.6

(2) 附加应力计算。

基底压力：

$$p = \frac{N}{F} = \frac{1120}{2 \times 8} = 70\text{kPa}$$

基底处的附加压力：

$$p_0 = p - \gamma D = 70 - 18.7 = 51.3\text{kPa}$$

由式(4-26)计算土中各点附加应力，其结果列于表4-18，在图4-31中绘出地基自重应力及附加应力分布图。

附加应力计算　　　　表4-18

计算点	z (m)	$m = \dfrac{z}{b}$	$n = \dfrac{l}{b}$	α_0	$\sigma_z = \alpha_0 p_0$ (kPa)
0	0.0	0.0	4	1.000	51.3
1	0.2	0.1	4	0.989	50.7
2	2.0	1.0	4	0.540	27.7
3	10.0	5.0	4	0.067	3.4

二、应力扩散角概念

应用弹性理论计算土中应力,结果表明表面荷载通过土体向深部扩散,在距地表越深的平面上,应力分布范围越大,z 越小。根据这种应力扩散概念,提出了一种简化计算方法,即应力分布扩散角法或称压力扩散角法。

假定随着深度 z 的增加,荷载 p_0 在按规律 $z\tan\theta$ 扩大的面积上均匀分布,θ 就称为扩散角,如图 4-32 所示。

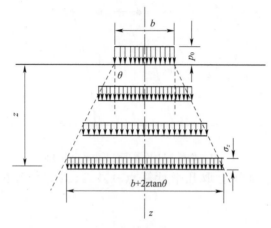

图 4-32 扩散角的概念

对于条形基础,附加竖向应力按下式计算:

$$\sigma_z = \frac{bp_0}{b + 2z\tan\theta} \tag{4-46}$$

对于矩形基础,附加竖向应力按下式计算:

$$\sigma_z = \frac{blp_0}{(b + 2z\tan\theta)(l + 2z\tan\theta)} \tag{4-47}$$

式中: z ——基础中心轴线上应力计算点的深度;
   θ ——压力扩散角;
   p_0 ——基底附加压力;
   b、l ——基础的宽度和长度。

压力扩散角 θ 可参照有关规范取值[如《建筑地基基础设计规范》(GB 50007—2011)],一般取 22°。当用以验算软弱下卧层强度,上层土为密实的碎卵石土、粗砂及硬黏性土,θ 可取 30°。

第七节 饱和土有效应力原理

有效应力原理是土力学中一个最常用的基本原理。太沙基(K. Terzaghi)在 1923 年最早提出饱和土有效应力原理的基本概念,阐明了碎散介质的土体与连续固体介质在应力应变关系上的重大区别,从而使土力学从一般固体力学中分离出来,成为一门独立的分支学科。

在土中某点截取一水平截面,其面积为 F,截面上作用应力 σ(图 4-33),它是由上面土体的重力、静水压力以及外荷载 p 所产生的应力,称为总应力。这一应力一部分是由土颗粒间的接触面承担，称为有效应力；另一部分是由土体孔隙内的水及气体承担，称为孔隙应力（也称孔隙压力）。实际上，本章前文中介绍的自重应力便是一种有效应力。

考虑图4-33b)所示的土体平衡条件，沿 $a—a$ 截面取脱离体，$a—a$ 截面是沿着土颗粒间接触面截取的曲线形状截面，在此截面上土颗粒间接触面间的作用法向应力为 σ_s，各土颗粒间接触面积之和为 F_s，孔隙内的水压力为 u_w，气体压力为 u_a，其相应的面积为 F_w 及 F_a，由此可建立平衡条件：

$$\sigma F = \sigma_s F_s + u_w F_w + u_a F_a \qquad (4-48)$$

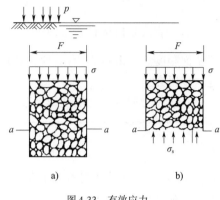

图4-33 有效应力

对于饱和土，式(4-48)中的 u_a、F_a 均等于零，则此式可写成：

$$\sigma F = \sigma_s F_s + u_w F_w = \sigma_s F_s + u_w(F - F_s)$$

或

$$\sigma = \frac{\sigma_s F_s}{F} + u_w\left(1 - \frac{F_s}{F}\right) \qquad (4-49)$$

由于颗粒间的接触面积 F_s 是很小的，毕肖普和伊尔定（Bishop、Eldin，1950）根据粒状土的试验工作认为 $\frac{F_s}{F}$ 一般小于0.03，有可能小于0.01。因此，式(4-49)第二项中的 $\frac{F_s}{F}$ 可略去不计，但第一项中因为土颗粒间的接触应力 σ_s 很大，故不能略去。此时式(4-49)可写为：

$$\sigma = \frac{\sigma_s F_s}{F} + u_w \qquad (4-50)$$

式中，$\frac{\sigma_s F_s}{F}$ 实际上是土颗粒间的接触应力在截面面积 F 上的平均应力，称为土的有效应力，通常用 σ' 表示，并把孔隙水压力 u_w 用 u 表示。于是，式(4-50)可写成：

$$\sigma = \sigma' + u \qquad (4-51)$$

这个关系式在土力学中很重要，称为饱和土有效应力公式。可见，有效应力是一个虚拟的应力，而实际上颗粒间的真正的接触应力是很大的，粗粒土的颗粒接触应力常常会达到颗粒矿物的屈服强度。

对于饱和土，土中任意点的孔隙压力 u 对各个方向作用是相等的，因此它只能使土颗粒产生压缩（由于土颗粒本身的压缩量是很微小的，在土力学中均不考虑），而不能使土颗粒产生位移。土颗粒间的有效应力作用，则会引起土颗粒的位移，使孔隙体积改变，土体发生压缩变形，同时有效应力的大小也影响土的抗剪强度。由此得到土力学中很常用的饱和土有效应力原理，它包含两个基本要点：

(1)土的有效应力 σ' 等于总应力 σ 减去孔隙水压力 u。
(2)土的有效应力控制了土的变形及强度性能。

对于非饱和土，由式(4-52)可得：

$$\sigma = \frac{\sigma_s F_s}{F} + u_w \frac{F_w}{F} + u_a \frac{F - F_w - F_a}{F} = \sigma' + u_a - \frac{F_w}{F}(u_a - u_w) - u_a \frac{F_a}{F} \qquad (4-52)$$

略去 $u_a \frac{F_a}{F}$ 一项，这样可得非饱和土的有效应力公式为：

$$\sigma' = \sigma - u_a + \chi(u_a - u_w) \tag{4-53}$$

这个公式是由毕肖普等(1961)提出的,式中 $\chi = \dfrac{F_w}{F}$ 是由试验确定的参数,取决于土的类型及饱和度。一般认为,有效应力原理能正确地用于饱和土,对非饱和土则尚存在一些问题需进一步研究。

有效应力原理在土的变形及强度性能中的应用,将在第五、六章中讨论。

练 习 题

[4-1] 计算题图 4-1 所示地基中的自重应力并绘出其分布图。已知土的性质:

细砂(水上):$\gamma = 17.5 \text{kN/m}^3$,$G_s = 2.69$,$\omega = 20\%$;

黏土:$\gamma = 18.0 \text{kN/m}^3$,$G_s = 2.74$,$\omega = 22\%$,$\omega_L = 48\%$,$\omega_P = 24\%$。

[4-2] 题图 4-2 所示桥墩基础,已知基础底面尺寸 $b = 4\text{m}$, $l = 10\text{m}$,作用在基础底面中心的荷载 $N = 4000\text{kN}$,$M = 2800\text{kN}\cdot\text{m}$。计算基础底面的压力。

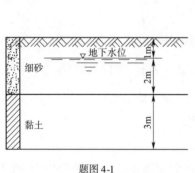
题图 4-1

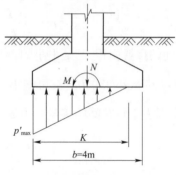
题图 4-2

[4-3] 题图 4-3 所示矩形面积 $ABCD$ 上作用均布荷载 $p = 100\text{kPa}$,试用角点法计算 G 点下深度 6m 处 M 点的竖向应力 σ_z 值。

[4-4] 题图 4-4 所示条形分布荷载 $p = 150\text{kPa}$。计算 G 点下深度 3m 处的竖向应力 σ_z 值。

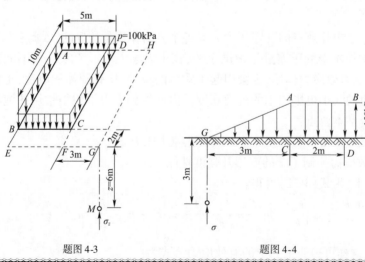

题图 4-3　　　　题图 4-4

[4-5] 某粉质黏土层位于两砂层之间,如题图4-5所示。已知砂土重度(水上)γ = 16.5kN/m³,饱和重度γ_{sat} = 18.8kN/m³;粉质黏土的饱和重度γ_{sat} = 17.3kN/m³。若粉质黏土层为透水层,试求土中总应力σ、孔隙水压力u及有效应力σ'。(绘图表示)

[4-6] 计算题图4-6所示桥墩下地基的自重应力及附加应力。已知桥墩构造如题图4-6所示。作用在基础底面中心的荷载:N = 2520kN,H = 0,M = 0。地基土的物理及力学性质指标见题表4-1。

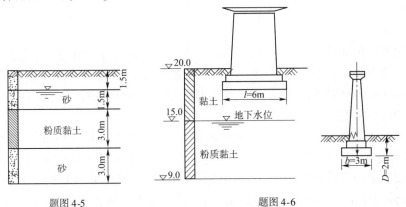

题图4-5　　　　　题图4-6

地基土的物理及力学性质指标　　　　　　　　　　　题表4-1

土层名称	层底高程 (m)	土层厚 (m)	重度γ (kN/m³)	含水率ω (%)	土粒相对密度G_s	孔隙比 e	液限ω_L (%)	塑限ω_P (%)	塑性指数 I_P	饱和度 S_r
黏土	15	5	20	22	2.74	0.640	45	23	22	0.94
粉质黏土	9	6	18	38	2.72	1.045	38	22	16	0.99

思 考 题

[4-1] 何谓自重应力与附加应力?

[4-2] 在基底总压力不变的前提下,增大基础埋深对土中应力分布有什么影响?

[4-3] 有两个宽度不同的基础,其基底总压力相同,问在同一深度处,哪一个基础下产生的附加应力大?为什么?

[4-4] 在填方地段,如基础砌置在填土中,问填土的重力引起的应力在什么条件下应当作为附加应力考虑?

[4-5] 地下水位的升降对土中应力分布有何影响?

[4-6] 布西奈斯克课题假定荷载作用在地表面,而实际上基础都有一定的埋置深度,问这一假定将使土中应力的计算值偏大还是偏小?

[4-7] 矩形均布荷载中点下与角点下土的应力之间有什么关系?

[4-8] 从表4-14查应力系数时,当$z = 0$,$\dfrac{x}{b} = 0.7$时,能否用表中数值内插求得?为什么?

第五章 土的压缩性与地基沉降计算

第一节 概 述

在建筑物基底附加压力作用下,地基土内各点除了承受土自重引起的自重应力外,还要承受附加应力。在附加应力的作用下,地基土要产生附加的变形,这种变形一般包括体积变形和形状变形。对土这种材料来说,体积变形通常表现为体积缩小,这种在外力作用下土体积缩小的特性称为土的压缩性。

土的压缩性主要有两个特点:①土的压缩主要是由于孔隙体积减小而引起的。对于饱和土,土是由固体颗粒和孔隙水组成的,在工程上一般的压力(100~600kPa)作用下,固体颗粒和孔隙水的压缩量与土的总压缩量相比非常微小(不足1/400),可不予考虑,但由于土中水具有流动性,在外力作用下会沿着土中孔隙排出,从而引起土的体积减小而发生压缩;②由于孔隙水的排出而引起的压缩对于饱和黏性土来说是需要时间的,土的压缩随时间增长的过程称为土的固结。这是由于黏性土的透水性很差,土中水沿着孔隙排出速度很慢。

在建筑物荷载作用下,地基土由于压缩而引起的竖直方向位移称为沉降,本章研究土的压缩性,主要是为了计算地基的沉降。

由于土的压缩性的上述两个特点,因此研究建筑物地基沉降也包含两方面的内容:一是绝对沉降量的大小,亦即最终沉降,在本章第三节将就这个问题介绍几种工程实践中广泛采用并积累了很多经验的实用计算方法;二是沉降与时间的关系,在本章第四节将介绍太沙基一维固结理论。研究土的受力变形特性必须有压缩性指标,因此,本章首先在第二节将介绍土的压缩性试验及相应的指标,这些指标将用于地基沉降的计算中。

第二节 土的压缩性试验及指标

一、室内压缩试验及压缩模量

室内压缩试验(亦称固结试验)是研究土的压缩性最基本的方法。

图 5-1 为试验装置压缩仪的主要部分压缩容器简图,其中金属环刀用来切取土样,环刀内径通常有 6.18cm 和 7.98cm 两种,相应的截面面积为 30cm^2 和 50cm^2,高度为 2cm;切有土样的环刀置于刚性护环中,由于金属环刀及刚性护环的限制,使得土样在竖向压力作用下只能发生竖向变形,而无侧向变形;在土样上下放置的透水石是土样受压后排出孔隙水的两个界面;在水槽内注水,以使土样在试验过程中保持浸在水中。如需做非饱和土的侧限压缩试验,就不能浸土样于水中,但需要用湿棉纱或湿海绵覆盖于容

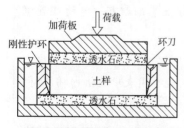

图 5-1 压缩仪的压缩容器简图

器上,以免土样内水分蒸发。竖向的压力通过刚性板施加给土样,土样产生的压缩量可通过百分表量测。

试验时应该用环刀切取钻探取得的保持天然结构的原状土样,由于地基沉降主要与土竖直方向的压缩性有关,且土是各向异性的,所以切土方向还应与土天然状态时的垂直方向一致。常规压缩试验的加荷等级 p 为:50kPa、100kPa、200kPa、300kPa、400kPa。每一级荷载要求恒压 24h 或当在 1h 内的压缩量不超过 0.01mm 时,认为变形已经稳定,并测定稳定时的总压缩量 ΔH,这称为标准压缩(固结)试验法。对于沉降计算精度要求不高,而渗透性又较大的土,且不需要求固结系数时,每级荷载可只恒压 1~2h,测定其压缩量,只是在最后一级荷载下才压缩到 24h,这称为快速压缩(固结)试验法,但试验结果需经校正才能用于沉降计算。其他特殊要求的压缩试验,此处不再赘述。

由压缩试验得到的 ΔH-p 关系,可进一步得到土样相应的孔隙比与加荷等级之间的 e-p 关系。

如图 5-2 所示,设土样的初始高度为 H_0,在荷载 p 作用下土样稳定后的总压缩量为 ΔH,假设土粒体积 V_s = 1(不变),根据土的孔隙比的定义,则受压前后土孔隙体积 V_v 分别为 e_0 和 e,因为受压前后土粒体积不变,且土样横截面积不变,所以受压前后试样中土粒所占的高度不变,根据荷载作用下土样压缩稳定后总压缩量 ΔH 可求出相应的孔隙比 e 的计算公式:

$$\frac{H_0}{1+e_0} = \frac{H_0 - \Delta H}{1+e} \tag{5-1a}$$

于是得到:

$$e = e_0 - \frac{\Delta H}{H_0}(1+e_0) \tag{5-1b}$$

式中:$e_0 = \dfrac{G_s(1+\omega_0)}{\rho_0}\rho_w - 1$;

G_s、ω_0、ρ_0——土粒相对密度、土样的初始含水率及初始密度,可根据室内试验测定。

这样,根据式(5-1b)即可得到各级荷载 p 下对应的孔隙比 e,从而可绘制出土的 e-p 曲线及 e-$\lg p$ 曲线等。

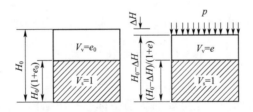

图 5-2 压缩试验中土样孔隙比的变化

1. e-p 曲线及有关指标

通常将由压缩试验得到的 e-p 关系,采用普通直角坐标绘制成如图 5-3a)的 e-p 曲线,图中给出了两条典型的软黏土和密实砂土的压缩曲线。

(1)压缩系数 a。

从图 5-3a)可以看出,由于软黏土的压缩性大,当发生压力变化 Δp 时,则相应的孔隙比的变化 Δe 也大,因而曲线就比较陡;反之,像密实砂土的压缩性小,当发生相同压力变化 Δp 时,相应的孔隙比的变化 Δe 就小,因而曲线比较平缓。因此,可用曲线的斜率来反映土压缩性的大小。

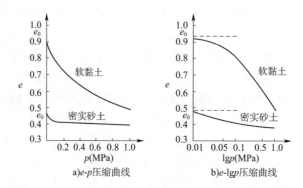

图 5-3 土的压缩曲线

如图 5-4a)所示,设压力由 P_1 增至 P_2,相应的孔隙比由 e_1 减小到 e_2,当压力变化范围不大时,可将该压力范围的曲线用割线 M_1M_2 来代替,并用割线 M_1M_2 的斜率来表示土在这一段压力范围的压缩性,即:

$$a = \tan\alpha = \frac{\Delta e}{\Delta p} = \frac{e_1 - e_2}{P_2 - P_1} \tag{5-2}$$

式中:a——土的压缩系数(MPa^{-1}),压缩系数越大,土的压缩性越高。

从图 5-4a)还可以看出,压缩系数 a 值与土所受的荷载大小有关。为了便于比较,一般采用压力间隔 $P_1 = 100kPa$ 至 $P_2 = 200kPa$ 时对应的压缩系数 a_{1-2} 来评价土的压缩性:

① $a_{1-2} < 0.1 MPa^{-1}$ 时,属低压缩性土。

② $0.1 MPa^{-1} \leq a_{1-2} < 0.5 MPa^{-1}$ 时,属中压缩性土。

③ $a_{1-2} \geq 0.5 MPa^{-1}$ 时,属高压缩性土。

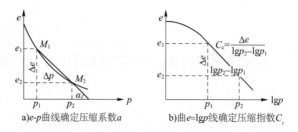

图 5-4 由压缩曲线确定压缩指标

(2)压缩模量 E_s。

根据 e-p 曲线,可以得到另一个重要的压缩指标——压缩模量,用 E_s 来表示。其定义为,土在完全侧限的条件下竖向应力增量 Δp(如从 P_1 增至 P_2)与相应的应变增量 $\Delta\varepsilon$ 的比值,根据这个定义由图 5-5 可得到:

$$E_s = \frac{\Delta p}{\Delta \varepsilon} = \frac{\Delta p}{\frac{\Delta H}{H_1}} \tag{5-3}$$

式中:E_s——压缩模量(MPa)。

在无侧向变形,即横截面积不变的情况下,同样根据土粒所占高度不变的条件,ΔH 可用相应的孔隙比的变化 $\Delta e = e_1 - e_2$ 来表示:

$$\frac{H_1}{1+e_1} = \frac{H_2}{1+e_2} = \frac{H_1 - \Delta H}{1+e_2} \qquad (5\text{-}4\mathrm{a})$$

得到:

$$\Delta H = \frac{e_1 - e_2}{1+e_1} H_1 = \frac{\Delta e}{1+e_1} H_1 \qquad (5\text{-}4\mathrm{b})$$

将式(5-4b)代入式(5-3),得:

$$E_\mathrm{s} = \frac{\Delta p}{\frac{\Delta H}{H_1}} = \frac{\Delta p}{\frac{\Delta e}{1+e_1}} = \frac{1+e_1}{a} \qquad (5\text{-}4\mathrm{c})$$

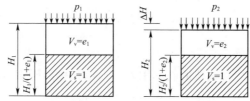

图5-5 侧限条件下土样高度变化与孔隙比变化的关系

同压缩系数 a 一样,压缩模量 E_s 也不是常数,而是随着压力大小而变化。显然,在压力小的时候,压缩系数 a 大,压缩模量 E_s 小;在压力大的时候,压缩系数 a 小,压缩模量 E_s 大。因此,在运用到沉降计算中时,比较合理的做法是根据实际竖向应力的大小在压缩曲线上取相应的值计算压缩模量。

此外,工程上还常用体积压缩系数 m_v(MPa^{-1})作为地基沉降的计算参数,定义为土在完全侧限条件下体积应变(等于竖向应变)与竖向附加应力之比值。体积压缩系数在数值上等于压缩模量的倒数,即:

$$m_\mathrm{v} = \frac{1}{E_\mathrm{s}} = \frac{a}{1+e_1} \qquad (5\text{-}5)$$

2. 土的回弹曲线和再压缩曲线

在压缩试验中,如果加压到某一值 p_i[相应于图5-6a)中曲线上的 b 点]后不再加压,而是逐级进行卸载直至零,并且测得各卸载等级下土样回弹稳定后土样高度,进而换算得到相应的孔隙比,即可绘制出卸载阶段的关系曲线,如图中 bc 曲线所示,称为回弹曲线(或膨胀曲线)。可以看到,不同于一般的弹性材料的是,回弹曲线不和初始加载的曲线 ab 重合,卸载至零时,土样的孔隙比没有恢复到初始压力为零时的孔隙比 e_0。这就显示了土残留了一部分压缩变形,称之为残余变形,但也恢复了一部分压缩变形,称之为弹性变形。

若接着重新逐级加压,则可测得土样在各级荷载作用下再压缩稳定后的孔隙比,相应地可绘制出再压缩曲线,如图5-6a)中 cdf 曲线所示。可以发现,其中 df 段像是 ab 段的延续,犹如期间没有经过卸载和再压的过程一样。

土在卸载再压缩过程中所表现的特性应在工程实践中引起足够的重视。

3. 室内试验 $e\text{-}\lg p$ 曲线及有关指标

当采用半对数的直角坐标来绘制室内压缩试验 $e\text{-}p$ 关系时,就得到了 $e\text{-}\lg p$ 曲线[图5-3b)],可以看到,在压力较大部分,$e\text{-}\lg p$ 关系接近直线,这是这种表示方法区别于 $e\text{-}p$ 曲线的独特的优点。它通常用来整理有特殊要求的试验,试验时以较小的压力开始,采用小增量多级加荷,并加到较大的荷载为止,一般为 12.5kPa、25kPa、50kPa、100kPa、200kPa、400kPa、800kPa、1600kPa、

3200kPa。同样图 5-6a)中的回弹再压缩曲线也可绘制成 $e\text{-}\lg p$ 曲线[图 5-6b)]。

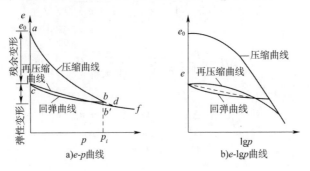

图 5-6 土的回弹再压缩曲线

(1)压缩指数、回弹指数。

将图 5-6b)中 $e\text{-}\lg p$ 曲线直线段的斜率用 C_c 来表示,称为压缩指数,它是无量纲量:

$$C_c = \frac{e_1 - e_2}{\lg p_2 - \lg p_1} = \frac{e_1 - e_2}{\lg \frac{p_2}{p_1}} \tag{5-6}$$

压缩指数 C_c 与压缩系数 a 不同,a 值随压力变化而变化,而 C_c 值在压力较大时为常数,不随压力变化而变化。C_c 值越大,土的压缩性越高,低压缩性土的 C_c 一般小于 0.2,高压缩性土的 C_c 值一般大于 0.4。

卸载段和再压缩段的平均斜率(图 5-6b)称为回弹指数或再压缩指数 C_e,$C_e \ll C_c$,一般黏性土的 $C_e \approx (0.1 \sim 0.2) C_c$。

(2)前期固结压力。

试验表明,在图 5-7 的 $e\text{-}\lg p$ 曲线上,对应于曲线段过渡到直线段的某拐弯点的压力值是土层历史上所曾经承受过的最大的固结压力,也就是土体在固结过程中所受的最大有效应力,称为前期固结压力,用 p_c 来表示,它是一个非常有用的概念,是了解土层应力历史的重要指标。

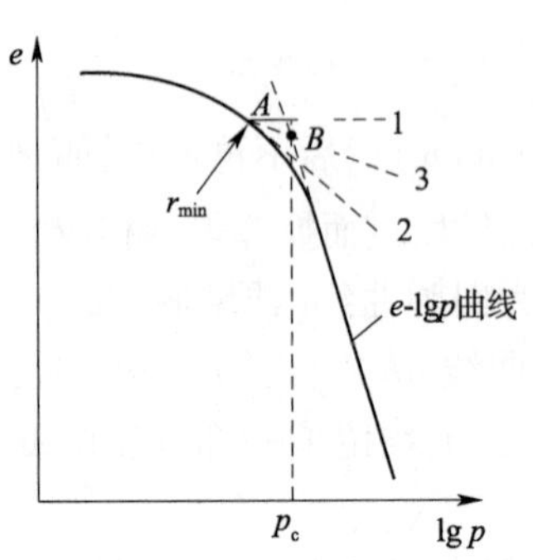

目前最为常用的是根据室内压缩试验作出 $e\text{-}\lg p$ 曲线确定 p_c,较简便明了的方法是卡萨格兰德(Casagrande)于 1936 年提出的经验作图法,具体步骤如下:

①在 $e\text{-}\lg p$ 曲线拐弯处找出曲率半径最小的点 A,过 A 点作水平线 $A1$ 和切线 $A2$。

图 5-7 卡萨格兰德经验作图法
确定前期固结压力 p_c

②作 $\angle 1A2$ 的平分线 $A3$,与 $e\text{-}\lg p$ 曲线直线段的延长线交于 B 点。

③B 点所对应的有效应力即为前期固结压力。

必须指出,采用这种简易的经验作图法,要求取土质量较高,绘制 $e\text{-}\lg p$ 曲线时还应注意选用合适的比例,否则,很难找到曲率半径最小的点 A,同时还应结合现场的调查资料综合分析确定。

通过测定的前期固结压力 p_c 和土层自重应力 p_0(即自重作用下固结稳定的有效竖向应力)状态的比较,将天然土层划分为正常固结土、超固结土和欠固结土三类固结状态,并用超固结比 $\text{OCR} = \dfrac{p_c}{p_0}$ 去判别。

①如果土层的自重应力 p_0 等于前期固结压力 p_c,也就是说土自重应力就是该土层历史上受过的最大的有效应力,这种土称为正常固结土,则 OCR = 1。

②如果土层的自重应力 p_0 小于前期固结压力 p_c,也就是说该土层历史上受过的最大的有效压力大于土自重应力,这种土称为超固结土,如覆盖的土层由于被剥蚀等原因,使得原来长期存在于土层中的竖向有效压应力减小了,则 OCR > 1。

③如果土层的前期固结压力 p_c 小于土层的自重应力 p_0,也就是说该土层在自重作用下的固结尚未完成,这种土称为欠固结土,如新近沉积黏性土、人工填土等,由于沉积时间短,在自重作用下还没有完全固结,则 OCR < 1。

某些结构性强的土,其室内 e-$\lg p$ 曲线也会有曲率突变的 B 点,但不是由于前期固结压力所致,而是结构强度的一种反映。这时,B 点并不代表前期固结压力,而是土的结构强度,当然土的结构强度主要与前期固结压力有关。

4. 原位压缩 e-$\lg p$ 曲线及有关指标

上面得到的 e-$\lg p$ 曲线是由室内压缩试验得到的,但由于钻探采样、土样取出地面后应力释放、室内试验时切土等人工扰动因素的影响,室内的压缩曲线已经不能完全代表地基中原位土层承受荷载后的孔隙比与荷载之间的关系了。因此,必须对室内压缩试验得到的压缩曲线进行修正,以得到符合现场土实际压缩性的原位压缩曲线,才能更好地用于地基沉降的计算。

(1) 对于正常固结土,假定土样取出后体积保持不变,则室内测定的初始孔隙比 e_0 就代表取土深度处土的天然孔隙比,由于是正常固结土,所以前期固结压力 p_c 就等于取土深度处土的自重应力 p_0,所以图 5-8a) 中 $E(e_0, p_c)$ 点反映了原位土的一个应力—孔隙比状态;此外,根据许多室内压缩试验,若将土样加以不同程度的扰动,所得出的不同的室内压缩 e-$\lg p$ 曲线的直线段,都大致交于 $e = 0.42 e_0$ 的 D 点。这说明对经受过很高压力,压密程度已经很高的土样,此时起始的各种不同程度的扰动对土的压缩性影响已没什么区别了。由此可推想原位压缩曲线也大致交于此点。因此,室内压缩曲线上的 D 点,也表示原位土的一个应力—孔隙比状态。

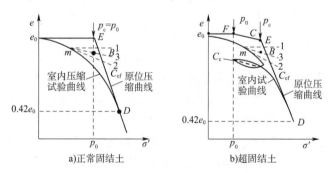

图 5-8 原位压缩曲线(及原位再压缩曲线)

连接 E、D 点的直线就是原位压缩曲线,其斜率 C_{ef}(区别于室内压缩试验得到的 C_c)就是原位土的压缩指数。

(2) 对于超固结土,要得到原位压缩曲线,需在进行室内压缩试验时,当压力进入到 e-$\lg p$ 曲线的直线段时,进行卸载回弹和再压缩循环试验,滞回圈的平均斜率即再压缩指数 C_e。

同样,室内测定的初始孔隙比 e_0 假定为自重应力作用下的孔隙比,因此 $F(e_0, p_0)$ 点代表取土深度处的应力—孔隙比状态,由于超固结土的前期固结压力 p_c 大于当前取土点的土自应力 p_0,当压力从 p_0 到 p_c 过程中,原位土的变形特性必然具有再压缩的特性。因此,过 F 点作一斜率为室内回弹再压缩曲线的平均斜率的直线,与前期固结压力的作用线交于 E 点,当应力增加到前期固结压力以后,土样才进入正常固结状态,这样在室内压缩曲线上取孔隙比等于 $0.42\,e_0$ 的 D 点。FE 为原位再压缩曲线,ED 为原位压缩曲线,相应地 FE 直线段的斜率 C_e 也为原位回弹指数,ED 直线段的斜率 C_{cf} 为原位压缩指数。

应注意到,在上述分析中,将室内压缩试验得到的孔隙比 e_0 作为原位土体的孔隙比是不准确的,因为土样取出后由于应力释放,土样要发生回弹膨胀,所以试验测得的孔隙比将大于原位土的孔隙比。因此,所谓的原位压缩曲线、原位再压缩曲线并非真正的原位,但真正的原位孔隙比无法准确测定,这样得到的压缩指数值将偏大。

二、现场荷载试验及变形模量

除了上面介绍的室内压缩试验之外,还可以通过现场原位试验的方法研究测定土的压缩性,下面介绍现场荷载试验方法。

1. 荷载试验

荷载试验装置如图 5-9 所示,一般包括三部分:加荷装置、反力装置和沉降量测装置。其中,加荷装置包括荷载板、垫块及千斤顶等;根据反力装置不同分类,荷载试验主要有地锚反力架法及堆重平台反力法两类,前者将千斤顶的反力通过地锚最终传至地基中去,后者通过平台上的堆重来平衡千斤顶的反力;沉降量测装置包括百分表和基准短桩、基准梁等。

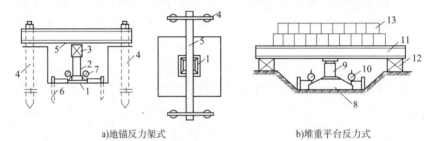

图 5-9 荷载试验装置

1-荷载板;2-垫块;3-千斤顶;4-地锚;5-横梁;6-基准梁;7-百分表;8-荷载板;9-千斤顶;10-百分表;11-平台;12-枕木;13-堆重

试验时,通过千斤顶逐级给荷载板施加荷载,每加一级荷载,观测记录沉降随时间的发展以及稳定时的沉降量 s,直至加到终止加载条件满足时为止。将试验得到的各级荷载与相应的稳定沉降量绘制成 p-s 曲线,如图 5-10 所示。此外,通常还进行卸荷,并进行沉降观测,得到图中虚线所示的回弹曲线,这样就可以知道卸荷时的回弹变形(即弹性变形)和残余变形。

2. 变形模量

从图中 p-s 曲线可看出,当荷载小于某数值时,荷载 p 与荷载板沉降之间呈直线关系,如图中 oa 段。根据弹性力学公式(见本章第三节),可反求地基的变形模量:

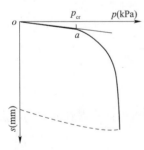

图 5-10 荷载试验 p-s 曲线

$$E_0 = \omega \frac{pb(1-\mu^2)}{s} \tag{5-7}$$

式中：E_0——土的变形模量(MPa)；

p——直线段的荷载强度(kPa)；

s——相应于 p 的荷载板下沉量；

b——荷载板的宽度或直径；

μ——土的泊松比，砂土可取 0.2～0.25，黏性土可取 0.25～0.45；

ω——沉降影响系数，可查表 5-3，对刚性荷载板取 $\omega = 0.88$（方板）或 0.79（圆板）。

变形模量也是反映土的压缩性的重要指标之一。

室内试验操作比较简单，但要得到保持天然结构状态的原状土样很困难，而且更重要的是，试验是在完全侧限条件下进行的，因此试验得到的压缩性规律和指标的实际运用有其局限性或近似性。相比室内压缩试验，现场荷载试验排除了取样和试样制备等过程中应力释放及人为扰动的影响，更接近于实际工作条件，能比较真实地反映土在天然埋藏条件下的压缩性。但它仍然存在一些缺点，首先是现场载荷试验所需的设备笨重，操作繁杂，时间较长，费用较大；此外，载荷板的尺寸很难取得与原型基础一样的尺寸，而小尺寸载荷板在同样的压力下引起的地基受力层深度较浅，所以它只能反映板下深度不大范围内土的变形特性，此深度一般为 2～3 倍板宽或直径。因此，国内外对现场快速测定变形模量的方法，如旁压试验、触探试验等给予了很大的重视，并且为了改进载荷试验影响深度有限的缺点，发展了如在不同深度地基土层中做载荷试验的螺旋压板试验等方法。

三、弹性模量及试验测定

弹性模量是指正应力 σ 与弹性（即可恢复）正应变 ε_d 的比值，通常用 E 来表示。

弹性模量的概念在实际工程中有一定的意义。在计算高耸结构物在风荷载作用下的倾斜时发现，如果采用土的压缩模量或变形模量指标进行计算，将得到实际上不可能那么大的倾斜值。这是因为，风荷载是瞬时重复荷载，在很短的时间内土体中的孔隙水来不及排出或不完全排出，土的体积压缩变形来不及发生，如此，荷载作用结束之后，发生的大部分变形可以恢复，因此用弹性模量计算就比较合理一些。再比如，在计算饱和黏性土地基上瞬时加荷所产生的瞬时沉降时，同样也应采用弹性模量。

一般采用三轴仪（见第六章）进行三轴重复压缩试验，得到的应力—应变曲线上的初始切线模量 E_i 或再加荷模量 E_r 作为弹性模量。具体试验方法如下：

(1) 采用取样质量好的不扰动土样，在三轴仪中进行固结，所施加的固结压力 σ_3 各向相等，其值取试样在现场条件下有效自重应力。固结后在不排水的条件下施加轴向压力 $\Delta\sigma$（这样试样所受的轴向压力 $\sigma_1 = \sigma_3 + \Delta\sigma$）。

(2) 逐渐在不排水条件下增大轴向压力达到现场条件下的压力（$\Delta\sigma = \sigma_z$），然后减压至零。这样重复加荷和卸荷若干次，便可测得初始切线模量 E_i，并测得每一循环在最大轴向压力一半时的切线模量，这种切线模量随着循环次数的增多而增大，最后趋近于一稳定的再加荷模量 E_r。如图 5-11 所示，一般加荷和卸荷 5～6 个循环，在最后一次循环的再加荷曲线上的 $(\sigma_1 - \sigma_3)/2$ 处作切线，其斜率为 E_r 值。用 E_r 计算的初始（瞬时）沉降与建筑物实测瞬时沉降值比较一致。

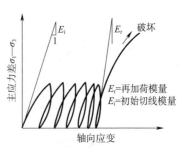

图 5-11 室内三轴试验确定土的弹性模量

第三节　地基沉降实用计算方法

一、弹性理论法计算沉降

1. 基本假设

本节中弹性理论法计算地基沉降是基于布西奈斯克课题的位移解,因此该法假定地基是均质的、各向同性的、线弹性的半无限体;此外,还假定基础整个底面和地基一直保持接触。需要指出的是,布西奈斯克课题是研究荷载作用于地表的情形,因此可以近似用来研究荷载作用面埋置深度较浅的情况。当荷载作用位置埋置深度较大时(如深基础),则应采用明德林课题的位移解进行弹性理论法沉降计算。

2. 计算公式

(1)点荷载作用下地表沉降。

式(5-8)给出了半空间表面作用有一竖向集中力 Q 时,半空间内任一点 $M(x,y,z)$ 的竖向位移 $w(x,y,z)$,运用到半无限地基中,当 z 取 0 时,$w(x,y,0)$ 即为地表沉降 s(图5-12):

$$s = \frac{Q(1-\mu^2)}{\pi E \sqrt{x^2+y^2}} = \frac{Q(1-\mu^2)}{\pi E r} \tag{5-8}$$

式中:s——竖向集中力 Q 作用下地表任意点沉降;

r——集中力 Q 作用点与地表沉降计算点的距离,即 $\sqrt{x^2+y^2}$;

E——土的弹性模量(计算饱和黏性土的瞬时沉降)或变形模量(计算最终沉降);

μ——泊松比。

理论的点荷载在实际上是不存在的,荷载总是作用在一定面积上的局部荷载。只是当沉降计算点离开荷载作用范围的距离与荷载作用面的尺寸相比是很大时,可以用一集中力 Q 代替局部荷载利用式(5-8)进行近似计算。

(2)完全柔性基础沉降。

由于完全柔性基础抗弯刚度趋于零,无抗弯曲能力,因此,传至基底地基的荷载与作用于基础上的荷载分布完全一致,因此当基础 A 上作用有分布荷载 $p_0(\xi,\eta)$ 时(图5-13),基础任一点 $M(x,y)$ 的沉降 $s(x,y)$ 可利用式(5-8)通过在荷载分布面积 A 上积分得:

$$s(x,y) = \frac{1-\mu^2}{\pi E} \iint_A \frac{p_0(\xi,\eta)\,\mathrm{d}\xi\mathrm{d}\eta}{\sqrt{(x-\xi)^2+(y-\eta)^2}} \tag{5-9}$$

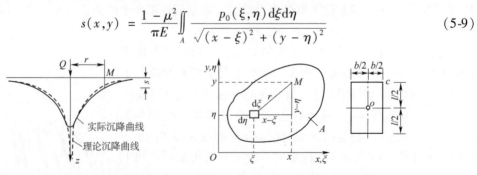

图 5-12　集中荷载作用下的地表沉降　　图 5-13　局部柔性荷载作用下的地表沉降

当 $p_0(\xi,\eta)$ 为矩形面积上的均布荷载时,由式(5-9),角点的沉降 s_c 为:

$$s_c = \frac{(1-\mu^2)b}{\pi E}\left[m\ln\frac{1+\sqrt{m^2+1}}{m} + \ln(m+\sqrt{m^2+1})\right]p_0 \quad (5\text{-}10a)$$

$$= \delta_c p_0 \quad (5\text{-}10b)$$

$$= \frac{(1-\mu^2)}{E}\omega_c b p_0 \quad (5\text{-}10c)$$

式中：m——矩形面积的长宽比，$m = \dfrac{l}{b}$；

p_0——基底附加压力；

δ_c——角点沉降系数，即单位矩形均布荷载在角点引起的沉降，$\delta_c = \dfrac{(1-\mu^2)b}{\pi E}$

$\left[m\ln\dfrac{1+\sqrt{m^2+1}}{m} + \ln(m+\sqrt{m^2+1})\right]$；

ω_c——角点沉降影响系数，是长宽比的函数，$\omega_c = \dfrac{1}{\pi}\left[m\ln\dfrac{1+\sqrt{m^2+1}}{m} + \ln(m+\sqrt{m^2+1})\right]$，

可由表 5-1 查得。

利用式(5-10)并采用角点法可得到矩形完全柔性基础上均布荷载作用下地基任意点沉降。如基础中点的沉降 s_0 为：

$$s_0 = 4 \times \frac{(1-\mu^2)}{E}\omega_c \times \frac{b}{2} \times p_0 \quad (5\text{-}11a)$$

$$= \frac{(1-\mu^2)}{E}\omega_0 b p_0 \quad (5\text{-}11b)$$

式中：ω_0——中点沉降影响系数，是长宽比的函数，可由表 5-1 查得，对应某一长宽比，$\omega_0 = 2\omega_c$。

另外还可以得到矩形完全柔性基础上均布荷载作用下基底面积 A 范围内各点沉降的平均值，即基础平均沉降 s_m：

$$s_m = \iint_A \frac{s(x,y)\mathrm{d}x\mathrm{d}y}{A} = \frac{(1-\mu^2)}{E}\omega_m b p_0 \quad (5\text{-}12)$$

式中：ω_m——平均沉降影响系数，是长宽比的函数，可由表 5-1 查得，对应某一长宽比，$\omega_c <$ $\omega_m < \omega_0$。

当 $p_0(\xi,\eta)$ 为圆形面积上的均布荷载时，可得到与式(5-10c)、式(5-11b)及式(5-12)相似的圆形面积圆心点、周边点及基底平均沉降，沉降影响系数可由表 5-1 查得。

沉降影响系数 ω 值   表 5-1

基础类型		圆形	方形	矩形（l/b）									
		—	1.0	1.5	2.0	3.0	4.0	5.0	6.0	7.0	8.0	9.0	10.0	100.0
柔性基础	ω_c	0.64	0.56	0.68	0.77	0.89	0.98	1.05	1.12	1.17	2.21	1.25	1.27	2.00
	ω_0	1.00	1.12	1.36	1.53	1.78	1.96	2.10	2.23	2.33	2.42	2.49	2.53	4.00
	ω_m	0.85	0.95	1.15	1.30	1.53	1.70	1.83	1.96	2.04	2.12	2.19	2.25	3.69
刚性基础	ω_r	0.79	0.88	1.08	1.22	1.44	1.61	1.72					2.12	3.40

（3）绝对刚性基础沉降。

绝对刚性基础的抗弯刚度为无穷大，受弯矩作用不会发生挠曲变形，因此基础受力后，原来为平面的基底仍保持为平面，计算沉降时，上部传至基础的荷载可用合力来表示。

①中心荷载作用下,地基各点的沉降相等。根据这个条件,可以从理论上得到圆形基和矩形基础的沉降值。

对于圆形基础,基础沉降为：

$$s = \frac{1-\mu^2}{E} \frac{\pi}{4} d p_0 = \frac{1-\mu^2}{E} \omega_r d p_0 \tag{5-13}$$

式中：d——圆形基础直径。

对于矩形基础,数学上可以用无穷级数来表示基础沉降,同样沉降可写成：

$$s = \frac{1-\mu^2}{E} \omega_r b p_0 \tag{5-14}$$

式中：p_0—— $p_0 = \dfrac{P}{A}$;

ω_r——刚性基础的沉降影响系数,是关于长宽比的级数,近似地可由表5-1查得；

P——中心荷载合力；

A——基底面积。

②偏心荷载作用下,基础要产生沉降和倾斜。沉降后基底为一倾斜平面,基底倾斜可由弹性力学公式求得：

对于圆形基础

$$\tan\theta = \frac{1-\mu^2}{E} \times \frac{6Pe}{d^3} \tag{5-15}$$

对于矩形基础

$$\tan\theta = \frac{1-\mu^2}{E} \times 8K \frac{Pe}{b^3} \tag{5-16}$$

式中：b——偏心方向的边长；

P——传至刚性基础上的合力大小；

e——合力的偏心距；

K——系数,按l/b可由图5-14查得。

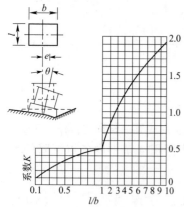

图5-14 绝对刚性矩形基础倾斜计算系数K值

二、分层总和法计算最终沉降

分层总和法是以地基上无侧向变形假定为基础的简易沉降计算方法,长期以来广泛应用于我国工程中的地基最终沉降量计算。

1. 基本假设

(1)一般取基底中心点下地基附加应力来计算各分层土的竖向压缩量,认为基础的平均沉降量s为各分层土竖向压缩量s_i之和,即：

$$s = \sum_{i=1}^{n} \Delta s_i \tag{5-17}$$

式中：n——沉降计算深度范围内的分层数。

(2)计算Δs_i时,假设地基土只在竖向发生压缩变形,没有侧向变形,故可利用室内压缩试验成果进行计算。

2. 计算步骤(图 5-15)

(1)地基土分层。成层土的层面(不同土层的压缩性及重度不同)及地下水面(水面上下土的有效重度不同)是当然的分层界面,此外,分层厚度一般不宜大于 $0.4b$(b 为基底宽度)。附加应力沿深度的变化是非线性的;土的 e-p 曲线也是非线性的,因此分层厚度太大将产生较大的误差。

(2)计算各分层界面处土的自重应力。土的自重应力应从天然地面起算,地下水位以下一般取有效重度,地下水位以上取天然重度。

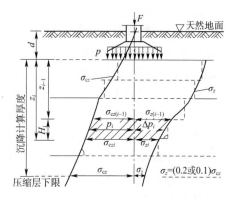

图 5-15 分层总和法计算地基最终沉降量

(3)计算各分层界面处基底中心下竖向附加应力,按第四章介绍的方法计算。

(4)确定地基沉降计算深度(或压缩层厚度)。附加应力随深度递减,自重应力随深度递增,因此,到了一定深度之后,附加应力与自重应力相比很小,引起的压缩变形就可忽略不计了。一般取地基附加应力等于自重应力 20%($\sigma_z = 0.2\sigma_{cz}$)深度处作为沉降计算深度的限值;若在该深度以下为高压缩性土,则应取地基附加应力等于自重应力的 10%($\sigma_z = 0.1\sigma_{cz}$)深度处作为沉降计算深度的限值。

(5)计算各分层土的压缩量 Δs_i,利用室内压缩试验成果进行计算。

$$\Delta s_i = \varepsilon_i H_i = \frac{\Delta e_i}{1+e_{1i}} H_i = \frac{e_{1i}-e_{2i}}{1+e_{1i}} H_i \tag{5-18a}$$

$$= \frac{a_i(p_{2i}-p_{1i})}{1+e_{1i}} H_i \tag{5-18b}$$

$$= \frac{\Delta p_i}{E_{si}} H_i \tag{5-18c}$$

式中:ε_i——第 i 分层土的平均压缩应变;

H_i——第 i 分层土的厚度;

e_{1i}——对应于第 i 分层土上下层面自重应力值的平均值 $p_{1i} = \frac{\sigma_{cz(i-1)}+\sigma_{czi}}{2}$ 从土的压缩曲线上得到的孔隙比;

e_{2i}——对应于第 i 分层土自重应力平均值 p_{1i} 与上下层面附加应力值的平均值 $\Delta p_i = \frac{\sigma_{z(i-1)}+\sigma_{zi}}{2}$ 之和 $p_{2i} = p_{1i} + \Delta p_i$ 从土的压缩曲线上得到的孔隙比;

a_i——第 i 分层对应于 p_{1i}—p_{2i} 段的压缩系数;

E_{si}——第 i 分层对应于 p_{1i}—p_{2i} 段的压缩模量。

根据已知条件,具体可选用式[5-18a)]~式[5-18c)]中的一个进行计算。

(6)按式(5-17)计算基础的平均沉降量。

3. 简单讨论

(1)分层总和法假设地基土在侧向不能变形,而只在竖向发生压缩,这种假设在当压缩土层厚度同基底荷载分布面积相比很薄时才比较接近。如当不可压缩岩层上压缩土层厚度 H 不大于基底宽度之半(即 $b/2$)时,由于基底摩阻力及岩层层面阻力对可压缩土层的限制作用,土层压缩只出现很少的侧向变形。

(2) 假定地基土侧向不能变形引起的计算结果偏小,取基底中心点下的地基中的附加应力来计算基础的平均沉降导致计算结果偏大,因此在一定程度上得到了相互弥补。

(3) 当需考虑相邻荷载对基础沉降影响时,通过将相邻荷载在基底中心下各分层深度处引起的附加应力叠加到基础本身引起的附加应力中去来进行计算。

(4) 当基坑开挖面积较大以及暴露时间较长时,地基土有足够的回弹量,因此基础荷载施加之后,不仅附加压力要产生沉降,初始阶段基底地基土恢复到原自重应力状态也会发生再压缩量沉降[图 5-6a)]。简化处理时,一般用 $p - \alpha\sigma_c$ 来计算地基中附加应力,α 为考虑基坑回弹和再压缩影响的系数,$0 \leq \alpha \leq 1$,对小基坑,由于再压缩量小,α 取 1,对宽达 10m 以上的大基坑 α 一般取 0;σ_c 为基底处自重应力。

[例题 5-1] 如图 5-16 所示的单独基础,基底尺寸为 $3.0\text{m} \times 2.0\text{m}$,传至地面的荷载为 300kN,基础埋置深度为 1.2m,地下水位在基底以下 0.6m,地基土层室内压缩试验成果见表 5-4,用分层总和法求基础中点的沉降量。

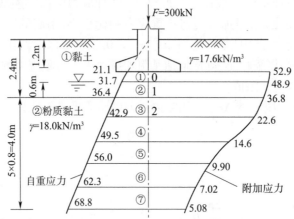

图 5-16 地基土分层及自重应力、附加应力分布(单位:kPa)

解:

(1) 地基分层。

考虑分层厚度不超过 $0.4b = 0.8\text{m}$ 以及地下水位,基底以下厚 1.2m 的黏土层分成两层,层厚均为 0.6m,其下粉质黏土层分层厚度均取为 0.8m。

(2) 计算自重应力。

计算分层处的自重应力,地下水位以下取有效重度进行计算。

如第 2 点自重应力为:$1.8 \times 17.6 + 0.6 \times (17.6 - 9.8) = 36.4\text{kPa}$。

计算各分层上下界面处自重应力的平均值,作为该分层受压前所受侧限竖向应力 p_{1i},各分层点的自重应力值及各分层的平均自重应力值见图 5-16 及表 5-2。

地基土层的 $e\text{-}p$ 曲线　　　　　　　表 5-2

土　名	$p(\text{kPa})$				
	0	50	100	200	300
黏土①	$e = 0.651$	$e = 0.625$	$e = 0.608$	$e = 0.587$	$e = 0.570$
粉质黏土②	$e = 0.978$	$e = 0.889$	$e = 0.855$	$e = 0.809$	$e = 0.773$

(3) 计算竖向附加应力。

基底平均附加应力:

$$p_0 = \frac{P+G}{A} - \gamma_0 D = \frac{300 + 3.0 \times 2.0 \times 1.2 \times 20}{3.0 \times 2.0} - 1.2 \times 17.6 = 52.9 \text{kPa}$$

计算各分层点的竖向附加应力,如第 1 点的附加应力,$n = l/b = 1.5/1.0 = 1.5$,$m = z/b = 0.6/1.0 = 0.6$,则 $\alpha_c = 0.231$,所以 $\sigma_z = 4\alpha_c p_0 = 4 \times 0.231 \times 52.9 = 48.9 \text{kPa}$。

计算各分层上下界面处附加应力的平均值:

各分层点的附加应力值及各分层的平均附加应力值见图 5-16 及表 5-3。

(4) 各分层自重应力平均值和附加应力平均值之和作为该分层受压后所受总应力 p_{2i}。

(5) 确定压缩层深度。

一般按 $\sigma_z = 0.2\sigma_{cz}$ 来确定压缩层深度,在 $z = 2.8\text{m}$ 处,$\sigma_z = 14.6\text{kPa} > 0.2\sigma_{cz} = 9.9\text{kPa}$,在 $z = 3.6\text{m}$ 处,$\sigma_z = 9.9\text{kPa} < 0.2\sigma_{cz} = 11.2\text{kPa}$,所以压缩层深度为基底以下 3.6m。

(6) 计算各分层的压缩量。

如第 ③ 层 $\Delta s_3 = \dfrac{e_{1i} - e_{2i}}{1 + e_{1i}} H_i = \dfrac{0.901 - 0.876}{1 + 0.901} \times 800 = 10.5 \text{mm}$,各分层的压缩量列于表 5-3 中。

分层总和法计算地基最终沉降 表 5-3

分层点	深度 z_i (m)	自重应力 σ_{cz} (kPa)	附加应力 σ_z (kPa)	层号	层厚 H_i (m)	自重应力平均值 $\dfrac{\sigma_{cz(i-1)} + \sigma_{cz i}}{2}$ (即 p_{1i}) (kPa)	附加应力平均值 $\dfrac{\sigma_{z(i-1)} + \sigma_{zi}}{2}$ (即 Δp_i) (kPa)	总应力平均值 $p_{1i} + \Delta p_i$ (即 p_{2i}) (kPa)	受压前孔隙比 e_{1i} (对应 p_{1i})	受压后孔隙比 e_{2i} (对应 p_{2i})	分层压缩量 $\Delta s_i = \dfrac{e_{1i} - e_{2i}}{1 + e_{1i}} H$ (mm)
0	0	21.1	52.9	—	—	—	—	—	—	—	—
1	0.6	31.7	48.9	①	0.6	26.4	50.9	77.3	0.637	0.616	7.7
2	1.2	36.4	36.8	②	0.6	34.1	42.9	77.0	0.633	0.617	5.9
3	2.0	42.9	22.6	③	0.8	39.7	29.7	69.4	0.901	0.876	10.5
4	2.8	49.5	14.6	④	0.8	46.2	18.6	64.8	0.896	0.879	7.2
5	3.6	56.0	9.9	⑤	0.8	52.8	12.3	65.1	0.887	0.879	3.4

(7) 计算基础平均最终沉降量。

$$s = \Delta s_i = 7.7 + 5.9 + 10.5 + 7.2 + 3.4 = 34.7 \text{mm}$$

三、规范法计算最终沉降

《建筑地基基础设计规范》(GB 50007—2011)推荐使用的最终沉降计算方法对分层总和法单向压缩公式作了进一步修正,应用了"应力面积"的基本概念,故称为应力面积法。

1. 计算公式

(1) 基本计算公式的推导。

如图 5-17 所示,若基底以下 z_{i-1}-z_i 深度范围第 i 土层的侧限压缩模量 E_{si}(通常取该层中点处相应于自重应力至自重应力加附加应力段的 E_s 值),则在基础附加压力作用下第 i 分层的压缩量 $\Delta s_i'$ 为:

$$\Delta s_i' = \int_{z_{i-1}}^{z_i} \varepsilon_z \text{d}z = \int_{z_{i-1}}^{z_i} \frac{\sigma_z}{E_{si}} \text{d}z = \frac{1}{E_{si}} \int_{z_{i-1}}^{z_i} \sigma_z \text{d}z = \frac{1}{E_{si}} \left(\int_0^{z_i} \sigma_z \text{d}z - \int_0^{z_{i-1}} \sigma_z \text{d}z \right) \quad (5-19)$$

式中：$\int_0^{z_i} \sigma_z \mathrm{d}z$——基底中心点以下 0-z_i 深度范围附加应力面积,用 A_i 来表示;

$\int_0^{z_{i-1}} \sigma_z \mathrm{d}z$——基底中心点以下 0-z_{i-1} 深度范围附加应力面积,用 A_{i-1} 来表示。

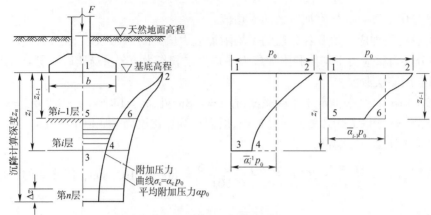

图 5-17　应力面积法计算地基最终沉降

则 $\Delta A_i = A_i - A_{i-1}$ 为基底中心以下 z_{i-1}-z_i 深度范围附加应力面积。式(5-19)可表示为：

$$\Delta s_i' = \frac{\Delta A_i}{E_{Si}} = \frac{A_i - A_{i-1}}{E_{Si}} \tag{5-20}$$

为了便于计算,将附加应力面积 A_i 及 A_{i-1} 分别改写为：

$$A_i = (\overline{\alpha}_i p_0) z_i \tag{5-21}$$
$$A_{i-1} = (\overline{\alpha}_{i-1} p_0) z_{i-1}$$

则式(5-20)可表示成

$$\Delta s_i' = \frac{p_0}{E_{Si}}(z_i \overline{\alpha}_i - z_{i-1} \overline{\alpha}_{i-1}) \tag{5-22}$$

这样,基础平均沉降量又可表示为：

$$s' = \sum_{i=1}^{n} \Delta s_i' = \sum_{i=1}^{n} \frac{p_0}{E_{Si}}(z_i \overline{\alpha}_i - z_{i-1} \overline{\alpha}_{i-1}) \tag{5-23}$$

式中：　　　n——沉降计算深度范围划分的土层数;

p_0——对应于荷载效应准永久组合的基底附加压力;

$\overline{\alpha}_i$、$\overline{\alpha}_{i-1}$——平均竖向附加应力系数;

$\overline{\alpha}_i p_0$、$\overline{\alpha}_{i-1} p_0$——将基底中心以下地基中 z_i、z_{i-1} 深度范围内附加应力,按等面积化为相同深度范围内矩形分布时分布应力的大小。

表 5-4 给出了矩形面积上均布荷载作用下角点下平均竖向附加应力系 $\overline{\alpha}$ 值,有关矩形面积上三角形分布荷载作用下角点下平均竖向附加应力系数 $\overline{\alpha}$ 值这里从略。

(2)沉降计算深度 z_n 的确定。

《建筑地基基础设计规范》(GB 50007—2011)用符号 z_n 表示沉降计算深度,并规定 z_n 应符合下列要求：

$$\Delta s_n' \leqslant 0.025 \sum_{i=1}^{n} \Delta s_i' \tag{5-24}$$

式中：$\Delta s_n'$——自试算深度往上 Δz 厚度范围的压缩量(包括考虑相邻荷载的影响),Δz 的取值按表 5-5 确定。

均布的矩形荷载角点下的平均竖向附加应力系数$\bar{\alpha}$

表 5-4

z/b	l/b																	
	1.0	1.2	1.4	1.6	1.8	2.0	2.2	2.4	2.6	2.8	3.0	3.2	3.6	4.0	5.0	>10.0
0.0	0.2500	0.2500	0.2500	0.2500	0.2500	0.2500	0.2500	0.2500	0.2500	0.2500	0.2500	0.2500	0.2500	0.2500	0.2500	0.2500
0.2	0.2496	0.2497	0.2497	0.2498	0.2498	0.2498	0.2498	0.2498	0.2498	0.2498	0.2498	0.2498	0.2498	0.2498	0.2498	0.2498
0.4	0.2474	0.2479	0.2481	0.2483	0.2483	0.2484	0.2484	0.2484	0.2485	0.2485	0.2485	0.2485	0.2485	0.2485	0.2485	0.2485
0.6	0.2423	0.2437	0.2444	0.2448	0.2451	0.2452	0.2453	0.2454	0.2454	0.2455	0.2455	0.2455	0.2455	0.2455	0.2455	0.2456
0.8	0.2346	0.2372	0.2387	0.2395	0.2400	0.2403	0.2405	0.2407	0.2407	0.2408	0.2409	0.2409	0.2409	0.2410	0.2410	0.2410
1.0	0.2252	0.2291	0.2313	0.2326	0.2335	0.2340	0.2344	0.2346	0.2348	0.2349	0.2350	0.2351	0.2352	0.2352	0.2353	0.2353
1.2	0.2149	0.2199	0.2229	0.2248	0.2260	0.2268	0.2274	0.2278	0.2280	0.2282	0.2284	0.2285	0.2286	0.2287	0.2288	0.2289
1.4	0.2043	0.2102	0.2140	0.2164	0.2180	0.2191	0.2199	0.2204	0.2208	0.2211	0.2213	0.2215	0.2217	0.2218	0.2220	0.2221
1.6	0.1939	0.2006	0.2049	0.2079	0.2099	0.2113	0.2123	0.2130	0.2135	0.2138	0.2141	0.2143	0.2146	0.2148	0.2150	0.2152
1.8	0.1840	0.1912	0.1960	0.1994	0.2018	0.2034	0.2046	0.2055	0.2061	0.2066	0.2070	0.2073	0.2077	0.2079	0.2082	0.2084
2.0	0.1746	0.1822	0.1875	0.1912	0.1938	0.1958	0.1972	0.1982	0.1990	0.1996	0.2000	0.2004	0.2009	0.2012	0.2016	0.2018
2.2	0.1659	0.1737	0.1793	0.1833	0.1862	0.1883	0.1899	0.1911	0.1920	0.1927	0.1933	0.1937	0.1943	0.1947	0.1952	0.1955
2.4	0.1578	0.1657	0.1715	0.1757	0.1789	0.1812	0.1830	0.1843	0.1854	0.1862	0.1868	0.1873	0.1880	0.1885	0.1890	0.1895
2.6	0.1503	0.1583	0.1642	0.1686	0.1719	0.1745	0.1764	0.1779	0.1790	0.1799	0.1806	0.1812	0.1820	0.1825	0.1832	0.1838
2.8	0.1433	0.1514	0.1574	0.1619	0.1654	0.1680	0.1701	0.1717	0.1729	0.1739	0.1747	0.1753	0.1763	0.1769	0.1777	0.1784
3.0	0.1369	0.1449	0.1510	0.1556	0.1592	0.1619	0.1641	0.1658	0.1672	0.1682	0.1691	0.1698	0.1708	0.1715	0.1725	0.1733
3.2	0.1310	0.1390	0.1450	0.1497	0.1533	0.1562	0.1584	0.1602	0.1617	0.1628	0.1638	0.1645	0.1657	0.1664	0.1675	0.1685
3.4	0.1256	0.1334	0.1394	0.1441	0.1478	0.1508	0.1531	0.1550	0.1565	0.1577	0.1587	0.1595	0.1607	0.1616	0.1628	0.1639
3.6	0.1205	0.1282	0.1342	0.1389	0.1427	0.1456	0.1480	0.1500	0.1515	0.1528	0.1539	0.1548	0.1561	0.1570	0.1583	0.1595
3.8	0.1158	0.1234	0.1293	0.1340	0.1378	0.1408	0.1432	0.1452	0.1469	0.1482	0.1493	0.1502	0.1516	0.1526	0.1541	0.1554
4.0	0.1114	0.1189	0.1248	0.1294	0.1332	0.1362	0.1387	0.1408	0.1424	0.1438	0.1450	0.1459	0.1474	0.1485	0.1500	0.1516
4.2	0.1073	0.1147	0.1205	0.1251	0.1289	0.1319	0.1344	0.1365	0.1382	0.1396	0.1408	0.1418	0.1434	0.1445	0.1462	0.1479
4.4	0.1035	0.1107	0.1164	0.1210	0.1248	0.1279	0.1304	0.1325	0.1342	0.1357	0.1369	0.1379	0.1369	0.1407	0.1425	0.1444
4.6	0.1000	0.1070	0.1127	0.1172	0.1209	0.1240	0.1265	0.1287	0.1304	0.1319	0.1332	0.1342	0.1359	0.1371	0.1390	0.1410
4.8	0.0967	0.1036	0.1091	0.1136	0.1173	0.1204	0.1229	0.1250	0.1268	0.1283	0.1296	0.1307	0.1324	0.1337	0.1357	0.1379

续上表

z/b	l/b															
	1.0	1.2	1.4	1.6	1.8	2.0	2.2	2.4	2.6	2.8	3.0	3.2	3.6	4.0	5.0	>10.0
5.0	0.0935	0.1003	0.1057	0.1102	0.1139	0.1169	0.1194	0.1216	0.1234	0.1249	0.1262	0.1273	0.1291	0.1304	0.1325	0.1348
5.2	0.0906	0.0972	0.1026	0.1070	0.1106	0.1136	0.1162	0.1183	0.1201	0.1217	0.1230	0.1241	0.1259	0.1273	0.1295	0.1320
5.4	0.0878	0.0943	0.0996	0.1039	0.1075	0.1105	0.1130	0.1152	0.1170	0.1186	0.1199	0.1211	0.1229	0.1243	0.1265	0.1292
5.6	0.0852	0.0916	0.0968	0.1010	0.1046	0.1076	0.1101	0.1122	0.1140	0.1156	0.1170	0.1181	0.1200	0.1215	0.1238	0.1266
5.8	0.0808	0.0890	0.0941	0.0983	0.1018	0.1047	0.1072	0.1094	0.1112	0.1128	0.1141	0.1153	0.1172	0.1187	0.1211	0.1240
6.0	0.0805	0.0866	0.0916	0.0957	0.0991	0.1021	0.1046	0.1067	0.1085	0.1101	0.1115	0.1126	0.1146	0.1161	0.1185	0.1216
6.2	0.0783	0.0842	0.0891	0.0932	0.0966	0.0995	0.1020	0.1041	0.1059	0.1075	0.1089	0.1101	0.1120	0.1136	0.1161	0.1193
6.4	0.0762	0.0820	0.0869	0.0909	0.0942	0.0971	0.0995	0.1016	0.1035	0.1050	0.1064	0.1076	0.1096	0.1111	0.1137	0.1171
6.6	0.0742	0.0799	0.0847	0.0886	0.0919	0.0948	0.0972	0.0993	0.1011	0.1027	0.1041	0.1053	0.1073	0.1088	0.1114	0.1149
6.8	0.0723	0.0780	0.0826	0.0865	0.0898	0.0926	0.0950	0.0970	0.0988	0.1004	0.1018	0.1030	0.1050	0.1066	0.1092	0.1129
7.0	0.0705	0.0761	0.0806	0.0844	0.0877	0.0904	0.0928	0.0949	0.0967	0.0982	0.0996	0.1008	0.1028	0.1044	0.1071	0.1109
7.2	0.0688	0.0742	0.0787	0.0825	0.0857	0.0884	0.0908	0.0928	0.0946	0.0962	0.0975	0.0987	0.1008	0.1023	0.1051	0.1090
7.4	0.0672	0.0725	0.0769	0.0806	0.0838	0.0865	0.0888	0.0908	0.0926	0.0942	0.0955	0.0967	0.0988	0.1004	0.1031	0.1071
7.6	0.0656	0.0709	0.0752	0.0789	0.0820	0.0846	0.0869	0.0889	0.0907	0.0922	0.0936	0.0948	0.0968	0.0984	0.1012	0.1054
7.8	0.0642	0.0693	0.0736	0.0771	0.0802	0.0828	0.0851	0.0871	0.0888	0.0904	0.0917	0.0929	0.0950	0.0966	0.0994	0.1036
8.0	0.0627	0.0678	0.0720	0.0755	0.0785	0.0811	0.0834	0.0853	0.0871	0.0886	0.0900	0.0912	0.0932	0.0948	0.0976	0.1020
8.2	0.0614	0.0663	0.0705	0.0739	0.0769	0.0795	0.0817	0.0837	0.0854	0.0869	0.0882	0.0894	0.0914	0.0931	0.0959	0.1004
8.4	0.0601	0.0649	0.0690	0.0724	0.0754	0.0779	0.0801	0.0820	0.0837	0.0852	0.0866	0.0878	0.0898	0.0914	0.0943	0.0988
8.6	0.0588	0.0636	0.0676	0.0710	0.0739	0.0764	0.0786	0.0805	0.0822	0.0836	0.0850	0.0862	0.0882	0.0898	0.0927	0.0973
8.8	0.0576	0.0623	0.0663	0.0696	0.0724	0.0749	0.0771	0.0790	0.0806	0.0821	0.0834	0.0846	0.0866	0.0882	0.0912	0.0959
9.0	0.0565	0.0611	0.0650	0.0683	0.0711	0.0735	0.0756	0.0775	0.0792	0.0806	0.0819	0.0831	0.0851	0.0867	0.0897	0.0944
10.0	0.0514	0.0556	0.0592	0.0622	0.0649	0.0672	0.0692	0.0710	0.0725	0.0739	0.0752	0.0763	0.0783	0.0799	0.0829	0.0880
11.0	0.0471	0.0510	0.0544	0.0572	0.0597	0.0618	0.0637	0.0654	0.0669	0.0683	0.0695	0.0706	0.0725	0.0740	0.0770	0.0824
12.0	0.0435	0.0471	0.0502	0.0529	0.0552	0.0573	0.0590	0.0606	0.0621	0.0634	0.0645	0.0656	0.0674	0.0690	0.0719	0.0774
13.0	0.0403	0.0438	0.0467	0.0492	0.0514	0.0533	0.0550	0.0565	0.0579	0.0591	0.0602	0.0613	0.0630	0.0645	0.0674	0.0731

注：l、b 为矩形的长边与短边；z 为从荷载作用面起算的深度。

Δz 值				表 5-5
$b(\mathrm{m})$	$b \leqslant 2$	$2 < b \leqslant 4$	$4 < b \leqslant 8$	$b > 8$
$\Delta z(\mathrm{m})$	0.3	0.6	0.8	1.0

如确定的沉降计算深度下部仍有较软弱土层时,应继续往下进行计算,同样也应满足式(5-24)为止。

当无相邻荷载影响,基础宽度在 1~30m 范围时,地基沉降计算深度也可按下列简化公式计算:

$$z_n = b(2.5 - 0.4\ln b) \tag{5-25}$$

式中:b——基础宽度。

在计算深度范围内存在基岩时,z_n 可取至基岩表面;当存在较厚的坚硬黏性土层,其孔隙比小于 0.5、压缩模量大于 50MPa,或存在较厚的密实砂卵石层,其压缩模量大于 80MPa 时,z_n 可取至该层土表面。当存在相邻荷载时,应计算相邻荷载引起的地基变形,可按应力叠加原理,采用角点法计算。

(3)沉降计算经验系数 ψ_S。

规范规定,按上述公式计算得到的沉降 s' 尚应乘以一个沉降计算经验系数 ψ_S,以提高计算准确度。ψ_S 定义为根据地基沉降观测资料推算的最终沉降量 s_∞ 与由式(5-23)计算得到的 s' 之比,一般根据地区沉降观测资料及经验确定,无地区经验时也可按表 5-6 查取。

沉降计算经验系数 ψ_S 表 5-6

基底附加压力	$\overline{E}_S$ (MPa)				
	2.5	4.0	7.0	15.0	20.0
$P_0 \geqslant f_{ak}$	1.4	1.3	1.0	0.4	0.2
$P_0 \leqslant 0.75 f_{ak}$	1.1	1.0	0.7	0.4	0.2

注:$\overline{E}_S$ 为沉降计算深度范围内各分层压缩模量的当量值,按式(5-34)计算;f_{ak} 为地基承载力特征值(参阅本书第九章相关内容);表列数值可内插。

综上所述,规范推荐的地基最终沉降计算公式为:

$$s_\infty = \psi_S s' = \psi_S \sum_{i=1}^n \frac{P_0}{E_{si}}(z_i \overline{\alpha}_i - z_{i-1} \overline{\alpha}_{i-1}) \tag{5-26}$$

$$\overline{E}_S = \frac{\sum \Delta A_i}{\sum \dfrac{\Delta A_i}{E_{Si}}} \tag{5-27}$$

式中:ΔA_i——第 i 层土附加应力面积,$\Delta A_i = P_0(z_i \overline{\alpha}_i - z_{i-1} \overline{\alpha}_{i-1})$。

2. 与分层总和法的比较

同分层总和法相比,应力面积法主要有以下三个特点:

(1)由于附加应力沿深度的分布是非线性的,因此如果分层总和法中分层厚度太大,用分层上下层面附加应力的平均值作为该分层平均附加应力将产生较大的误差;而应力面积法由于采用了精确的"应力面积"的概念,因而可以划分较少的层数,一般可以按地基土的天然层面划分,使得计算工作得以简化。

(2)地基沉降计算深度 z_n 的确定方法较分层总和法更为合理。

(3)提出了沉降计算经验系数 ψ_S,由于 ψ_S 是从大量的工程实际沉降观测资料中,经数理统计分析得出的,它综合反映了许多因素的影响,如侧限条件的假设;计算附加应力时对地基土均质的假设与地基土层实际成层的不一致对附加应力分布的影响;不同压缩性的地基土沉降计算值与实测值的差异不同等等。因此,应力面积法更接近于实际。

应力面积法也是基于同分层总和法一样的基本假设,由于它有以上的特点,因此实质上它是一种简化并经修正的分层总和法。

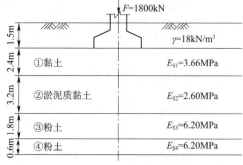
图 5-18 例题 5-2 图

[**例题 5-2**] 如图 5-18 所示的基础底面尺寸为 $4.8m \times 3.2m$,埋深为 $1.5m$,传至地面的中心荷载 $F = 1800kN$,地基的土层分层及各层土的平均压缩模量(相应于自重应力至自重应力加附加应力段),地基承载力特征值 $f_{ak} = 120kPa$。试用应力面积法计算基础中点的最终沉降。

解:

(1)基底附加压力。

$$P_0 = \frac{1800 + 4.8 \times 3.2 \times 1.5 \times 20}{4.8 \times 3.2} - 18 \times 1.5 = 120kPa$$

(2)计算过程(表 5-7)。

应力面积法计算地基最终沉降 表 5-7

z (m)	l/b	z/b	$\bar{\alpha}$	$z_i\bar{\alpha}_i$	$z_i\bar{\alpha}_i - z_{i-1}\bar{\alpha}_{i-1}$	E_{Si} (MPa)	$\Delta s_i'$ (mm)	$\sum \Delta s_i'$ (mm)
0.0	4.8/3.2 = 1.5	0/1.6 = 0.0	$4 \times 0.2500 = 1.0000$	0.000				
2.4	1.5	2.4/1.6 = 1.5	$4 \times 0.2108 = 0.8432$	2.024	2.024	3.66	66.3	66.3
5.6	1.5	5.6/1.6 = 3.5	$4 \times 0.1392 = 0.5568$	3.118	1.094	2.60	50.5	116.8
7.4	1.5	7.4/1.6 = 4.6	$4 \times 0.1145 = 0.4580$	3.389	0.271	6.20	5.3	122.1
8.0	1.5	8.0/1.6 = 5.0	$4 \times 0.1080 = 0.4320$	3.456	0.067	6.20	$1.3 \leq 0.025 \times 123.4$	123.4

(3)确定沉降计算深度 z_n。

表 5-7 中 $z = 8m$ 深度范围内的计算沉降量为 $123.4mm$,相当于 $7.4 \sim 8.0m$ 深度范围(按表 5-5 往上取 $\Delta z = 0.6m$)土层计算沉降量为 $1.3mm \leq 0.025 \times 123.4 = 3.1mm$,满足要求。故沉降计算深度 $z_n = 8.0m$。

(4)确定 ψ_s。

$$\bar{E}_S = \frac{\sum_{i=1}^{n} \Delta A_i}{\sum_{i=1}^{n} \frac{\Delta A_i}{E_{Si}}}$$

$$= \frac{P_0(z_n\bar{\alpha}_n - 0 \times \bar{\alpha}_0)}{P_0\left[\frac{(z_1\bar{\alpha}_1 - 0 \times \bar{\alpha}_0)}{E_{S1}} + \frac{(z_2\bar{\alpha}_2 - z_1 \times \bar{\alpha}_1)}{E_{S2}} + \frac{(z_3\bar{\alpha}_3 - z_2 \times \bar{\alpha}_2)}{E_{S3}} + \frac{(z_4\bar{\alpha}_4 - z_3 \times \bar{\alpha}_3)}{E_{S4}}\right]}$$

$$= \frac{P_0 \times 3.456}{P_0\left(\frac{2.024}{3.66} + \frac{1.094}{2.60} + \frac{0.271}{6.20} + \frac{0.067}{6.20}\right)} = 3.36MPa$$

由表 5-6 可知,当 $P_0 = 120kPa \geq f_{ak} = 120kPa$,得:$\psi_S = 1.34$。

(5) 计算基础中点最终沉降量。

$$s = \psi_S s' = \psi_S \sum_{i=1}^{4} \frac{P_0}{E_{Si}} (z_i \bar{\alpha}_i - z_{i-1} \bar{\alpha}_{i-1}) = 1.34 \times 123.4 = 165.4 \text{mm}$$

第四节 饱和黏性土地基沉降与时间的关系

饱和黏性土地基在建筑物荷载作用下要经过相当长时间才能达到最终沉降，不是瞬时完成的。为了建筑物的安全与正常使用，对于一些重要特殊的建筑物应在工程实践和分析研究中掌握沉降与时间关系的规律性，这是因为较快的沉降速率对于建筑物有较大的危害。例如，在第四纪一般黏性土地区，一般的四、五层以上的民用建筑物的允许沉降仅 10cm 左右，沉降超过此值就容易产生裂缝；而沿海软土地区，沉降的固结过程很慢，建筑物能够适应于地基的变形。因此，类似建筑物的允许沉降量可达 20cm 甚至更大。

碎石土和砂土的压缩性很小，而渗透性大，因此受力后固结稳定所需的时间很短，可以认为在外荷载施加完毕时，其固结变形基本就已经完成；对于黏性土及粉土，完全固结所需的时间就比较长，例如厚的饱和软黏土层，其固结变形需要几年甚至几十年才能完成。因此，实践中一般只考虑黏性土和粉土的变形与时间的关系。

一、饱和土的渗流固结

饱和土的渗流固结，可借助如图 5-19 所示的弹簧活塞模型来说明。在一个盛满水的圆筒中装着一个带有弹簧的活塞，弹簧上下端连接着活塞和筒底，活塞上有许多细小的孔。

当在活塞上瞬时施加压力 p 的一瞬间，由于活塞上孔细小，水还未来得及排出，水的侧限压缩模量远大于弹簧的弹簧系数，所以弹簧也就来不及变形，这样弹簧基本没有受力，而增加的压力就必须由活塞下面的水来承担，提高了水的压力。由于活塞小孔的存在，受到超静水压力的水开始逐渐经活塞小孔排出，结果活塞下降，弹簧受压所提供的反力平衡了一部分 p，这样水分担的压力相应减少。水在超静孔隙水

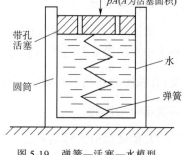

图 5-19 弹簧—活塞—水模型

压力的作用下继续渗流，弹簧继续下降，弹簧提供的反力逐渐增加，直至最后 p 完全由弹簧来平衡，水不受超静孔隙水压力而停止流出为止。

这个模型的上述过程可以用来模拟实际的饱和黏土的渗流固结。弹簧与土的固体颗粒构成的骨架相当，圆筒内的水与土骨架周围孔隙中的水相当，水从活塞内的细小孔排出相当于水在土中的渗透。

当在如图 5-20 所示的饱和黏性土地基表面瞬时大面积均匀堆载 p 后，将在地基中各点产生竖向附加应力 $\sigma_z = p$，加载后的一瞬间，作用于饱和土中各点的附加应力 σ，开始完全由土中水来承担，土骨架不承担附加应力，即超静孔隙水压力 μ 为 p，土骨架承担的有效应力 σ' 为零，这一点也可以通过设置于地基中不同深度的测压管内的水头看出，加载前测压管内水头与地下水位齐平，即各点只有静水压力，而此时测压管内水头升至地下水位以上最高值 $h =$

p/γ_w。随后类似上述模型的圆筒内的水开始从活塞内小孔排出，土孔隙中一些自由水也被挤出，这样土体积减小，土骨架就被压缩，附加应力逐渐转嫁给土骨架，土骨架承担的有效应力 σ' 增加，相应的孔隙水受到的超静孔隙水压力 u 逐渐减少，可以观察出测压管内的水头开始下降，直至最后全部附加应力 σ 由土骨架承担，即 $\sigma' = p$，超静孔隙水压力 u 消散为零。

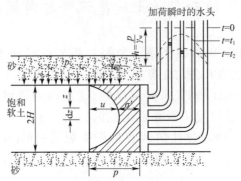

图 5-20 天然土层的渗流固结

上文对渗流固结过程进行了定性的说明。

为了具体求饱和黏性土地基受外荷载后在渗流固结过程中任意时刻的土骨架及孔隙水分担量，下面就一维侧限应力状态（如大面积均布荷载下薄压缩层地基）下的渗流固结问题引入太沙基（K. Terzaghi,1925）一维固结理论。

二、太沙基一维渗流固结理论

1. 基本假设

太沙基一维固结理论假定：土是均质的、完全饱和土；土粒和水是不可压缩的；土层的压缩和土中水的渗流只沿竖向发生，是一维的；土中水的渗流服从达西定律，且渗透系数 k 保持不变；孔隙比的变化与有效应力的变化成正比，即 $-\dfrac{de}{d\sigma'} = a$，且压缩系数 a 保持不变；外荷载是一次瞬时施加的。

2. 固结微分方程的建立

在如图 5-21 所示的厚度为 H 的饱和土层上施加无限宽广的均布荷载 p，土中附加应力沿深度均匀分布（即面积 $abce$），土层上面为排水边界，有关条件符合基本假定，考察土层顶面以下 z 深度的微元体 $dxdydz$ 在 dt 时间内的变化。

（1）连续性条件 dt 时间内微元体内水量的变化应等于微元体内孔隙体积的变化。dt 时间内微元体内水量 Q 的变化为：

$$dQ = \frac{\partial Q}{\partial t} dt = \left[qdxdy - \left(q + \frac{\partial q}{\partial z} dz \right) dxdy \right] dt = -\frac{\partial q}{\partial z} dxdydzdt \tag{5-28}$$

式中：q——单位时间内流过单位水平横截面面积的水量。

dt 时间内微元体内孔隙体积 V_v 的变化为：

$$dV_V = \frac{\partial V_V}{\partial t} dt = \frac{\partial (eV_s)}{\partial t} dt = \frac{1}{1+e_1} \frac{\partial e}{\partial t} dxdydzdt \tag{5-29}$$

式中：$V_s = \dfrac{1}{1+e_1}dxdydz$——固体体积，不随时间而变；

e_1——渗流固结前初始孔隙比。

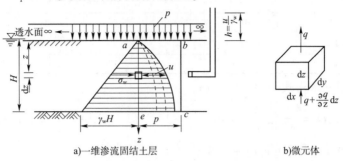

a) 一维渗流固结土层　　　　b) 微元体

图 5-21　饱和黏性土的一维渗流固结

在 dt 时间内，微元体内孔隙体积的减小应等于微元体内水量的变化，即 $dQ = -dV$，得：

$$\frac{1}{1+e_1}\frac{\partial e}{\partial t} = \frac{\partial q}{\partial z} \tag{5-30}$$

(2) 根据达西定律：

$$q = ki = k\frac{\partial h}{\partial z} = \frac{k}{\gamma_w}\frac{\partial u}{\partial z} \tag{5-31}$$

式中：i——水头梯度；

h——超静水头；

u——超孔隙水压力。

(3) 根据侧限条件下孔隙比的变化与竖向有效应力变化的关系（见基本假设），得到：

$$\frac{\partial e}{\partial t} = -\frac{\alpha \partial \sigma'}{\partial t} \tag{5-32}$$

(4) 根据有效应力原理，式 (5-32) 变为：

$$\frac{\partial e}{\partial t} = -\frac{a\partial \sigma'}{\partial t} = -\frac{a\partial(\sigma - u)}{\partial t} = \frac{a\partial u}{\partial t} \tag{5-33}$$

上式在推导中利用了在一维固结过程中任一点竖向总应力 σ 不随时间而变的条件。

将式 (5-31) 及式 (5-33) 代入式 (5-30) 可得到：

$$\frac{\alpha}{1+e_1}\frac{\partial u}{\partial t} = \frac{k}{\gamma_w}\frac{\partial^2 u}{\partial^2 z} \tag{5-34}$$

令 $c_v = \dfrac{k(1+e_1)}{\alpha\gamma_w} = \dfrac{kE_s}{\gamma_w}$，则式 (5-34) 成为：

$$\frac{\partial u}{\partial t} = c_v \frac{\partial^2 u}{\partial^2 z} \tag{5-35}$$

式中：c_v——土的竖向固结系数（cm^2/s）。

式 (5-35) 即为太沙基一维固结微分方程。

3. 固结微分方程的求解

以下针对几种较简单的初始条件及边界条件对式 (5-35) 求解。

(1) 土层单面排水，起始超孔隙水压力沿深度为线性分布，如图 5-22 所示，定义 $\alpha = \dfrac{p_1}{p_2}$，初始条件及边界条件见表 5-8。

单面排水的初始条件及边界条件 表5-8

次序	时间	坐标	已知条件
1	$t=0$	$0 \leqslant z \leqslant H$	$u = P_2\left[1+(\alpha-1)\dfrac{H-z}{H}\right]$
2	$0 < t \leqslant \infty$	$z = 0$	$u = 0$
3	$0 \leqslant t \leqslant \infty$	$z = H$	$\dfrac{\partial u}{\partial z} = 0$
4	$t = \infty$	$0 \leqslant z \leqslant H$	$u = 0$

采用分离变量法求得式(5-35)的特解为：

$$u(z,t) = \frac{4P_2}{\pi^2}\sum_{m=1}^{n}\frac{1}{m^2}\left[m\pi\alpha + 2(-1)^{\frac{m-1}{2}}(1-\alpha)\right]e^{-\frac{m^2\pi^2}{4}T_v}\times \sin\frac{m\pi z}{2H} \tag{5-36}$$

在实用中常取第一项，即取 $m=1$ 得：

$$u(z,t) = \frac{4P_2}{\pi^2}[\alpha(\pi-2)+2]e^{-\frac{\pi^2}{4}T_v}\times \sin\frac{\pi z}{2H} \tag{5-37}$$

式中：m——奇正整数（$m=1,3,5,\cdots$）；

  e——自然对数底，$e=2.7182$；

  H——孔隙水的最大渗径，在单面排水条件下为土层厚度；

  T_v——时间因数，$T_v = \dfrac{c_v t}{H^2}$。

(2) 土层双面排水，起始超孔隙水压力沿深度为线性分布，如图5-23所示，定义 $\alpha = \dfrac{p_1}{p_2}$，令土层厚度为 $2H$，初始条件及边界条件见表5-9。

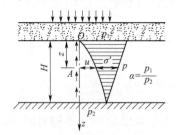

图5-22 单面排水条件下超孔隙水压力的消散

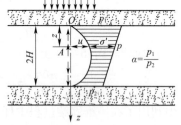

图5-23 双面排水条件下超孔隙水压力的消散

双面排水的初始条件及边界条件 表5-9

次序	时间	坐标	已知条件
1	$t=0$	$0 \leqslant z \leqslant H$	$u = P_2\left[1+(\alpha-1)\dfrac{H-z}{H}\right]$
2	$0 < t \leqslant \infty$	$z = 0$	$u = 0$
3	$0 < t \leqslant \infty$	$z = H$	$u = 0$

采用分离变量法求得式(5-38)的特解为：

$$u(z,t) = \frac{P_2}{\pi}\sum_{m=1}^{\infty}\frac{2}{m}[1-(-1)^m\alpha]e^{-\frac{m^2\pi^2}{4}T_v}\times \sin\frac{m\pi(2H-z)}{2H} \tag{5-38}$$

在实用中常取第一项，即取 $m=1$ 得：

$$u(z,t) = \frac{2P_2}{\pi}(1+\alpha)e^{-\frac{\pi^2}{4}T_v}\times \sin\frac{\pi(2H-z)}{2H} \tag{5-39}$$

超孔隙水压力随深度分布曲线上各点斜率反映出该点在某时刻水力梯度。

4. 固结度

（1）基本概念。

①某点的固结度。如图5-22及图5-23所示，深度z的A点在t时刻竖向有效应力σ'_t与起始超孔隙水压力p的比值，称为A点t时刻的固结度。

②土层的平均固结度。t时刻土层各点土骨架承担的有效应力图面积与起始超孔隙水压力（或附加应力）图面积之比，称为t时刻土层的平均固结度，用U_t表示，即：

$$U_t = \frac{\text{有效应力图面积}}{\text{起始超孔隙水压力图面积}} = 1 - \frac{t\text{时刻超孔隙水压力图面积}}{\text{起始超孔隙水压力图面积}} \quad (5\text{-}40)$$

根据有效应力原理，土的变形只取决于有效应力，因此，对于一维竖向渗流固结，根据式（5-40），土层的平均固结度又可定义为：

$$U_t = 1 - \frac{\int_0^H u(z,t)\mathrm{d}z}{\int_0^H p(z)\mathrm{d}z} = \frac{\int_0^H \sigma'(z,t)\mathrm{d}z}{\int_0^H p(z)\mathrm{d}z} = \frac{\int_0^H \frac{a}{1+e_1}\sigma'(z,t)\mathrm{d}z}{\int_0^H \frac{a}{1+e_1}p(z)\mathrm{d}z} = \frac{S_{ct}}{S_c} \quad (5\text{-}41)$$

式中：$\frac{a}{1+e_1}$——根据基本假设，在整个渗流固结过程中为常数；

S_{ct}——地基某时刻t的固结沉降；

S_c——地基最终的固结沉降。

（2）起始超孔隙水压力沿深度线性分布情况下的固结度计算。

起始超孔隙水压力沿深度线性分布的几种情况如图5-24所示。

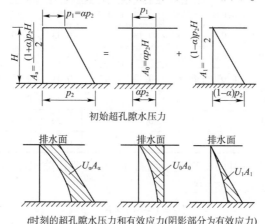

图5-24 利用U_{0t}及U_{1t}求$U_{\alpha t}$

①将式（5-37）代入式（5-41）得到单面排水情况下，土层任一时刻t的固结度U_t的近似值：

$$U_t = 1 - \frac{\frac{\pi}{2}\alpha - \alpha + 1}{1+\alpha} \times \frac{32}{\pi^3} \times e^{-\frac{\pi^2}{4}T_v} \quad (5\text{-}42)$$

α取1，即"0"型，起始超孔隙水压力分布图为矩形，代入式（5-42）得：

$$U_0 = 1 - \frac{8}{\pi^2}e^{-\frac{\pi^2}{4}T_v} \quad (5\text{-}43)$$

α取0，即"1"型，起始超孔隙水压力分布图为三角形，代入式（5-42）得：

$$U_1 = 1 - \frac{32}{\pi^3} e^{-\frac{\pi^2}{4}T_v} \tag{5-44}$$

不同 α 值时的固结度可按式(5-42)来求,也可利用式(5-43)以及(5-44)求得的 U_0 及 U_1,按式(5-45)计算:

$$U_\alpha = \frac{2\alpha U_0 + (1-\alpha) U_1}{1+\alpha} \tag{5-45}$$

式(5-45)的推导参如图 5-24 所示。

为方便查用,表 5-10 给出了不同的 $\alpha = \dfrac{p_1}{p_2}$ 下 $U_t - T_v$ 关系。

单面排水,不同 $\alpha = \dfrac{p_1}{p_2}$ 及 U_t 时的 T_v 值　　　　表 5-10

α	固结度 U_t											类型
	0.0	0.1	0.2	0.3	0.4	0.5	0.6	0.7	0.8	0.9	1.0	
0.0	0.0	0.049	0.100	0.154	0.217	0.29	0.38	0.50	0.66	0.95	∞	"1"
0.2	0.0	0.027	0.073	0.126	0.186	0.26	0.35	0.46	0.63	0.92	∞	
0.4	0.0	0.016	0.056	0.106	0.164	0.24	0.33	0.44	0.60	0.90	∞	"0-1"
0.6	0.0	0.012	0.042	0.092	0.148	0.22	0.31	0.42	0.58	0.88	∞	
0.8	0.0	0.010	0.036	0.079	0.134	0.20	0.29	0.41	0.57	0.86	∞	
1.0	0.0	0.008	0.031	0.071	0.126	0.20	0.29	0.40	0.57	0.85	∞	"0"
1.5	0.0	0.008	0.024	0.058	0.107	0.17	0.26	0.38	0.54	0.83	∞	
2.0	0.0	0.006	0.019	0.050	0.095	0.16	0.24	0.36	0.52	0.81	∞	
3.0	0.0	0.005	0.016	0.041	0.082	0.14	0.22	0.34	0.50	0.79	∞	
4.0	0.0	0.004	0.014	0.040	0.080	0.13	0.21	0.33	0.49	0.78	∞	
5.0	0.0	0.004	0.013	0.034	0.069	0.12	0.20	0.32	0.48	0.77	∞	"0-2"
7.0	0.0	0.003	0.012	0.030	0.065	0.12	0.19	0.31	0.47	0.76	∞	
10.0	0.0	0.003	0.011	0.028	0.060	0.11	0.18	0.30	0.46	0.75	∞	
20.0	0.0	0.003	0.010	0.026	0.060	0.11	0.17	0.29	0.45	0.74	∞	
∞	0.0	0.002	0.009	0.024	0.048	0.09	0.16	0.23	0.44	0.73	∞	"2"

② 将式(5-39)代入式(5-41)即得到双面排水,起始超孔隙水压力沿深度线性分布情况下土层任一时刻 t 的固结度 U_t 的近似值:

$$U_t = 1 - \frac{8}{\pi^2} \times e^{-\frac{\pi^2}{4}T_v} \tag{5-46}$$

从式(5-46)可看出,固结度 U_t 与 α 值无关,且形式上与土层单面排水时的 U_0 相同,注意式(5-46)中 $T_v = \dfrac{c_v t}{H^2}$ 中的 H 为固结土层厚度的一半,而式(5-43)中 $T_v = \dfrac{c_v t}{H^2}$ 中的 H 为固结土层厚度。因此,双面排水,起始超孔隙水压力沿深度线性分布情况下 t 时刻的固结度,可以用式(5-43)来求,只是要注意取前者土层厚度的一半作为 H 代入。

图 5-25a)为起始超孔隙水压力沿深度为线性分布的几种情况,联系到工程实际问题时,应考虑如何将实际的超孔隙水压力分布简化成图 5-25b)中的计算图式,以便进行简化计算分析。图 5-25b)列出了 5 种实际情况下的起始超孔隙水压力分布图。

情况 1:薄压缩层地基。

情况 2:土层在自重应力作用下的固结。

情况3：基础底面积较小，传至压缩层底面的附加应力接近零。
情况4：在自重应力作用下尚未固结的土层上作用有基础传来的荷载。
情况5：基础底面积较小，传至压缩层底面的附加应力不接近零。

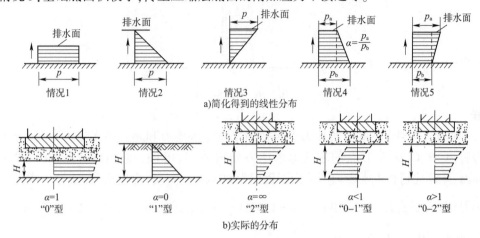

图 5-25　起始超孔隙水压力的几种情况

(3) 固结度计算的讨论。

从固结度的计算公式可以看出，固结度是时间因数的函数，时间因数 T_v 越大，固结度 U_t 越大，土层的沉降越接近于最终沉降量。从时间因数 $T_v = \dfrac{c_v t}{H^2} = \dfrac{k(1+e_1)}{\alpha \gamma_w} \times \dfrac{t}{H^2}$ 的各个因子可清楚地分析出固结度与这些因数的关系：

①渗透系数 k 越大，越易固结，因为孔隙水易排出。

② $\dfrac{1+e_1}{a} = E_s$ 越大，即土的压缩性越小，越易固结，因为土骨架发生较小的压缩变形即能分担较大的外荷载，因此孔隙体积无须变化太大（不需排较多的水）。

③时间 t 越长，显然越固结充分。

④渗流路径 H 越大，显然孔隙水越难排出土层，越难固结。

(4) 固结度计算的精度探讨。

在上述推导及求解过程中，存在以下一些问题：

①假设了水在孔隙中流动符合达西定律，但没有考虑当水头梯度小于起始梯度 i_0 时水不会发生渗流的情况。此外，假设在整个固结过程中渗透系数不变，这一点也将产生误差，因为随着土层的固结压缩，孔隙逐渐减小将降低渗透系数。

②假设在整个固结过程中压缩系数 a 不变，即土的侧限应力应变关系是线性的，这一点显然和室内侧限压缩试验不符。

③实际土层的边界条件十分复杂，不可能如理论假设那样简单。

④各种计算指标的来源，不可能十分满意地反映土层的实际情况。

[例题 5-3]　如图 5-26 所示，厚 10m 的饱和黏土层表面瞬时大面积均匀堆载 $p_0 = 150$kPa，若干年后，用测压管分别测得土层中 A、B、C、D、E 五点的孔隙水压力为 51.6kPa、94.2kPa、133.8kPa、170.4kPa、198.0kPa，已知土层的压缩模量 E_s 为 5.5MPa，渗透系数 k 为 5.14×10^{-8} cm/s。

(1) 试估算此时黏土层的固结度，并计算此黏土层已固结了几年。

(2)再经过 5 年,则该黏土层的固结度将达到多少,黏土层 5 年间产生了多大的压缩量?

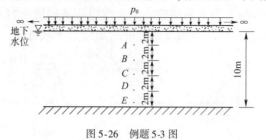

图 5-26 例题 5-3 图

解:

(1)用测压管测得的孔隙水压力值包括静止孔隙水压力和超孔隙水压力,扣除静止孔隙水压力后,A、B、C、D、E 五点的超孔隙水压力分别为 32.0kPa、55.0kPa、75.0kPa、92.0kPa、100.0kPa,计算此超孔隙水压力图的面积近似为 608kPa·m,起始超孔隙水压力(或最终有效附加应力)图的面积为 150×10 kPa·m $= 1500$ kPa·m,则此时固结度 $U_t = 1 - \dfrac{608}{1500} = 59.5\%$,$\alpha = 1$,查表 5-10 得 $T_v = 0.29$。

黏土层的竖向固结系数

$$c_v = \frac{k(1+e)}{\alpha \gamma_w} = \frac{KE_s}{\gamma_w} = \frac{5.14 \times 10^{-8} \times 5500 \times 10^2}{9.8} = 2.88 \times 10^{-3} \text{cm}^2/\text{s} = 0.9 \times 10^5 \text{cm}^2/\text{年}$$

由于是单面排水,则竖向固结时间因数 $T_v = \dfrac{c_v t}{H^2} = \dfrac{0.9 \times 10^5 \times t}{1000^2} = 0.29$,得 $t = 3.22$ 年,即此黏土层已固结了 3.22 年。

(2)再经过 5 年,则竖向固结时间因数 $T_v = \dfrac{c_v t}{H^2} = \dfrac{0.9 \times 10^5 \times (3.22 + 5)}{1000^2} = 0.74$,查表 5-10,得 $U_t = 0.861$,即该黏土层的固结度达到 86.1%,在整个固结过程中,黏土层的最终压缩量为 $\dfrac{P_0 H}{E_s} = \dfrac{150 \times 1000}{5500} = 27.3$cm,因此这 5 年间黏土层产生(86.1 − 59.5)% × 27.3 = 7.26cm 的压缩量。

三、利用沉降观测资料推算后期沉降与时间关系

上面从理论上推导了固结度随时间的变化,因此也就可以得到地基固结沉降与时间的关系。但是理论计算结果往往与实测资料不完全符合,因此从建筑物施工后掌握的沉降观测资料出发,根据其发展趋势来推测未来的沉降规律有着重要的实际意义。下面介绍两种实际常用的推算后期固结沉降与时间关系(即 $s_t - t$)的经验方法。

1. 对数曲线法

对数曲线法是参照太沙基一维固结理论得到的式(5-47)所反映出的固结度与时间的指数关系而选用式(5-48)形式。

$$U_0 = 1 - \frac{8}{\pi^2} e^{-\frac{\pi^2}{4} T_v} \tag{5-47}$$

$$\frac{s_t}{s_\infty} = 1 - A e^{-Bt} \tag{5-48}$$

式中:s_∞——最终固结沉降量;式(5-48)用 A、B 两个待定参数替代了式(5-47)中的常数。

要确定出 $s_t - t$ 关系,需定出式(5-47)中三个量 A、B 及 s_∞,为此利用已有的沉降—时间实测关系曲线(图5-27)的末段,在实测曲线上选择三点 (t_1, s_{t1})、(t_2, s_{t2})、(t_3, s_{t3}) 值,$t=0$ 时刻选在施工期的一半处开始,代入式(5-47)即可确定出式(5-48)中三个待定值 A、B、s_∞,从而得到用对数曲线法推算的后期 $s_t - t$ 关系。

2. 双曲线法

双曲线法的推算公式为:

$$\frac{s_t}{s_\infty} = \frac{t}{\alpha + t} \tag{5-49}$$

确定式中两个待定参数 s_∞ 和 α 可按以下步骤进行:
可将式(5-50)化为:

$$\frac{t}{s_t} = \frac{1}{s_\infty}t + \frac{\alpha}{s_\infty} = at + b \tag{5-50}$$

如图5-28所示,以 t 为横坐标,以 t/s_t 为纵坐标,将已掌握的 $s_t - t$ 实测数据值按此坐标点标在坐标系中,然后根据这些点作出一回归直线,根据直线的斜率 $a = \dfrac{1}{s_\infty}$、截距 $b = \dfrac{\alpha}{s_\infty}$ 即可求得 s_∞ 和 α,从而得到了用双曲线法推算的后期 $s_t - t$ 关系。

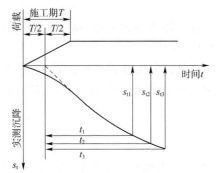

图 5-27 早期实测沉降与时间($s_t - t$)关系曲线

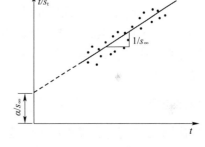

图 5-28 根据 $\dfrac{t}{s_t} - t$ 关系推算后期沉降

用实测资料推算建筑物沉降与时间关系的关键问题是必须有足够长时间的观测资料,才能得到比较可靠的 $s_t - t$ 关系,同时它也提供了一种估算建筑物最终沉降的方法。

四、饱和黏性土地基沉降的三个阶段

本章第三节介绍了两种实用最终沉降计算方法:分层总和法和应力面积法计算沉降,它们均是利用室内压缩试验得到的压缩指标进行地基沉降计算的,在工程实践中被广泛使用,饱和黏性土地基最终的沉降量从机理上来分析,是由三个部分组成的(图5-29),即:

$$s = s_d + s_c + s_s \tag{5-51}$$

式中:s_d——瞬时沉降(初始沉降、不排水沉降);
s_c——固结沉降(主固结沉降);
s_s——次固结沉降(次压缩沉降、徐变沉降)。

下面分别介绍这三种沉降产生的主要机理及常用的计算方法。

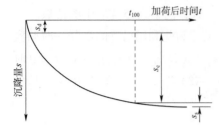

图 5-29 黏性土地基沉降的三个组成部分

1. 瞬时沉降

瞬时沉降是在施加荷载后瞬时发生的,在很短的时间内,孔隙中的水来不及排出,因此对于饱和的黏性土来说,沉降是在没有体积变形的条件下产生的,这种变形实质上是通过剪应变引起的侧向挤出,是形状变形。因此,这一沉降计算是考虑了侧向变形的地基沉降计算,而像分层总和法等实用的沉降计算方法则没有考虑这一过程。在单向压缩(如薄压缩层地基上大面积均匀堆载)时由于没有剪应力,也就没有侧向变形,可以不考虑瞬时沉降这一分量。

大比例尺的室内试验及现场实测表明,可以用弹性理论公式来分析计算瞬时沉降,对于饱和的黏性土在适当的应力增量情况下,弹性模量可近似地假定为常数,即:

$$s_d = \frac{p_0 b(1-\mu^2)}{E}\omega \tag{5-52}$$

式中:E、μ——弹性模量及泊松比,E 的室内试验测定参见本章第二节的介绍,由于这一变形阶段体积变形为零,可取 $\mu = 0.5$;

其他变量的含义参见本章第三节。

2. 固结沉降

固结沉降是在荷载作用下,孔隙水被逐渐挤出,孔隙体积逐渐减小,从而土体压密产生体积变形而引起的沉降,是黏性土地基沉降最主要的组成部分。

在实用中,可采用分层总和法等计算固结沉降,只是这些方法基于侧限假定,即按一维问题来考虑,与实际的二、三维应力状态不符,但由于确定压缩性指标等复杂困难,所以难以严格按二、三维应力状态考虑。

3. 次固结沉降

次固结沉降是指超静孔隙水压力消散为零,在有效应力基本上不变的情况下,随时间继续发生的沉降量,一般认为这是在恒定应力状态下,土中的结合水以黏滞流动的形态缓慢移动,造成水膜厚度相应地发生变化,使土骨架产生徐变的结果。

许多室内试验和现场量测的结果都表明,在主固结完成之后发生的次固结的大小与时间的关系在半对数坐标图上接近于一条直线,如图 5-30 所示。这样次固结引起的孔隙比变化可表示为:

$$\Delta e = C_\alpha \lg \frac{t}{t_1} \tag{5-53}$$

式中:C_α——半对数坐标系下直线的斜率,称为次固结系数;

t_1——相当于主固结达到 100% 的时间,根据次固结与主固结曲线切线交点求得;

t——需要计算次固结的时间。

这样,地基次固结沉降的计算公式即为:

$$s_s = \sum_{i=1}^{n} \frac{H_i}{1+e_{oi}} C_{\alpha i} \lg \frac{t}{t_1} \tag{5-54}$$

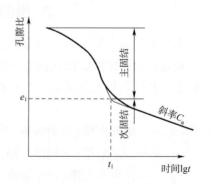

图 5-30 孔隙比与时间半对数的关系曲线

事实上这三种沉降并不能截然分开,而是交错发生的,只是某个阶段以一种沉降变形为主而已。不同的土,三个组成部分的相对大小及时间是不同的。例如,干净的粗砂地基沉降可认为是在荷载施加后瞬间发生的(包括瞬时沉降和固结沉降,此时已很难分开),次固结沉降不明显。对于饱和软黏土,实测的瞬时沉降可占最终沉降量的30%~40%,次固结沉降量同固结沉降量相比往往是不重要的。但对于含有有机质的软黏土,就不能不考虑次固结沉降。

练 习 题

[5-1] 一饱和黏土试样在固结仪中进行压缩试验,该试样原始高度为20mm,面积为30cm^2,土样与环刀总质量为175.6g,环刀质量58.6g。当荷载由$P_1 = 100$kPa增加至$P_2 = 200$kPa时,在24h内土样的高度由19.31mm减少至18.76mm。该试样的土粒相比密度为2.74,试验结束后烘干土样,称得干土质量为91.0g。

(1)计算与P_1及P_2对应的孔隙比e_1及e_2。

(2)求a_{1-2}及$E_{S(1-2)}$,并判断该土的压缩性。

[5-2] 用弹性理论公式分别计算题图5-1所示的矩形基础在下列两种情形下中点A、角点B及边缘点C的沉降量和基底平均沉降量。已知地基土的变形模量$E_0 = 5.6$MPa,泊松比$\mu = 0.4$,重度$\gamma = 19.8$kN/m^3。

(1)基础是完全柔性的;

(2)基础是绝对刚性的。

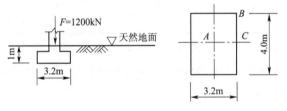

题图5-1

[5-3] 如题图5-2所示的矩形基础的底面尺寸为4m×2.5m,基础埋深1m,地下水位位于基底高程,地基土的物理指标如题图5-2所示,室内压缩试验结果见题表5-1,试用分层总和法计算基础中点沉降。

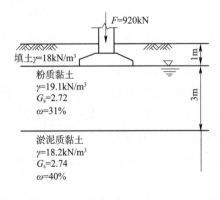

题图5-2

室内压缩试验 $e-p$ 关系　　　　题表5-1

土　　层	p(kPa)				
	0	50	100	200	300
粉质黏土	$e=0.942$	$e=0.889$	$e=0.855$	$e=0.807$	$e=0.773$
淤泥质粉质黏土	$e=1.045$	$e=0.925$	$e=0.891$	$e=0.848$	$e=0.823$

[5-4] 用应力面积法计算习题5-3中基础中点下粉质黏土层的压缩量(土层分层同习题5-3，$p_0 < 0.75 f_k$)。

[5-5] 某黏土试样压缩试验数据见题表5-2。
(1) 确定前期固结压力 p_c；
(2) 求压缩指数 C_c；
(3) 若该土样是从如题图5-3所示的土层在地表下11m深处采得，则当地表瞬时施加100kPa无穷分布的荷载时，试计算黏土层的最终压缩量。

室内压缩试验 $e-p$ 关系　　　　题表5-2

p(kPa)	0	12.5	25	50	100
e	1.060	1.024	0.989	0.979	0.952
p(kPa)	200	400	800	1600	3200
e	0.913	0.835	0.725	0.617	0.501

[5-6] 如题图5-4所示厚度为8m的黏土层，上下层面均为排水砂层，已知黏土层孔隙比 $e_0 = 0.8$，压缩系数 $a = 0.25 \text{MPa}^{-1}$，渗透系数 $k = 6.3 \times 10^{-8}$ cm/s，地表瞬时施加一无限分布均布荷载 $p = 180$ kPa。

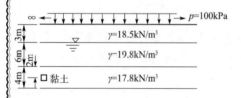

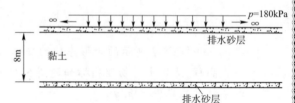

题图5-3　　　　　　　　　　　　题图5-4

试求：(1) 加荷半年后地基的沉降；
(2) 黏土层达到50%固结度所需的时间。

[5-7] 厚度为6m的饱和黏土层，其下为不可压缩的不透水层。已知黏土层的竖向系数 $c_v = 4.5 \times 10^{-3}$ cm²/s，$\gamma = 16.8$ kN/m³。黏土层上为薄透水砂层，地表瞬时施加无穷均布荷载 $p = 120$ kPa，分别计算下列两种情形：
(1) 若黏土层已经在自重作用下完成固结，然后施加 p，求达到50%固结度所需的时间；
(2) 若黏土层尚未在自重作用下固结，则施加 p 后，求达到50%固结度所需的时间。

思 考 题

[5-1] 试从基本概念、计算公式及适用条件等几方面比较压缩模量、变形模量及弹性模量。

[5-2] 在计算地基最终沉降时,为什么自重应力要用有效重度进行计算?

[5-3] 计算完全柔性基础和绝对刚性基础某点的沉降是否都可以用角点法?为什么?

[5-4] 同一场地埋置深度相同的两个矩形底面基础,底面积不同,已知作用于基底的附加压力相等,基础的长宽比相等,试分别用弹性理论法和分层总和法来分析哪个基础最终沉降量大?

[5-5] 地下水位升降对建筑物沉降有何影响?

[5-6] 一维渗流固结中,渗流路径 H、压缩模量 E_s 及渗透系数 k 分别对固结时间有何影响?为什么?

[5-7] 不同大小的无限均布荷载骤然作用于某一黏土层,要达到同一固结度,所需的时间有无区别?

[5-8] 在一维固结中,土层达到同一固结度所需的时间与土层厚度的平方成正比。该结论成立的前提条件是什么?

第六章 土的抗剪强度

第一节 概述

土的抗剪强度是指土体对于外荷载所产生的剪应力的极限抵抗能力。在外荷载作用下,土体中将产生剪应力和剪切变形,当土中某点由外力所产生的剪应力达到土的抗剪强度时,土就沿着剪应力作用方向产生相对滑动,该点便发生剪切破坏。工程实践和室内试验都证实了土是由于受剪而产生破坏,剪切破坏是土体破坏的重要特点。因此,土的强度问题实质上就是土的抗剪强度问题。

在工程实践中与土的抗剪强度有关的工程问题,可以归纳为三类(图6-1)。第一,是土作为材料构成的土工构筑物的稳定性问题,如土坝、路堤等填方边坡以及天然土坡等的稳定性问题[图6-1a)]。第二,是土作为工程构筑物的环境问题,即土压力问题,如挡土墙、地下结构等的周围土体,它的强度破坏将造成对墙体过大的侧向土压力,可能导致这些工程构筑物发生滑动、倾覆等破坏事故[图6-1b)]。第三,是土作为建筑物地基的承载力问题,如果基础下的地基土体产生整体滑动或因局部剪切破坏而导致过大的地基变形,都会造成上部结构的破坏或影响其正常使用的事故[图6-1c)]。

本章主要介绍土的抗剪强度理论及其指标的测定方法,以及影响土的抗剪强度的若干因素。

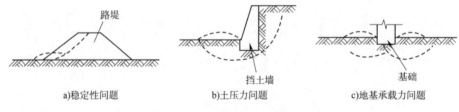

图6-1 工程中土的强度问题

第二节 土的强度理论与强度指标

一、抗剪强度

土体发生剪切破坏时,将沿着其内部某一曲面(滑动面)产生相对滑动,而该滑动面上的剪应力就等于土的抗剪强度。1776年,法国库仑(Coulomb)通过一系列砂土剪切试验,提出砂土抗剪强度可表达为滑动面上法向应力的线性函数[图6-2a)],即

$$\tau_f = \sigma \tan\varphi \tag{6-1}$$

之后,库仑根据黏性土的试验结果[图6-2b)]又提出了更为普遍的抗剪强度表达式形式:

$$\tau_f = c + \sigma \tan\varphi \tag{6-2}$$

式中：τ_f——土的抗剪强度(kPa)；
σ——滑动面上的法向应力(kPa)；
φ——土的内摩擦角(°)。
c——土的黏聚力(kPa)。

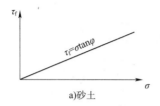
a)砂土

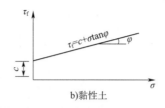
b)黏性土

图 6-2　土的抗剪强度与法向应力之间的关系

式(6-1)和式(6-2)就是土的强度规律的数学表达式，它是库仑在 18 世纪 70 年代提出的，所以也称为库仑定律，它表明在一般应力水平时土的抗剪强度与滑动面上的法向应力之间呈直线关系，直线在纵坐标上的截距即为土的黏聚力 c，直线的倾角即为土的内摩擦角 φ，通常将 c、φ 称为土的抗剪强度指标。两百多年来，尽管土的强度问题研究已得到很大的发展，但这基本的关系式仍广泛应用于土的理论研究和工程实践，而且也能满足一般工程的精度要求，所以迄今为止，它仍是研究土的抗剪强度的最基本的定律。

由式(6-1)和式(6-2)可以看出，砂土的抗剪强度由内摩擦力构成，而黏性土的抗剪强度则由内摩擦力和黏聚力两个部分所构成。内摩擦力主要是内土粒之间的表面摩擦力和由于土粒之间的连锁作用而产生的咬合力所引起。黏聚力则主要由土粒间水膜受到相邻土粒之间的电分子引力以及土中化合物的胶结作用而形成的。

二、土的强度理论——极限平衡理论

1. 莫尔—库仑破坏理论

1910 年，莫尔(Mohr)提出材料的破坏是剪切破坏，并指出在破坏面上的剪应力 τ_f 是为该面上法向应力 σ 的函数，即：

$$\tau_f = f(\sigma) \tag{6-3}$$

这个函数所定义的曲线，如图 6-3 所示，称为莫尔包线，或抗剪强度包线。莫尔包线表示材料受到不同应力作用达到极限状态时，剪应力 τ_f 与滑动面上法向应力 σ 的关系。土的莫尔包线通常近似地用直线表示，如图 6-3 虚线所示，该直线方程就是库仑定律所表示的方程。由库仑公式表示莫尔包线的土体强度理论称为莫尔—库仑强度理论。

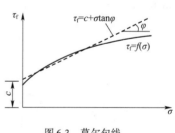

图 6-3　莫尔包线

2. 土中任一点的应力状态

当土体中任意一点的剪应力达到土的抗剪强度时，土体就会发生剪切破坏，该点也即处于极限平衡状态。为了简化分析，下面仅考虑平面问题来建立土的极限平衡条件，并且引用材料力学中有关表达一点应力状态的莫尔圆方法。

根据材料力学得知，作用于土体单元上的最大主应力 σ_1，最小主应力 σ_3，则在土体中任一斜截面上的法向应力 σ，剪应力 τ 之间存在下列关系(图 6-4)：

$$\sigma = \frac{1}{2}(\sigma_1 + \sigma_3) + \frac{1}{2}(\sigma_1 - \sigma_3)\cos 2\alpha \tag{6-4a}$$

$$\tau = \frac{1}{2}(\sigma_1 - \sigma_3)\sin 2\alpha \tag{6-4b}$$

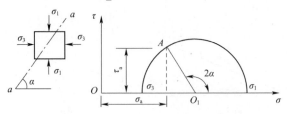

图 6-4　用莫尔圆表示的土体中任意点的应力

将抗剪强度包线与莫尔应力圆画在同一张坐标图上,如图 6-5 所示。它们之间的关系可以有三种情况:

(1)整个莫尔应力圆位于抗剪强度包线的下方(圆Ⅰ),说明通过该点的任意平面上的剪应力都小于土的抗剪强度,因此该点不会发生剪切破坏,该点处于弹性状态。

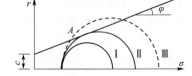

图 6-5　莫尔圆与抗剪强度包线之间的关系

(2)莫尔应力圆与抗剪强度包线相切(圆Ⅱ),切点为 A 点,说明在 A 点所代表的平面上,剪应力正好等于土的抗剪强度,即该点处于极限平衡状态,圆Ⅱ称为极限应力圆。

(3)莫尔应力圆与抗剪强度包线相割(圆Ⅲ),说明该点某些平面上的剪应力已经超过土的抗剪强度,事实上该应力圆所代表的应力状态是不存在的,因为在此之前,该点早已沿某一平面剪切破坏了。

3. 土的极限平衡条件

根据极限应力圆与抗剪强度包线之间的几何关系,就可建立土的极限平衡条件。设土体中某点剪切破坏时破裂面与大主应力的作用面呈 α 角,如图 6-6a)所示,则该点处于极限平衡状态时的莫尔圆如图 6-6b)所示,将抗剪强度线延长与 σ 轴相交于 B 点,由直角三角形 $\triangle ABO_1$ 可得:

$$\sin\varphi = \frac{\sigma_1 - \sigma_3}{\sigma_1 + \sigma_3 + 2c\cot\varphi} \tag{6-5}$$

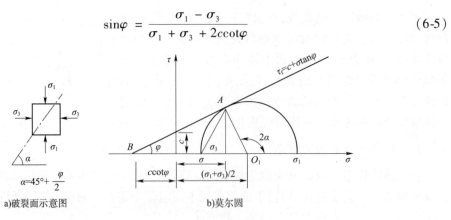

a)破裂面示意图　　　　b)莫尔圆

图 6-6　土体中某一点达到极限平衡状态时的莫尔圆

化简并通过三角函数间的变化关系,从而可得到土的极限平衡条件为:

$$\sigma_1 = \sigma_3 \tan^2\left(45° + \frac{\varphi}{2}\right) + 2c\tan\left(45° + \frac{\varphi}{2}\right) \tag{6-6a}$$

$$\sigma_3 = \sigma_1 \tan^2\left(45° - \frac{\varphi}{2}\right) - 2c\tan\left(45° - \frac{\varphi}{2}\right) \tag{6-6b}$$

由直角三角形 $\triangle ABO_1$ 外角与内角的关系可得：

$$2\alpha = 90° + \varphi$$

即

$$\alpha = 45° + \frac{\varphi}{2} \tag{6-7}$$

因此破裂面与最大主应力的作用面呈 $45° + \frac{\varphi}{2}$ 的夹角。

从上述关系式以及图6-6可以看到：

(1)判断土体中一点是否处于极限平衡状态，必须同时掌握大、小主应力以及土的抗剪强度指标的大小及其关系，即式(6-6)所表述的极限平衡条件。

(2)土体剪切破坏时的破裂面不是发生在最大剪应力的作用面（$\alpha = 45°$）上，而是发生在与大主应力的作用面呈 $\alpha = 45° + \frac{\varphi}{2}$ 的平面上。

(3)如果同一种土由几个试样在不同的大、小主应力组合下受剪切破坏，则在 τ-σ 图上可得到几个莫尔极限应力圆，这些应力圆的公切线就是其强度包线，这条包线实际上是一条曲线，但在实用上常做直线处理，以简化分析。

[**例题 6-1**] 某土样 $\varphi = 24°$，$c = 20\text{kPa}$，承受大、小主应力分别为 $\sigma_1 = 450\text{kPa}$，$\sigma_3 = 150\text{kPa}$，试判断该土样是否达到极限平衡状态？

解：

(1)由极限平衡条件式(6-6a)进行判断，根据该式，可得大主应力的计算值为：

$$\begin{aligned}
\sigma_1 &= \sigma_3 \tan^2\left(45° + \frac{\varphi}{2}\right) + 2c\tan\left(45° + \frac{\varphi}{2}\right) \\
&= 150 \times \tan^2\left(45° + \frac{24°}{2}\right) + 2 \times 20 \times \tan\left(45° + \frac{24°}{2}\right) \\
&= 150 \times \tan^2 57° + 2 \times 20 \times \tan 57° \\
&= 417\text{kPa} < 450\text{kPa}
\end{aligned}$$

已知值 $\sigma_1 = 450\text{kPa}$，比大主应力 σ_1 的计算结果大，说明土样的莫尔应力圆已超过土的抗剪强度包线，所以该土样已破坏。

(2)由极限平衡条件式[6-6b)]进行判断，根据该式，可得小主应力的计算值为：

$$\begin{aligned}
\sigma_3 &= \sigma_1 \tan^2\left(45° - \frac{\varphi}{2}\right) - 2c\tan\left(45° - \frac{\varphi}{2}\right) \\
&= 450 \times \tan^2\left(45° - \frac{24°}{2}\right) - 2 \times 20 \times \tan\left(45° - \frac{24°}{2}\right) \\
&= 450 \times \tan^2 33° - 2 \times 20 \times \tan 33° \\
&= 164\text{kPa} > 150\text{kPa}
\end{aligned}$$

已知 $\sigma_3 = 150\text{kPa}$，比小主应力 σ_3 的计算结果小，说明土样的莫尔应力圆已超过土的抗剪强度包线，所以该土样已破坏。

如果用图解法判断，则会得到莫尔应力圆与抗剪强度包线相割的结果。

第三节　土的抗剪强度指标试验方法及其应用

土的抗剪强度指标 c、φ 值通常是通过室内直剪试验、三轴剪切试验、无侧限抗压强度试验测定的。为了取得更能反映土实际状态与实际工作条件下的强度指标，应尽可能地采用原位测试，如原位剪切试验、十字板剪切试验等。

一、土的直剪试验

直剪试验是测定土的抗剪强度指标最简单的方法。直剪仪可分为应力式和应变式两种，目前常采用应变式直剪仪，它的主要优点在于可以测出土的峰值强度和终值强度。

应变式直剪仪(图6-7)主要由剪力盒、垂直和水平加荷系统及量测系统等部分组成。试验时，由杠杆系统通过加压活塞和透水石对试样施加某一法向应力 σ，然后等速推动下盒，使试样在沿上下盒之间的水平面上受剪直至破坏，剪应力 τ 的大小可借助与上盒接触的量力环而确定。

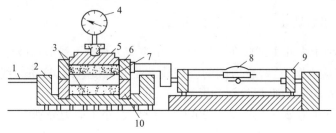

图6-7　应变控制式直剪仪

1-轮轴;2-底座;3-透水石;4-测微表;5-活塞;6-上盒;7-土样;8-测微表;9-量力环;10-下盒

图6-8a)所示的是试样在剪切过程中剪应力 τ 与剪切位移 δ 之间的关系曲线，当曲线出现峰值时，取峰值剪应力作为该级法向应力 σ 下的抗剪强度 τ_f；当曲线无峰值时，可取剪切位移 $\delta = 4\mathrm{mm}$ 时所对应的剪应力作为该级法向应力 σ 下的抗剪强度 τ_f。

对同一种土的每组试验，所取试样不少于4个，分别在不同的法向应力 σ 下剪切破坏，可将试验结果绘制成如图6-8b)所示的抗剪强度 τ_f 与法向应力 σ 之间的关系，试验结果(图6-2)表明，对于黏性土，抗剪强度与法向应力之间近似直线关系，该直线与横轴的夹角为内摩擦角 φ，在纵轴上的截距为黏聚力 c，直线方程可用式(6-2)表示；对于砂性土，抗剪强度与法向应力之间的关系基本是一条通过坐标原点的直线，可用式(6-1)表示。

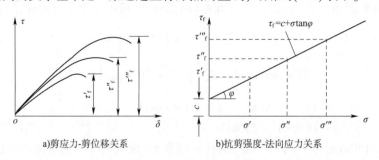

a)剪应力-剪位移关系　　b)抗剪强度-法向应力关系

图6-8　直剪试验结果

直接剪切试验目前仍然是室内土的抗剪强度最基本的测定方法。试验和工程实践都表明,土的抗剪强度与土受力后的排水固结状况有关,因而在工程设计中所需要的抗剪强度指标,其试验方法必须与现场的施工及使用实际情况相符合。如在软土地基上快速堆填路堤,由于加荷速度快,地基土渗透性低,则这种条件下的强度和稳定问题是不排水条件下的稳定分析问题,这就要求室内的试验条件应能模拟实际加荷状况,即在不排水条件下进行剪切试验。但是,直剪仪的构造无法做到任意控制试样是否排水的要求,为了在直剪试验中能考虑这类实际需要,可通过快剪、固结快剪和慢剪三种试验方法来近似模拟土体在现场受剪的排水条件。

1. 快剪

快剪试验是对试样施加垂直压力后立即以 0.8mm/min 的剪切速率快速施加水平剪应力使试样剪切破坏。一般从加荷到土样剪坏只用 3~5min。由于剪切速率较快,可认为对于渗透系数小于 10^{-6}cm/s 的黏性土在剪切过程中试样没有排水固结,近似模拟了"不排水剪切"过程,得到的抗剪强度指标用 c_q、φ_q 表示。

2. 固结快剪

固结快剪是在对试样施加竖向压力后,让试样充分排水固结,待沉降稳定后,以 0.8mm/min 的剪切速率快速施加水平剪应力使试样剪切破坏。固结快剪试验近似模拟了"固结不排水剪切"过程,它只适用于渗透系数小于 10^{-6}cm/s 的黏性土,得到的抗剪强度指标用 c_{cq}、φ_{cq} 表示。

3. 慢剪

慢剪试验是在对试样施加竖向压力后,让试样充分排水固结,待沉降稳定后,以小于 0.02mm/min 的剪切速率施加水平剪应力直至试样剪切破坏,使试样在受剪过程中一直充分排水和产生体积变形,模拟了"固结排水剪切"过程,得到的抗剪强度指标 c_s、φ_s 表示。

直剪试验设备简单、操作简便,也很直观,但它有如下缺点:

(1)试验时不能严格控制试样排水条件,并且不能量测孔隙水压力。

(2)剪切面被限制于上下盒接触面处,它并不一定是试样中抗剪强度最低的薄弱面。

(3)剪切面上剪应力分布不均匀,且竖向荷载会发生偏转(上、下盒的中轴线不重合),主应力的大小及方向都是变化的。

(4)在剪切过程中,试样剪切面逐渐缩小,而在计算抗剪强度时仍按试样的原截面积计算。

(5)试验时上、下盒之间的缝隙易嵌入砂粒,使试验结果偏大。

二、土的三轴压缩试验

三轴压缩试验,也称三轴剪切试验,是室内测定土的抗剪强度的一种较为完善的试验方法。三轴压缩试验是以莫尔—库仑强度理论为依据而设计的三轴向加压的剪力试验,通常采用 3~4 个圆柱形试样,分别在不同的周围压力下测得土的抗剪强度,再利用莫尔—库仑破坏准则确定土的抗剪强度参数。

三轴压缩试验可以严格控制排水条件,同时可以测量土体内的孔隙水压力,另外,试样中的应力状态也比较明确,试样破坏时的破裂面是在最薄弱处,而不像直剪试验那样限定在上、下盒之间,同时三轴压缩试验还可以模拟建筑物和建筑物地基的特点以及根据设计施工的不同要求确定试验方法,因此对于特殊建筑物(构筑物)、高层建筑、重型厂房、深层地基、海洋工程、道路桥梁以及交通航务等工程有着特别重要的意义。

1. 三轴试验的基本原理

三轴压缩试验所使用的仪器为三轴压缩仪,也称三轴剪切仪,依据施加轴向荷载方式的不同,可分为应变控制式和应力控制式两种。目前,室内三轴试验基本上采用的是应变控制式三轴仪。应变控制式三轴仪主要由主机、稳压调压系统以及量测系统三个部分所组成,各系统之间用管路和各种阀门开关连接,如图6-9所示。

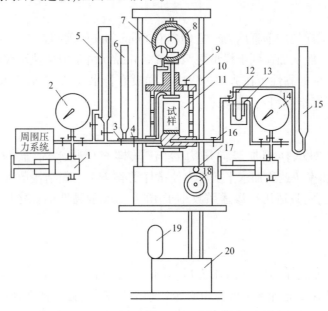

图6-9 应变控制式三轴压缩仪

1-调压筒;2-周围压力表;3-周围压力阀;4-排水阀;5-体变管;6-排水管;7-变形量表;8-量力环;9-排气孔;10-轴向加压设备;11-压力室;12-量筒阀;13-零位指示器;14-孔隙压力表;15-量管;16-孔隙压力阀;17-离合器;18-手轮;19-电动机;20-变速箱

主机部分包括压力室、轴向加荷系统等。压力室是三轴仪的主要组成部分,它是一个由金属上盖、底座以及透明有机玻璃圆筒组成的密闭容器,压力室底座通常有3个小孔分别与稳压系统以及体积变形和孔隙水压力量测系统相连。

稳压调压系统由压力泵调压阀和压力表等组成。试验时,通过压力室对试样施加周围压力,在试验过程中根据不同的试验要求对压力予以控制或调节,如保持恒压或变化压力等。

量测系统由排水管、体变管和孔隙水压力量测装置等组成。试验时分别测出试样受力后土中排出的水量变化以及土中孔隙水压力的变化。施加于试样上的轴向压力由测力计或荷重传感器量测,对于试样的竖向变形,则利用置于压力室上方的测微表或位移传感器测读。

常规三轴试验的一般步骤是:①试样切制成圆柱体,再将套上乳胶膜的试样放在密闭的压力室中,然后向压力室内注入液压,使试件在各向均受到周围压力 σ_3,并使该周围压力在整个试验过程中保持不变,这时试件内各向的主应力都相等,因此在试件内不产生任何剪应力[图6-10a]。②通过轴向加荷系统对试件施加竖向压力,当作用在试件上的水平向压力不变,而竖向压力逐渐增大时,试件终因受剪而破坏[图6-10b]。

设剪切破坏时,轴向加荷系统加在试件上的竖向压应力(称为偏应力)为 $\Delta\sigma_1$,则试件大主应力为 $\sigma_1 = \sigma_3 + \Delta\sigma_1$,而小主应力为 σ_3,据此可作出一个莫尔极限应力圆,见图6-10c)的圆Ⅰ,用同一种土样的三个以上试件,分别在不同的周围压力 σ_3 下进行试验,则可得莫尔极限应力圆,见图 6-10c)中的圆Ⅰ、圆Ⅱ和圆Ⅲ,并作一条公切线,这条线就是土的强度包线,由此可求得土的抗剪强度指标 c、φ 值。

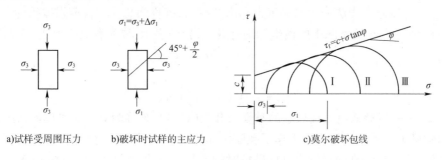

a)试样受周围压力　　b)破坏时试样的主应力　　c)莫尔破坏包线

图 6-10　三轴压缩试验原理

2. 三轴试验方法

根据试样固结时的排水条件和剪切时的排水条件,三轴试验可分为不固结不排水剪(UU)试验、固结不排水剪(CU)试验、固结排水剪(CD)试验。

(1)不固结不排水剪(UU)试验。

试样在施加周围压力和随后施加偏应力直至剪坏的整个试验过程中都不允许排水,从开始加压直至试样剪坏,土中的含水率始终保持不变,孔隙水压力也不可能消散,相当于施加外荷载全部为孔隙水压力所承担,土样保持初始的有效应力状态。可以测得土的总应力抗剪强度指标 c_u、φ_u。

(2)固结不排水剪(CU 试验)。

在施加周围压力 σ_3 时,将排水阀门打开,允许试样充分排水,待固结稳定后关闭排水阀门。然后再施加轴向压力,使试样在不排水的条件下剪切破坏,在受剪过程中同时测定试样中的孔隙水压力。由于不排水,试样在剪切过程中没有任何体积变形。可以测得土的总应力抗剪强度指标 c_{cu}、φ_{cu} 和有效应力抗剪强度指标 c'、φ'。

(3)固结排水剪(CD 试验)。

在施加周围压力和随后施加轴向压力直至剪坏的整个试验过程中都将排水阀门打开,并给予充分的时间让试样中的孔隙水压力能够完全消散。可以测得土的有效应力抗剪强度指标 c_d、φ_d。

三轴试验的突出优点是,能够控制排水条件以及可以量测试样中孔隙水压力的变化。一般来说,三轴试验的结果还是比较可靠的。因此,三轴压缩仪是土工试验不可缺少的仪器设备。对于常规三轴试验,试件所受的力是轴对称的,也即试件所受的三个主应力中,有两个是相等的,但在工程实际中,土体的受力情况并非属于这类轴对称的情况,而真三轴仪可在不同的三个主应力($\sigma_1 \neq \sigma_2 \neq \sigma_3$)作用下进行试验。

3. 三轴试验结果的整理与表达

从以上不同试验方法的讨论可以看到,同一种土施加的总应力 σ 虽然相同,但若试验方法不同,或者说控制的排水条件不同,则所得的强度指标也不相同,故土的抗剪强度与总应力之间没有唯一的对应关系。有效应力原理指出,土中某点的总应力 σ 等于有效应力 σ' 与孔隙水压力 u 之和,即 $\sigma = \sigma' + u$,因此,若在试验时量测试样的孔隙水压力,据此可以算出土中的有效应力,从而就可以采用有效应力与抗剪强度的关系表达试验成果。

土的抗剪强度试验成果一般可有两种表示方法。一种是在 τ_f-σ 关系图中的横坐标应力 σ 表示,称为总应力法,其表达式为

$$\tau_f = c + \sigma\tan\varphi$$

式中:c、φ——以总应力法表示的黏聚力和内摩擦角,统称为总应力抗剪强度指标。

另一种是在 τ_f-σ 关系图中的横坐标用有效应力 σ' 表示,称为有效应力法,其表达式

$$\tau_f = \sigma' + \sigma'\tan\varphi' \tag{6-8a}$$

或

$$\tau_f = c' + (\sigma - u)\tan\varphi' \tag{6-8b}$$

式中:c'、φ'——以有效应力法表示的黏聚力和内摩擦角,统称为有效应力抗剪强度指标。

抗剪强度的有效应力法由于考虑了孔隙水压力的影响,因此,对于同一种土,不论采取哪种试验方法,只要能够准确量测出试样破坏时的孔隙水压力,则均可用式(6-8)来表示土的强度关系,而且所得的有效应力抗剪强度指标应该是相同的。换言之,在理论上抗剪强度与有效应力应有对应关系,这一点已为许多试验所证实。

三、试验方法与指标选用

从以上几个问题的介绍中可以看到,土的抗剪强度及其指标的确定将因试验时的排水条件以及所采用的分析方法(总应力法或有效应力法)的不同而不同。目前常用的试验手段主要是三轴压缩试验与直接剪切试验两种,前者能够控制排水条件以及可以量测试样中孔隙水压力的变化,后者则不能。三轴试验和直剪试验各自的三种试验方法,理论上是一一对应的。直剪试验方法中的"快"与"慢",只是"不排水"与"排水"的等义词,并不是为了解决剪切速率对强度的影响问题,而仅是通过快和慢的剪切速率来解决试样的排水条件问题。在实际工程中,在选用不同试验方法及相应的强度指标时,宜注意到以下几点:

(1)采用的强度指标应与所采用的分析方法相吻合。当采用有效应力法分析时,应采用土的有效应力强度指标,当采用总应力法分析时,则应采用土的总应力强度指标。采用有效应力法及相应指标进行计算,概念明确,指标稳定,是一种比较合理的分析方法。只要能比较准确地确定孔隙水压力,则应该推荐采用有效应力法,有效应力强度指标可采用直剪慢剪、三轴固结排水剪和三轴固结不排水剪等方法测定。

(2)试验中的排水条件控制应与实际工程情况相符合。不固结不排水剪在试验中所施加的外力全部为孔隙水压力所承担,试样完全保持初始的有效应力状况;固结不排水剪的固结应力则全部转化为有效应力,而在施加偏应力时又产生了孔隙水压力,所以仅当实际工程中的有效应力状况与上述两种情况相对应时,采用上述试验方法及相应指标才是合理的。因此,对于可能发生快速加荷的正常固结黏性土上的路堤进行稳定分析时可采用不固结不排水试验方法;对于土层较厚、渗透性较小、施工速度较快工程的施工期分析也可采用不固结不排水剪试验方法;而当土层较薄、渗透性较大、施工速度较慢工程的竣工期分析可采用固结不排水剪试验方法,使用期一般采用固结排水强度指标。

(3)在实际工程中,一些工程情况不一定都是很明确的,如加荷速度的快慢、土层的厚薄、荷载大小以及加荷过程等都没有定量的界限值与之对应。此外,常用的三轴试验与直剪试验的试验条件也是理想化了的室内条件,在实际工程中与之完全相符合的情况并不多,大多只是近似的情况。因此在强度指标的具体使用中,需结合工程经验予以调整和判断。

(4)直剪试验不能控制排水条件,因此,若用同一剪切速率和同一固结时间进行直剪试

验,这对渗透性不同的土样来说,不但有效应力不同,而且固结状态也不明确,若不考虑这一点则使用直剪试验结果就会有很大的随意性。但直剪试验的设备构造简单,操作方便,国内各土工试验室都具备条件,因此在大多场合下仍然采用直剪试验方法,但必须注意直剪试验的适用性。

第四节 关于土的抗剪强度影响因素的讨论

土的抗剪强度是土的主要力学性质之一,但是其受到很多因素的影响,归纳起来,主要是土的性质(如土的颗粒组成、原始密度、黏性土的触变性等)和应力状态(如前期固结压力等)两个方面。

一、土的矿物成分、颗粒形状和级配的影响

就黏性土而言,主要是矿物成分的影响。不同的黏土矿物具有不同的晶格构造,它们的稳定性、亲水性和胶体特性也各不相同,因而对黏土的抗剪强度(主要是对黏聚力)产生显著的影响。一般来说,黏性土的抗剪强度随着黏粒和黏土矿物含量的增加而增大,或者说随着胶体活动性的增强而增大。

就砂性土而言,主要是颗粒的形状、大小及级配的影响。一般来说,在土的颗粒级配中,粗颗粒越多、形状越不规则、表面越粗糙,则其内摩擦角越大,因而其抗剪强度也越高。

二、土的含水率的影响

含水率的增高一般将使土的抗剪强度降低。这种影响主要表现在两方面,一是水分在较粗颗粒之间起着润滑作用,使摩阻力降低;一是黏土颗粒表面结合水膜的增厚使原始黏聚力减小。但试验研究表明,砂土在干燥状态时的内摩擦角 φ 值与饱和状态时的内摩擦角 φ 值差别很小(仅 $1°\sim 2°$),即含水率对砂土的抗剪强度的影响是很小的。而对黏性土来说,含水率则对抗剪强度有重大影响。图 6-11 所示为黏土在相同的法向应力 σ 下的不排水抗剪强度随含水率的增高而急剧下降的情况。

三、土的密度的影响

一般来说,土的密度越大,其抗剪强度就越高。对于粗颗粒土(例如砂性土)来说,密度越大,则颗粒之间的咬合作用越强,因而摩阻力就越大;对于细颗粒土(黏性土)来说,密度越大意味着颗粒之间的距离越小,水膜越薄,因而原始黏聚力也就越大。

试验结果表明(图 6-12),当其他条件相同时,黏性土的抗剪强度是随着密度的增大而增大的。

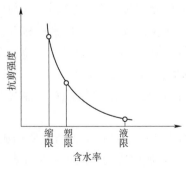
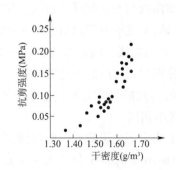

图 6-11　含水率对黏土抗剪强度的影响　　图 6-12　粉质黏土的抗剪强度与干密度的关系

图 6-13 所示的是不同密实程度的同一种砂土在相同周围压力 σ_3 下受剪时的应力—应变关系的体积变化。从图中可见，密砂的剪应力随着剪应变的增加而很快增大到某个峰值，而后逐渐减小一些，最后趋于某一稳定的终值，其体积变化开始时稍有减小，随后不断增加（呈剪胀性）；而松砂的剪应力随着剪应变的增加则较缓慢地逐渐增大并趋于某一最大值。不出现峰值，其体积在受剪时相应减小（呈剪缩性）。所以，在实际允许较小剪应变的条件下，密砂的抗剪强度显然大于松砂。

四、黏性土触变性的影响

黏性土的强度会因受扰动而削弱，但经过静置又可得到一定程度的恢复。对黏性土的这一特性称为触变性（图6-14）。由于黏性土具有触变性，故在黏性土地基中进行钻探取样时，若土样受到明显地扰动，则试样就不能反映其天然强度，土的灵敏度愈大，这种影响就愈显著；又如，在灵敏度较高的黏性土地基中开挖基坑，地基土也会因施工扰动而发生强度削弱。黏性土的触变性对强度的影响是应值得注意的。另一方面，当扰动停止后，黏性土的强度又会随时间而逐渐增长。如在黏性土中进行打桩时，桩侧土因受到扰动而导致强度降低，但在停止打桩以后，土的强度则逐渐恢复，桩的承载力也随之逐渐增加。

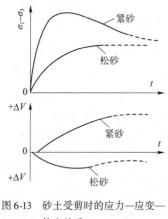

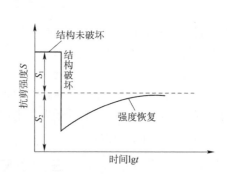

图 6-13　砂土受剪时的应力—应变—体变关系

图 6-14　黏性土触变过程中抗剪强度与时间的关系

五、土的应力历史的影响

土体在历史上曾经受到过的应力状态，对土体强度的试验结果也有影响。图 6-15 表示的是不同的压缩曲线与相应的强度包线。曲线 A、B、C 分别为初始压缩曲线、卸荷曲线以及再压缩曲线，相应地，A_s 表示正常固结土的强度包线，B_s、C_s 均为超固结土的强度包线。对于卸荷点 a' 来说，B 和 C 两曲线上的各点如 b、c 均处于超固结状态，A、B、C 曲线上 a、b、c 三点在 A_s、B_s、C_s 曲线上将分别找到对应的强度值位置。由图可见，a、b、c 三点的垂直压力 p 虽然相同，但因应力历史不同，b 点的强度大于 c 点的强度，更大于 a 点的强度，A_s、B_s、C_s 三曲线的强度参数 c、φ 值显然也各不相同。

若考虑了应力历史影响的强度包线，实际上应是两条直线组成的折线所构成，其间有一个转折点，如图 6-16 中的虚线①、②以及 c 点所示。c 点所对应的竖向压力是前期固结压力。由此可见，通常用直线来表示的库仑强度包线只是一种近似的结果。

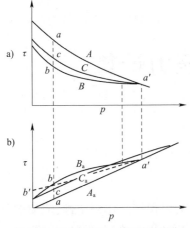

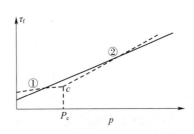

图 6-15 应力历史对土体强度的影响　　　图 6-16 实际强度包线与简化强度包线

练 习 题

[6-1] 对一组土样进行直接剪切试验,对应于各竖向荷载 P,土样在破坏状态时的水平剪力 T 见题表 6-1,若剪力盒的平面面积等于 30cm^2,试求该土的抗剪强度指标。

直接剪切试验数据　　　　　　　　　　　　　　　题表 6-1

竖向荷载 P(N)	水平剪力 T(N)
50	78.2
100	84.2
150	92.0

[6-2] 对一组 3 个饱和黏性土试样,进行三轴固结不排水剪切试验,3 个土样分别在 σ_3 = 100kPa、200kPa 和 300kPa 下进行固结,而剪破时的大主应力分别为 σ_1 = 205kPa、385kPa 和 570kPa,同时测得剪破时的孔隙水压力依次为 u = 63kPa、110kPa 和 150kPa。试用作图法求该饱和黏性土的总应力强度指标 c_{cu}、φ_{cu} 和有效应力强度指标 c'、φ'。

[6-3] 某土样黏聚力 c = 20kPa、内摩擦角 φ = 26°,承受 σ_1 = 450kPa、σ_3 = 150kPa 的应力,试用数解法和图解法判断该土样是否达到极限平衡状态?

[6-4] 一组砂土的直剪试验,当 σ = 250kPa,τ_f = 100kPa,试用应力圆求土样剪切面处大小主应力的方向。

思 考 题

[6-1] 试比较直剪试验和三轴试验的土样的应力状态有什么不同?

[6-2] 试比较直剪试验中的三种方法及其相互间的主要异同点。

[6-3] 用库仑定律和莫尔应力圆原理说明:当 σ_1 不变,而 σ_3 变小时,土可能破坏;反之,当 σ_3 不变,而 σ_1 变大时,土也可能破坏的现象。

[6-4] 试从应力状态角度说明通常进行三轴固结不排水试验时,先施加等向固结压力 σ_3 是否合理?为什么?

第七章 土压力计算

第一节 概 述

在土建工程中,为支撑天然或人工斜坡不致坍塌,以保持土体稳定性,或使部分侧向荷载传递分散到填土上而修建一种结构物,称为挡土结构物(挡土墙)。例如,桥梁工程中的桥台,道路工程中穿越边坡而修筑的挡土墙,基坑工程中的支挡结构,隧道工程中的衬砌以及码头、水闸等工程中采用的各种类型的挡土结构等(图7-1)。无论哪种挡土结构物,都要承受来自它们与土体接触面上的侧向压力,这些侧向压力的总称即为土压力。由于土压力是挡土墙的主要荷载,因此,在挡土结构物设计中,必须计算土压力的大小及其分布规律。

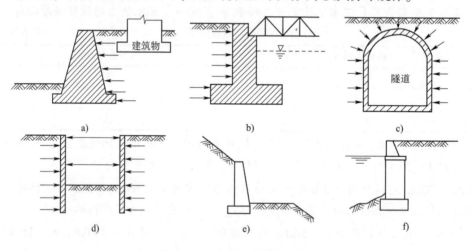

图7-1 各种类型的挡土结构物

土压力的大小及其分布规律与挡土结构物的侧向位移方向和大小、填土的性质、挡土结构物的刚度和高度等因素有关,根据挡土结构物侧向位移方向和大小可分为三种类型的土压力。

1. 静止土压力

当挡土墙具有足够的截面,并且建立在坚实的地基上(例如岩基),墙在墙后填土的推力作用下,不产生任何移动转动时[图7-2a)],墙后土体没有破坏,处于弹性平衡状态,此时作用于墙背上的土压力称为静止土压力。作用在每延米挡土墙上静止土压力的合力用 E_0(kN/m)表示,静止土压力强度用 p_0 表示。

2. 主动土压力

如果墙基可以变形,墙在土压力作用下产生向着离开填土方向的移动或绕墙根的转动时[图7-2b)],墙后土体因侧面所受限制的放松而有下滑的趋势。为阻止其下滑,土内潜在滑动面上剪应力增加,从而使作用在墙背上的土压力减小。当墙的移动或转动达到某一数量时,滑动面上的剪应力等于抗剪强度,墙后土体达到主动极限平衡状态,发生一般为曲线形的滑动面 AC,这时作用在墙上的土推力达到最小值,称为主动土压力,用 E_a (kN/m)或 p_a (kPa)表示。

3. 被动土压力

当挡土墙在外力作用下向着填土方向的移动或转动时(如拱桥桥台),墙后土体受到挤压,有上滑的趋势[图 7-2c)]。为阻止其上滑,土内剪应力反向增加,使得作用在墙背上的土压力加大。直到墙的移动量足够大时,滑动面上的剪应力达到土的抗剪强度。墙后土体达到被动极限平衡状态,土体发生向上滑动,滑动面为曲面 AC,这时作用在墙上的土压力达到最大值,称为被动土压力,用 E_p (kN/m)或 p_p (kPa)表示。

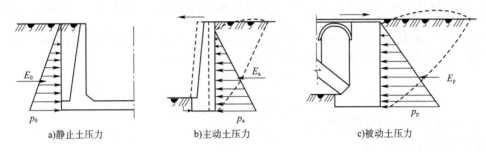

a)静止土压力　　b)主动土压力　　c)被动土压力

图 7-2　作用在挡土墙上的三种土压力

大部分情况下,土压力均介于主动土压力和被动土压力之间。在影响土压力大小及其分布的诸因素中,挡土结构物的位移是关键因素,图 7-3 给出了土压力与挡土结构位移间的关系,从图中可以看出,挡土结构物达到被动土压力所需的位移远大于导致主动土压力所需的位移。

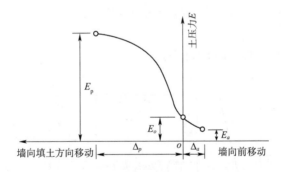

图 7-3　墙身位移和土压力关系

第二节　静止土压力计算

如前所述,当挡土墙完全没有侧向位移、偏转和自身弯曲变形时,作用在其上的土压力即为静止土压力。如修筑在岩石地基上的重力式挡土墙[图 7-2a)],或上下端有顶、底板固定的重力式挡土墙,实际变形极小,就会产生这种土压力。这时,墙后土体应处于侧限压缩应力状态,与土的自重应力状态相同,因此,可用第四章计算自重应力的方法来确定静止土压力的大小。

一、静止土压力 p_0

水平向静止土压力可按第四章半无限体在无侧向位移条件下侧向应力的计算公式计算,即

$$p_0 = K_0 \sigma_{cz} = K_0 \gamma z \tag{7-1}$$

式中：p_0——静止土压力(kPa)；

K_0——静止土压力系数；

γ——填土的重度(kN/m^3)；

z——计算点深度(m)。

理论上,静止土压力系数 $K_0 = \dfrac{\mu}{1-\mu}$, μ 为土体的泊松比。实际 K_0 由试验确定,可由三轴仪或应力路径三轴仪器,在原位可用自钻式旁压仪测得。在缺乏试验资料时,对正常固结土,可用经验公式[式(7-2)]估算；对超固结土,可用式(7-3)估算：

$$K_0 = 1 - \sin\varphi' \tag{7-2}$$

$$K_0 = \sqrt{OCR}(1 - \sin\varphi') \tag{7-3}$$

式中：φ'——土的有效内摩擦角(°)；

OCR——土的超固结比。

二、静止土压力分布及总土压力

由式(7-1)可知, p_0 沿墙高呈三角形分布；若墙高为 H,则作用于单位长度墙上的总静止土压力为 E_0

$$E_0 = \frac{1}{2} K_0 \gamma H^2 \tag{7-4}$$

E_0 作用点应在墙高 $\dfrac{1}{3}$ 处,如图7-4所示。

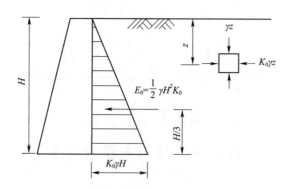

图7-4 静止土压力的分布

对于成层土和有超载情况,静止土压力强度可按下式进行计算：

$$p_0 = K_0 \left(\sum \gamma_i h_i + q \right) \tag{7-5}$$

式中：γ_i——计算点以上第 i 层土的重度；

h_i——计算点上第 i 层土的厚度；

q——填土面上的均布荷载。

若墙后填土中有地下水，计算静止土压力时，水下土应考虑水的浮力作用，对于透水性好的土应采用浮重度 γ' 计算，同时考虑作用在挡土墙上的静水压力。

三、应　　用

一般地下室外墙、岩基上挡土墙和拱座均按静止土压力计算。

[**例题 7-1**]　地下室外墙高 $H=6\mathrm{m}$，墙后填土的重度 $\gamma=18.5\mathrm{kN/m^3}$，土的有效内摩擦角 $\varphi'=30°$，黏聚力为零。试计算作用在挡土墙上的土压力。

解：对地下室外墙，可按静止土压力公式计算，单位长度墙体上的土压力

$$E_0 = \frac{1}{2}K_0\gamma H^2 = \frac{1}{2} \times (1 - \sin 30°) \times 18.5 \times 6^2 = 166.5 \mathrm{kN/m}$$

[**例题 7-2**]　计算作用在图 7-5a)所示挡土墙上的静止土压力分布值及其合力 E_0。

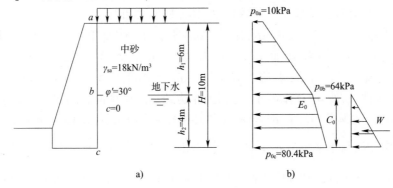

图 7-5　例题 7-2 图

解：

(1) 计算静止土压力系数：

$$K_0 = 1 - \sin\varphi' = 1 - \sin 30° = 0.5$$

(2) 按式(7-2)计算土中各分界点静止土压力 p_0 值。

a 点：$p_{0a} = K_0 q = 0.5 \times 20 = 10 \mathrm{kPa}$

b 点：$p_{0b} = K_0(q + \gamma h_1) = 0.5 \times (20 + 18 \times 6) = 64 \mathrm{kPa}$

c 点：$p_{0c} = K_0(q + \gamma h_1 + \gamma' h_2) = 0.5[20 + 18 \times 6 + (18 - 9.81) \times 4] = 80.4 \mathrm{kPa}$

(3) 静止土压力的合力 E_0。

$$E_0 = \frac{1}{2}(p_{0a} + p_{0b})h_1 + \frac{1}{2}(p_{0b} + p_{0c})h_2$$

$$= \frac{1}{2}(10 + 64) \times 6 + \frac{1}{2}(64 + 80.4) \times 4 = 510.8 \mathrm{m}$$

E_0 作用点的位置 C_0 为：

$$C_0 = \frac{1}{E_0}\left[p_{0a}h_1\left(\frac{h_1}{2} + h_2\right) + \frac{1}{2}(p_{0b} - p_{0a})h_1\left(h_2 + \frac{h_1}{3}\right) + p_{0b} \times \frac{h_2^2}{2} + \frac{1}{2}(p_{0c} - p_{0b})\frac{h_2^2}{3}\right]$$

$$= \frac{1}{510.8}\left[6 \times 10 \times 7 + \frac{1}{2} \times 54 \times 6 \times \left(4 + \frac{6}{3}\right) + 64 \times \frac{4^2}{2} + \frac{1}{2}(80.4 - 64) \times \frac{4^2}{3}\right]$$

$$= 3.81 \mathrm{m}$$

(4) 作用在墙上的静水压力合力。

$$W = \frac{1}{2}\gamma_w h_2^2 = \frac{1}{2} \times 9.81 \times 4^2 = 78.5 \text{kN/m}$$

静止土压力 p_0 及水压力的分布图如图 7-5b) 所示。

第三节 朗金土压力理论

朗金土压力理论是土压力计算中两个著名的古典土压力理论之一,由英国学者朗金(Rankine. W. J. M,1857)提出,是根据半空间应力状态和土的极限平衡条件得出的一种土压力计算方法。由于其概念明确,方法简便,至今仍被广泛应用。

一、基本原理

朗金研究自重应力作用下,半无限土体内各点的应力从弹性平衡状态发展为极限平衡状态的应力条件,提出计算挡土墙土压力的理论,其分析方法如下:

在半无限土体中取一竖直切面 AB,如图 7-6a) 所示,在 AB 面上深度 z 处取一单元土体,作用的法向应力为 σ_z、σ_x,因为 AB 面上无剪应力,故 σ_z 和 σ_x 均为主应力。当土体处于弹性平衡状态时,$\sigma_z = \gamma z$, $\sigma_x = K_0 \gamma z$,其应力圆如图 7-6b) 中的圆 Ⅰ 所示,与土的强度包线不相交。若在 σ_z 不变的条件下,使 σ_x 逐渐减小,直到土体达到极限平衡时,则其应力圆与强度包线相切,图 7-6b) 中的应力圆 Ⅱ。σ_z 和 σ_x 分别为最大和最小主应力,此即称为朗金主动状态,土体中产生的两组滑动面与水平面呈 $\alpha = 45° + \dfrac{\varphi}{2}$ 夹角,如图 7-6c) 所示。若在 σ_z 不变的条件下,不断增大 σ_x 值,直到土体达到极限平衡,这时其应力圆为图 7-6b) 中的圆 Ⅲ,它也与土的强度包线相切,但此时 σ_z 为最小主应力,σ_x 为最大主应力,土体中产生的两组滑动面与水平面呈 $\alpha = 45° - \dfrac{\varphi}{2}$ 角,如图 7-6d) 所示,这时称为朗金被动状态。

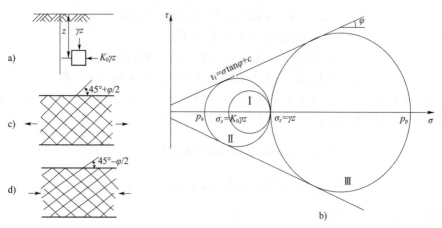

图 7-6 朗金主动状态与被动状态

假如将上述竖直切面 AB 的一侧换成一墙背直立、光滑、墙后填土表面水平且无限延伸的挡土墙,这时作用于挡土墙背上的土压力就适用于上述应力情况。当挡土墙向背离土体向移动,由于墙后土体因侧面所受限制的放松,σ_x 将逐渐减小直到墙后土体处于极限平衡状态,此时作用在墙背上的土压力即为主动土压力 p_a；当挡土墙向着填土方向移动，σ_x 将逐渐增大直到墙后土体达到另一限平衡状态即朗金被动状态，这时作用在挡土墙墙背上的土压力即为被动土压力 p_p。因此，朗金土压力适用条件为墙背直立、光滑、墙后填土表面水平且无限延伸的挡土墙。

这样就可以应用土体处于极限平衡状态时的最大和最小主应力的关系式来计算作用于墙背上的土压力。

二、朗金主动土压力计算

根据前述分析可知，当墙后填土达主动极限平衡状态时，作用于任意 z 深度处土单元上的竖直应力 $\sigma_z = \gamma z$ 应是大主应力 σ_1，而作用在墙背的水平向土压力 p_a 应是小主应力 σ_3。因此，利用第六章所述的极限平衡条件下 σ_1 与 σ_3 的关系，即可直接求出主动土压力的强度 p_a 的表达式：

$$p_a = \gamma z \tan^2\left(45° - \frac{\varphi}{2}\right) - 2c\left(45° - \frac{\varphi}{2}\right) = \gamma z K_a - 2c\sqrt{K_a} \tag{7-6}$$

式中：K_a——朗金主动土压力系数，$K_a = \tan^2\left(45° - \frac{\varphi}{2}\right)$。

式(7-6)说明，黏性土的主动土压力由两部分组成：第一项为土重产生的土压力 $\gamma z K_a$，是正值，随着深度呈三角形分布；第二项为黏性土 c 引起的土压力 $2c\sqrt{K_a}$，是负值，起减少土压力的作用，其值是常量，不随深度变化。下面分别讨论黏性土和无黏性土的分布规律。

1. 无黏性土

$c = 0$，则有：

$$p_a = \gamma z \tan^2\left(45° - \frac{\varphi}{2}\right) = \gamma z K_a \tag{7-7}$$

p_a 的作用方向垂直于墙背，沿墙高呈三角形分布，如图 7-7b) 所示。则作用于单位长度墙上的总土压力 E_a 为

$$E_a = \frac{\gamma H^2}{2} K_a \tag{7-8}$$

E_a 垂直于墙背，作用点距墙底 $\frac{H}{3}$ 处，如图 7-7b) 所示。

当墙绕墙根发生向离开填土方向的转动，达到主动极限平衡状态时，墙后土体破坏，形成如图 7-7a) 所示的滑动楔体，滑动面与大主应力作用面（水平面）夹角 $\alpha = 45° + \frac{\varphi}{2}$。滑动楔体内，土体均发生破坏，两组破裂面之间的夹角为 $90° - \varphi$。滑动楔体以外的土则仍处于弹性平衡状态。

2. 黏性土 $c \neq 0$

当 $z = 0$ 时，由式(7-6)可知，$p_a = -2c\sqrt{K_a}$，即出现拉应力。令式(7-6)中的 $p_a = 0$，可求出拉力区的高度，即

$$\gamma z_0 K_a - 2c\sqrt{K_a} = 0$$

$$z_0 = \frac{2c}{\gamma\sqrt{K_a}} \tag{7-9}$$

拉力区高度 z_0 常称临界直立高度，这一高度表示在填土无表面荷载的条件下，在 z_0 深度

范围内可以竖直开挖,即使没有挡土结构物,土坡也不会失稳。

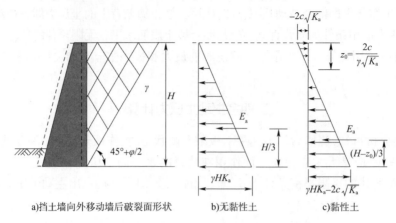

图 7-7 朗金主动土压力计算

由于填土与墙背之间不能承受拉应力,故拉应力的存在会使填土与墙背脱开。在计算墙背上主动土压力时,将不考虑拉力区的作用,即只计算正的土压力的分布图形面积,图 7-7c) 中的 E_a 为

$$E_a = \frac{1}{2}\gamma H^2 K_a - 2cH\sqrt{K_a} + \frac{2c^2}{\gamma} \tag{7-10}$$

E_a 作用点则位于墙底以上 $\frac{1}{3}(H - z_0)$ 处。

三、朗金被动土压力计算

当挡土墙在外力作用下推向填土,使墙后土体达到被动极限平衡状态时,水平压力比竖直压力大,故此时竖直应力 $\sigma_z = \gamma z$ 应为小主应力 σ_3,作用在墙背的水平向土压力 p_p 应是大主应力 σ_1。因此,将 $p_p = \sigma_1$、$\gamma z = \sigma_3$ 代入第六章所述的极限平衡条件下 σ_1 与 σ_3 的关系式,即可直接求出被动土压力的强度 p_a 的表达式为

$$p_P = \gamma z \tan^2\left(45° + \frac{\varphi}{2}\right) + 2c \times \tan\left(45° + \frac{\varphi}{2}\right) = \gamma z K_P + 2c\sqrt{K_P} \tag{7-11}$$

式中:K_P——朗金被动土压力系数,$K_P = \tan^2\left(45° + \frac{\varphi}{2}\right)$。

对于无黏性土,$c = 0$,则有:

$$p_P = \gamma z \tan^2\left(45° + \frac{\varphi}{2}\right) = \gamma z K_P \tag{7-12}$$

由式(7-11)和式(7-12)可知,p_P 沿深度 z 呈直线分布,其分布如图 7-8b)、7-8c)所示。作用在墙背上单位长度挡土墙上的被动土压力 E_P,可由 p_P 的分布图形面积求得,见式(7-13)和式(7-14)。

无黏性土

$$E_P = \frac{1}{2}\gamma H^2 K_P \tag{7-13}$$

黏性土

$$E_P = \frac{1}{2}\gamma H^2 K_P + 2cH\sqrt{K_P} \tag{7-14}$$

E_p 的作用方向垂直于墙背,作用点位于土压力分布面积的重心上。

墙后土体破坏,形成的滑动楔体如图 7-8a)所示,滑动面与小主应力作用面(水平面)之间的夹角 $\alpha = 45° - \dfrac{\varphi}{2}$,两组破裂面之间的夹角则为 $90° + \varphi$。

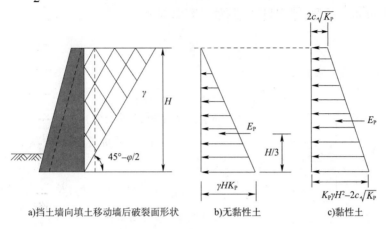

a)挡土墙向填土移动墙后破裂面形状　　b)无黏性土　　c)黏性土

图 7-8　朗金被动土压力土压力计算

四、几种特殊情况下的朗金土压力计算

1. 填土表面有均布荷载时朗金土压力计算

当挡土墙后填土表面有连续均布荷载 q 作用时,如图 7-9 所示,计算时相当于深度 z 处的竖向应力增加 q 值,因此,只要将式(7-4)和式(7-6)中的 γz 代之以 $(q + \gamma z)$ 就得到填土表面有超载时的主动土压力强度计算公式:

砂土
$$p_a = (\gamma z + q) K_a \tag{7-15}$$

黏性土
$$p_a = (\gamma z + q) K_a - 2c\sqrt{K_a} \tag{7-16}$$

若填土表面上为局部荷载时,如图 7-10 所示,则计算时,从荷载的两点 O 及 O' 点作两条辅助线 $\overline{OC}$ 和 $\overline{O'D}$,它们都与水平面呈 $45° + \dfrac{\varphi}{2}$ 角,认为 C 点以上和 D 点以下的土压力不受地面荷载的影响,C、D 之间的土压力按均布荷载计算,AB 墙面上的土压力如图中阴影部分。

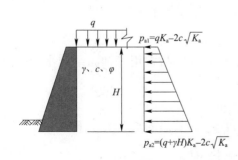　　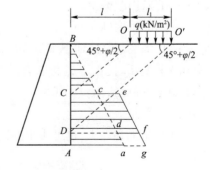

图 7-9　填土上有超载时的主动土压力计算　　图 7-10　局部荷载作用下主动土压力计算

2. 成层填土中的朗金土压力计算

图 7-11 所示挡土墙后填土为成层土,仍可按式(7-4)和式(7-6)计算主动土压力。但应注意在土层分界面上,由于两层土的抗剪强度指标不同,其传递由于自重引起的土压力作用不同,使土压力的分布有突变(图 7-11)。其计算方法如下:

a 点
$$p_{a1} = -2c_1\sqrt{K_{a1}}$$

b 点上(在第一层土中)
$$p'_{a2} = \gamma_1 h_1 K_{a1} - 2c_1\sqrt{K_{a1}}$$

b 点下(在第二层土中)
$$p''_{a2} = \gamma_1 h_1 K_{a2} - 2c_2\sqrt{K_{a2}}$$

c 点
$$p_{a3} = (\gamma_1 h_1 + \gamma_2 h_2)K_{a2} - 2c_2\sqrt{K_{a2}}$$

式中,$K_{a1} = \tan^2\left(45° - \dfrac{\varphi_1}{2}\right)$,$K_{a2} = \tan^2\left(45° - \dfrac{\varphi_2}{2}\right)$,其余如图 7-11 所示。

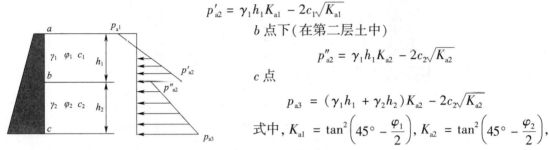

图 7-11 成层土的主动土压力计算

3. 墙后填土中有地下水的朗金土压力计算

墙后填土常会部分或全部处于地下水位以下,这时作用在墙体的除了土压力外,还受到水压力的作用,在计算墙体受到的总的侧向压力时,对地下水位以上部分的土压力计算同前,对地下水位以下部分的水、土压力,一般采用"水土分算"和"水土合算"两种方法。对砂土和粉土,可按水土分算原则进行,即分别计算土压力和水压力,然后两者叠加;对黏性土可根据现场情况和工程经验,按水土分算或水土合算进行。

(1)水土分算法。

水土分算法采用有效重度 γ' 计算土压力,按静压力计算水压力,然后两者叠加为总的侧压力。

$$p_a = \gamma' H K'_a - 2c'\sqrt{K'_a} + \gamma_w h_w \tag{7-17}$$

式中:γ'——土的有效重度;

K'_a——按有效应力强度指标计算的主动土压力系数 $K'_a = \tan^2\left(45° - \dfrac{\varphi'}{2}\right)$;

c'——有效黏聚力(kPa);

φ'——有效内摩擦角;

γ_w——水的重度(kN/m³);

h_w——以墙底起算的地下水位高度(m)。

在实际工程应用时,在不能获取有效强度指标 c'、φ' 时,常用三轴固结排水指标近似代替,也可用总应力强度指标 c、φ 代替。

(2)水土合算法。

对地下水位下的黏性土,也可用土的饱和重度 γ_{sat} 计算总的水土压力,即

$$p_a = \gamma_{sat} H K_a - 2c\sqrt{K_a} \tag{7-18}$$

式中:γ_{sat}——土的饱和重度,地下水位下可近似采用天然重度;

K_a——按总应力强度指标计算的主动土压力系数 $K_a = \tan^2\left(45° - \dfrac{\varphi}{2}\right)$；

其余符号意义同前。

[**例题 7-3**] 某挡土墙墙高 6m，墙背光滑、垂直，填土面水平，其他指标如图 7-12 所示，用朗金土压力理论计算作用在墙背上的主动土压力分布及其合力。

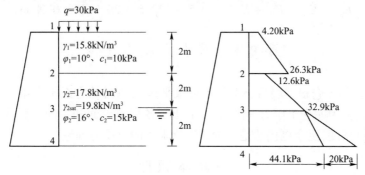

图 7-12 例题 7-3 图

解：

①计算主动土压力系数。

$$K_{a1} = \tan^2\left(45° - \dfrac{\varphi_1}{2}\right) = \tan^2(45° - 5°) = 0.70$$

$$K_{a2} = \tan^2\left(45° - \dfrac{\varphi_2}{2}\right) = \tan^2(45° - 8°) = 0.57$$

②计算各分层点土压力强度。

1 点：

$$p_{a1} = (\gamma z + q)K_{a1} - 2c_1\sqrt{K_{a1}} = 30 \times 0.7 - 2 \times 10 \times \sqrt{0.70} = 4.2\text{kPa}$$

2 点上（在第一层土中）：

$$p_{a2\text{上}} = (\gamma_1 h_1 + q)K_{a1} - 2c_1\sqrt{K_{a1}} = (15.8 \times 2 + 30) \times 0.7 - 2 \times 10 \times \sqrt{0.70} = 26.3\text{kPa}$$

2 点下（在第二层土中）：

$$p_{a2\text{下}} = (\gamma_1 h_1 + q)K_{a2} - 2c_2\sqrt{K_{a2}} = (15.8 \times 2 + 30) \times 0.57 - 2 \times 15 \times \sqrt{0.57} = 12.6\text{kPa}$$

3 点：

$$p_{a3} = (\gamma_1 h_1 + \gamma_2 h_2 + q)K_{a2} - 2c_2\sqrt{K_{a2}}$$
$$= (15.8 \times 2 + 17.8 \times 2 + 30) \times 0.57 - 2 \times 15 \times \sqrt{0.57} = 32.9\text{kPa}$$

4 点：

$$p_{a4} = (\gamma_1 h_1 + \gamma_2 h_2 + \gamma'_3 h_3 + q)K_{a2} - 2c_2\sqrt{K_{a2}}$$
$$= (15.8 \times 2 + 17.8 \times 2 + 9.8 \times 2 + 30) \times 0.57 - 2 \times 15 \times \sqrt{0.57} = 44.1\text{kPa}$$

③水压力强度。

$$p_w = \gamma_w h_3 = 10 \times 2 = 20\text{kPa}$$

④各土层土压力及水压力合力。

$$E_{a1} = \dfrac{1}{2} \times 2 \times (4.2 + 26.3) = 30.5\text{kN/m}$$

$$E_{a2} = \frac{1}{2} \times (12.6 + 32.9) \times 2 + \frac{1}{2} \times (32.9 + 44.1) = 122.5 \text{kN/m}$$

$$E_\omega = \frac{1}{2} \times 2 \times 20 = 20 \text{kN/m}$$

⑤墙体所受到的总的土压力合力。

$$E_a = E_{a1} + E_{a2} + E_w = 30.5 + 122.5 + 20 = 173.0 \text{kN/m}$$

第四节 库仑土压力理论

1776年,法国的库仑根据墙后土楔处于极限平衡状态时的力系平衡条件,提出了另一种土压力分析方法,称为库仑土压力理论,它能适用于各种填土面和不同的墙背条件,且方法简便,有足够的计算精度,至今也仍然是一种被广泛采用的土压力理论。

一、基本原理

库仑土压力理论假定挡土墙墙后的填土是均匀的砂性土,当墙背离土体移动或推向土体时,墙后土体达到极限平衡状态,其滑动面是通过墙脚 B 的平面 BC(图7-13),假定滑动土楔 ABC 是刚体,根据土楔 ABC 的静力平衡条件,按平面问题解得作用在挡土墙上的土压力。因此,库仑土压力理论也称为滑楔土压力理论。

二、主动土压力计算

如图7-14所示挡土墙,已知墙背 AB 倾斜,与竖直线的夹角为 ε;填土表面 AC 是一平面;与水平面的夹角为 β。若挡土墙在填土压力作用下离开填土向外移动;当墙后土体达到极限平衡状态时(主动状态);土体中产生两个通过墙脚 B 的滑动面 AB 及 BC。若滑动面 BC 与水平面间夹角为 α,取单位长度挡土墙,把滑动土楔 ABC 作为脱离体,考虑其静力平衡条件,作用在滑动土楔 ABC 上的作用力有:

(1)土楔 ABC 的重力 G。若 α 值已知,则 G 的大小、方向及作用点位置均已知。

(2)土体作用在滑动面 BC 上的反力 R。R 是 BC 面上摩擦力 T_1 与法向反力 N_1 的合力,它与 BC 面的法线间的夹角等于土的内摩擦角 φ。由于滑动土楔 ABC 相对于滑动面 BC 右边的土体是向下移动,故摩擦力 T_1 的方向向上,R 的作用方向已知,大小未知。

(3)挡土墙对土楔的作用力 Q。它与墙背法线间的夹角等于墙背与填土间的摩擦角 δ。同样,由于滑动土楔 ABC 相对于墙背是向下滑动的,故墙背在 AB 面产生的摩擦力 T_2 的方向向上。Q 的作用方向已知,大小未知。

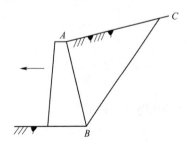

图7-13 库仑土压力理论

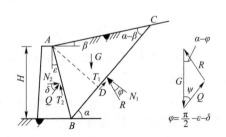

图7-14 库仑主动土压力计算

考虑滑动土楔 ABC 的静力平衡条件，绘出 G、R 与 Q 三个力组成封闭的力三角形，如图 7-14 所示，由正弦定律得：

$$\frac{G}{\sin[\pi-(\psi+\alpha-\varphi)]}=\frac{Q}{\sin(\alpha-\varphi)} \tag{7-19}$$

式中：$\psi=\dfrac{\pi}{2}-\varepsilon-\delta$；

其余符号意义如图 7-14 所示。

由图 7-14 可知：

$$G=\frac{1}{2}\times\overline{AD}\times\overline{BC}\times r \tag{7-20}$$

$$\overline{AD}=\overline{AB}\times\sin\left(\frac{\pi}{2}+\varepsilon-\alpha\right)=H\frac{\cos(\varepsilon-\alpha)}{\cos\varepsilon}$$

$$\overline{BC}=\overline{AB}\frac{\sin\left(\dfrac{\pi}{2}+\beta-\varepsilon\right)}{\sin(\alpha-\beta)}=H\frac{\cos(\beta-\varepsilon)}{\cos\varepsilon\sin(\alpha-\beta)}$$

$$G=\frac{1}{2}\gamma H^2\frac{\cos(\varepsilon-\alpha)\cos(\beta-\varepsilon)}{\cos^2\varepsilon\sin(\alpha-\beta)}$$

将 G 代入式(7-20)得：

$$Q=\frac{1}{2}\gamma H^2\left[\frac{\cos(\varepsilon-\alpha)\cos(\beta-\varepsilon)\sin(\alpha-\varphi)}{\cos^2\varepsilon\sin(\alpha-\beta)\cos(\alpha-\varphi-\varepsilon-\delta)}\right] \tag{7-21}$$

式中：$\gamma、H、\varepsilon、\beta、\delta、\varphi$——常数。

Q 随滑动面 BC 的倾角 α 而变化。当 $\alpha=\dfrac{\pi}{2}+\varepsilon$ 时，$G=0$，则 $Q=0$；当 $\alpha=\varphi$ 时，R 与 G 重合，则 $Q=0$；因此，当 α 在 $\left(\dfrac{\pi}{2}+\varepsilon\right)$ 和 φ 之间变化时，Q 将有一个极大值，这个极大值 Q_{max} 即为所求得主动土压力 E_a。

要计算 Q_{max} 值时，可令

$$\frac{dQ}{d\alpha}=0 \tag{7-22}$$

因此，可将式(7-22)对 α 求导并令其为零，然后解得 α 并代入式(7-21)，可得库仑主动土压力计算公式：

$$E_a=Q_{max}=\frac{1}{2}\gamma H^2 K_a \tag{7-23}$$

其中：

$$K_a=\frac{\cos^2(\varphi-\varepsilon)}{\cos^2\varepsilon\times\cos(\delta+\varepsilon)\left[1+\sqrt{\dfrac{\sin(\varphi+\delta)\times\sin(\varphi-\beta)}{\cos(\varepsilon+\delta)\times\cos(\varepsilon-\beta)}}\right]^2} \tag{7-24}$$

式中：$\gamma、\varphi$——填土的重度与内摩擦角；

  H——挡土墙的高度；

  ε——墙背与竖直线之间的夹角，墙背俯斜时为正，反之为负；

  β——填土面与水平面之间的夹角；

δ ——墙背与填土之间的摩擦角;

K_a ——主动土压力系数;当 $\beta = 0$ 时,K_a 可由表 7-1 查得。

主动土压力系数 K_a($\beta = 0$ 时) 表 7-1

墙背倾斜情况			填土与墙背摩擦角 δ (°)	主动土压力系数 K_a					
				土的内摩擦角 φ (°)					
类型	图式	α (°)		20	25	30	35	40	45
仰斜		-15	$\frac{1}{2}\varphi$	0.357	0.274	0.208	0.156	0.114	0.081
			$\frac{2}{3}\varphi$	0.346	0.266	0.202	0.153	0.112	0.079
		-10	$\frac{1}{2}\varphi$	0.385	0.303	0.237	0.184	0.139	0.104
			$\frac{2}{3}\varphi$	0.375	0.295	0.232	0.180	0.139	0.104
		-5	$\frac{1}{2}\varphi$	0.415	0.334	0.268	0.214	0.168	0.131
			$\frac{2}{3}\varphi$	0.406	0.327	0.263	0.211	0.138	0.131
竖直		0	$\frac{1}{2}\varphi$	0.447	0.367	0.301	0.246	0.199	0.160
			$\frac{2}{3}\varphi$	0.438	0.361	0.297	0.244	0.200	0.162
俯斜		+5	$\frac{1}{2}\varphi$	0.482	0.404	0.338	0.282	0.234	0.193
			$\frac{2}{3}\varphi$	0.450	0.398	0.335	0.282	0.236	0.197
		+10	$\frac{1}{2}\varphi$	0.520	0.444	0.378	0.322	0.273	0.230
			$\frac{2}{3}\varphi$	0.514	0.439	0.377	0.323	0.277	0.237
		+15	$\frac{1}{2}\varphi$	0.564	0.489	0.424	0.368	0.318	0.274
			$\frac{2}{3}\varphi$	0.559	0.486	0.425	0.371	0.325	0.284
		+20	$\frac{1}{2}\varphi$	0.615	0.541	0.476	0.463	0.370	0.325
			$\frac{2}{3}\varphi$	0.611	0.540	0.479	0.474	0.381	0.340

可以证明,当 $\alpha = 0$,$\delta = 0$,$\beta = 0$,时,由式(7-24)可得出 $E_a = \frac{1}{2}\gamma H^2 \tan^2\left(45° - \frac{\varphi}{2}\right)$ 的表达式,与前述的朗金总主动土压力公式完全相同,说明在这种条件下,库仑与朗金理论的结果是一致的。

关于土压力强度沿墙高的分布形式,可通过对式(7-23)求导得出,即

$$p_{az} = \frac{dE_a}{dz} = \frac{d}{dz}\left(\frac{1}{2}\gamma z^2 K_a\right) = \gamma z K_a \tag{7-25}$$

式(7-25)说明 p_{az} 沿墙高成三角形分布,如图 7-15 所示。值得注意的是,这种分布形式只表示土压力大小,并不代表实际作用于墙背上的土压力方向。土压力合力 E_a 的作用方向仍在墙背法线上方,并与法线呈 δ 角或与水平面呈 θ 角,E_a 作用点在距墙底 $\frac{1}{3}H$ 处。

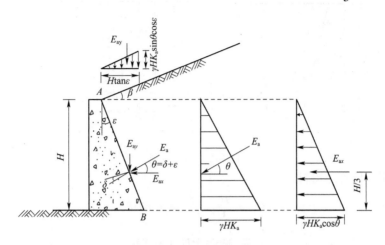

图 7-15 库仑主动土压力分布图

作用在墙背上的主动土压力 E_a 可以分解为水平分力 E_{ax} 和竖向分力 E_{ay}:

$$E_{ax} = E_a\cos\theta = \frac{1}{2}\gamma H^2 K_a\cos\theta \tag{7-26}$$

$$E_{ay} = E_a\sin\theta = \frac{1}{2}\gamma H^2 K_a\sin\theta \tag{7-27}$$

式中:θ —— E_a 与水平面的夹角,$\theta = \delta + \varepsilon$。

为了计算滑动楔体(也称破坏棱体)的长度(即 AC 长),需求得最危险滑动面 BC 的倾角 α 值。若填土面 AC 面是水平面,即 $\beta = 0$ 时,根据式(7-22)得 α 的计算公式如下:

墙背俯斜时(即 $\varepsilon > 0$)

$$\cot\alpha = -\tan(\varphi + \delta + \varepsilon) + \sqrt{[\cot\varphi + \tan(\varphi + \delta + \varepsilon)][\tan(\varphi + \delta + \varepsilon) - \tan\varepsilon]} \tag{7-28}$$

墙背仰斜时(即 $\varepsilon < 0$)

$$\cot\alpha = -\tan(\varphi + \delta - \varepsilon) + \sqrt{[\cot\varphi + \tan(\varphi + \delta - \varepsilon)][\tan(\varphi + \delta - \varepsilon) + \tan\varepsilon]} \tag{7-29}$$

墙背垂直时(即 $\varepsilon = 0$)

$$\cot\alpha = -\tan(\varphi + \delta) + \sqrt{[\cot\varphi + \tan(\varphi + \delta)]\tan(\varphi + \delta)} \tag{7-30}$$

[例题 7-4] 某挡土墙如图 7-16 所示,墙高 $H = 5m$,墙背倾角 $\varepsilon = 10°$,填土为细砂,填土面水平,$\beta = 0$,$\varphi = 30°$,$\delta = \frac{\varphi}{2} = 15°$,$\gamma = 19kN/m^3$。按库仑土压力理论求作用在墙上的主动土压力。

解:当 $\beta = 0$,$\varepsilon = 10°$,$\varphi = 30°$,$\delta = \frac{\varphi}{2} = 15°$ 时,由表 7-1 查得库仑主动土压力系数

$K_a = 0.378$,由式(7-23)、式(7-26)和式(7-27)求得作用在每延米挡土墙上的库仑主动土压力为:

$$E_a = \frac{1}{2}\gamma H^2 K_a = \frac{1}{2} \times 19 \times 5^2 \times 0.378 = 89.78 \text{kN/m}$$

$$E_{ax} = E_a \cos\theta = 89.78 \times \cos(15° + 10°) = 81.36 \text{kN/m}$$

$$E_{ay} = E_a \sin\theta = 89.78 \times \sin25° = 37.94 \text{kN/m}$$

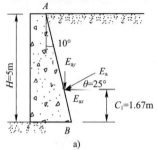 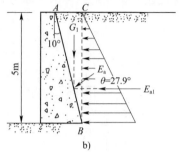

图 7-16　例题 7-5 图

E_a 的作用点位置距墙脚:

$$C_1 = \frac{H}{3} = \frac{5}{3} = 1.67 \text{m}$$

三、被动土压力计算

若挡土墙在外力下推向填土,当墙后土体达到极限平衡状态时,假定滑动面是通过墙脚的两个平面 AB 和 BC,如图 7-17 所示。由于滑动土体 ABC 向上挤出隆起,故在滑动面 AB 和 BC 上的摩阻力 T_2 及 T_1 的方向与主动土压力相反,是向下的。这样得到的滑动土体 ABC 的静力平衡力三角形如图 7-17 所示,由正弦定律可得:

$$Q = G \frac{\sin(\alpha + \varphi)}{\sin\left(\frac{\pi}{2} + \varepsilon - \delta - \alpha - \varphi\right)} \tag{7-31}$$

图 7-17　库仑被动土压力计算

同样,Q 值随着滑动面 BC 的倾角 α 而变化,但作用在墙背上的被动土压力值,应该是各反力 Q 中的最小值。这是因为挡土墙推向填土时,最危险的滑动面上的抵抗力 Q 值一定是最小的。计算 $Q_{\min}$ 时,同主动土压力计算原理相似,可令:

$$\frac{dQ}{d\alpha} = 0 \tag{7-32}$$

由此可导得库仑被动土压力 E_p 的计算公式为:

$$E_p = Q_{\min} = \frac{1}{2}\gamma H^2 K_p \tag{7-33}$$

其中:

$$K_p = \frac{\cos^2(\varphi+\varepsilon)}{\cos^2\varepsilon \times \cos(\varepsilon-\delta)\left[1-\sqrt{\dfrac{\sin(\varphi+\delta)\times\sin(\varphi+\beta)}{\cos(\varepsilon-\delta)\times\cos(\varepsilon-\beta)}}\right]^2} \tag{7-34}$$

式中:K_p——被动土压力系数;

其余符号意义同前。

合力 E_p 作用方向在墙背法线下方,与法线呈 δ 角,与水平面呈 $\delta-\varepsilon$ 角,如图 7-17 所示,作用点距墙底 $\dfrac{1}{3}H$ 处。

第五节　朗金理论与库仑理论的比较

朗金和库仑两种土压力理论都是研究土压力问题的一种简化方法,它们却各有其不同的基本假定、分析方法与适用条件,在应用时必须注意针对实际情况合理选择,否则将造成不同程度的误差。本节将从分析方法、应用条件以及误差范围等方面将这两个土压力理论作一简单比较。

一、分析方法的异同

朗金与库仑土压力理论均属于极限状态土压力理论。也就是说,用这两种理论计算出的土压力都是墙后土体处于极限平衡状态下的主动与被动土压力 E_a 和 E_p,这是它们的相同点。但两者在分析方法上存在着较大的差别,主要表现在研究的出发点和途径的不同。朗金理论是从研究土中一点的极限平衡状态应力状态出发,首先求出的上作用在土中竖直面上的土压力强度 p_a 或 p_p,及其分布形式,然后再计算出作用在墙背上的总土压力 E_a 或 E_p,因而朗金理论属于极限应力法。库仑理论则是根据墙背和滑裂面之间的土楔,整体处于极限平衡状态,用静力平衡条件先求出作用在墙背上的总土压力 E_a 或 E_p,需要时,再算出土压力强度 p_a 或 p_p 及其分布形式,因而库仑理论属于滑动楔体法。

二、适用范围

1. 朗金理论的应用范围

(1)墙背与填土面条件。

假设墙背竖直、光滑,以保证朗金极限平衡状态产生。

(2)土质条件。

无黏性土与黏性土均可用。

2. 库仑理论的应用范围

(1)墙背与填土面条件。

墙背可以是倾斜和粗糙的($0<\delta<\varphi$),以保证土楔沿墙背滑动。填土形式不限。

(2)土质条件。

一般只用于无黏性土。

三、计算误差

对于计算主动土压力,各种理论的差别都不大。朗金土压力公式简单,且能建立起土体处于极限平衡状态时理论破裂面形状和概念。这一概念对于分析许多土体破坏问题,如板桩墙的受力状态,地基的滑动区等都很有用。库仑理论可适用于比较广泛的边界条件,包括各种墙背倾角、填土面倾角和墙背与土的摩擦角等,在工程中应用更广。至于被动土压力的计算,当 δ 和 φ 较小时,这两种古典土压力理论尚可应用;而当 δ 和 φ 较大时,误差都很大,均不宜采用。

练 习 题

[7-1] 用朗金土压力理论计算如题图 7-1 所示挡土墙上的主动土压力 E_a,并给出其分布图。

[7-2] 用朗金土压力理论计算如题图 7-2 所示拱桥桥台墙背上的静止土压力及被动土压力,并给出其分布图。

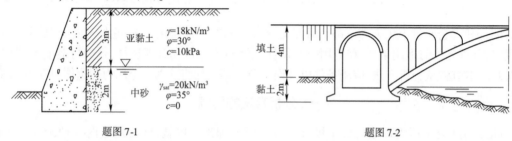

题图 7-1　　　　　　　　　　题图 7-2

已知桥台台背宽度 $B = 5\mathrm{m}$,桥台高度 $H = 6\mathrm{m}$。填土性质为:$\gamma = 18\mathrm{kN/m^3}$,$\varphi = 20°$,$c = 13\mathrm{kPa}$;地基土为黏土,$\gamma = 17.5\mathrm{kN/m^3}$;$\varphi = 15°$,$c = 15\mathrm{kPa}$;土的侧压力系数 $K_0 = 0.5$。

[7-3] 用库仑土压力理论计算如题图 7-3 所示挡土墙上的主动土压力值及滑动面方向。已知墙高 $H = 6\mathrm{m}$,墙背倾角 $\alpha = 10°$,墙背摩擦角 $\delta = \dfrac{\varphi}{2}$;填土面水平 $\beta = 0$,$\gamma = 19.7\mathrm{kN/m^3}$,$\varphi = 35°$,$c = 0$。

[7-4] 用库仑土压力理论计算如题图 7-4 所示挡土墙上的主动土压力。已知填土 $\gamma = 20\mathrm{kN/m^3}$,$\varphi = 30°$,$c = 0$;挡土墙高度 $H = 5\mathrm{m}$,墙背倾角 $\alpha = 10°$,墙背摩擦角 $\delta = \dfrac{\varphi}{2}$。

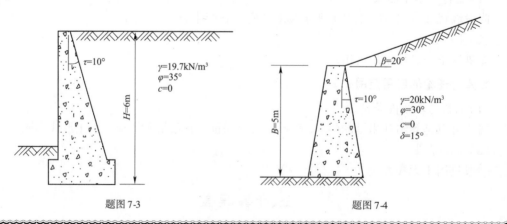

题图 7-3　　　　　　　　　　题图 7-4

思 考 题

[7-1] 何谓静止土压力、主动土压力及被动土压力？

[7-2] 静止土压力属于哪一种平衡状态？它与主动土压力及被动土压力状态有何不同？

[7-3] 朗金土压力理论与库仑土压力理论的基本原理有何异同之处？有人说：朗金土压力理论是库仑土压力理论的一种特殊情况，你认为这种说法是否确切？

[7-4] 分别指出下列变化对主动土压力及被动土压力各有什么样的影响？δ 变小；φ 增大；β 增大；α 减少。

[7-5] 挡土结构物的位移及变形对土压力有什么影响？

第八章 土坡稳定性分析

第一节 概　　述

在土木工程中常常会遇到边坡稳定性问题,如图8-1所示土坡,在土体重力作用下,可能发生边坡失稳破坏,即土体 ABCDEA 沿着土中某一滑动面 AED 向下滑动而破坏。由此可见,当土坡内某一滑动面上作用的滑动力达到土的抗剪强度时,土坡即发生滑动破坏。

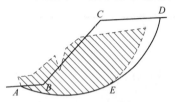

图8-1　土坡滑动破坏

土坡滑动失稳的原因有以下两种:

(1)外界力的作用破坏了土体内原来的应力平衡状态。如路堑或基坑的开挖,是因为土自身的重力发生变化,从而改变了土体原来的应力平衡状态;此外,路堤的填筑或土坡面上作用外荷载时,以及土体内水的渗流力、地震力的作用,也会破坏土体内原有的应力平衡状态,促使土坡坍滑。

(2)土的抗剪强度由于受到外界各种因素的影响而降低,促使土坡失稳破坏。如由于外界气候等自然条件的变化,使土时干时湿、收缩膨胀、冻结、融化等,从而使土变松强度降低;土坡内因雨水的浸入使土湿化,强度降低;土坡附近因施工引起的震动,如打桩、爆破等,以及地震力的作用,引起土的液化或触变,使土的强度降低。

在工程实践中,分析土坡稳定的目的是检验所设计的土坡断面是否安全与合理,边坡过陡可能发生坍滑、过缓则使土方量增加。土坡的稳定安全度是用稳定安全系数 K 表示的,它是指土的抗剪强度 τ_f 与土坡中可能滑动面上产生的剪应力 τ 间的比值,即 $K = \dfrac{\tau_f}{\tau}$。

土坡稳定分析是一个比较复杂的问题,因为尚有一些不确定因素有待研究,如滑动面类型的确定,按实际情况合理地采用土的抗剪强度参数,土的非均匀性以及土坡内有水渗流时的影响等。本章主要介绍土坡稳定分析的基本原理。

第二节 砂性土土坡稳定分析

在分析砂性土土坡稳定时,根据实际情况,同时为了计算简便起见,一般均假定滑动面是平面。

如图8-2所示简单土坡,已知土坡高为 H,坡角为 β,土的重度为 γ,土的抗剪强度为 $\tau_f = \sigma \tan\varphi$。若假定滑动面是通过坡脚 A 的平面 AC,AC 的倾角为 α,则可计算滑动土体 ABC 沿 AC 面上滑动的稳定安全系数 K 值。

沿土坡长度方向截取单位长度土坡,进行平面应

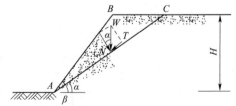

图8-2　砂性土的土坡稳定分析

变问题分析。已知滑动土体 ABC 的重力为：

$$W = \gamma \times (\triangle ABC)$$

W 在滑动面 AC 上的法向分力及正应力为：

$$N = W\cos\alpha, \quad \sigma = \frac{N}{\overline{AC}} = \frac{W\cos\alpha}{\overline{AC}}$$

W 在滑动面 AC 上的切向分力及剪应力为：

$$T = W\sin\alpha$$

$$\tau = \frac{T}{\overline{AC}} = \frac{W\sin\alpha}{\overline{AC}}$$

土坡的稳定安全系数为：

$$K = \frac{\tau_f}{\tau} = \frac{\sigma\tan\varphi}{\tau} = \frac{\dfrac{W\cos\alpha}{\overline{AC}}\tan\varphi}{\dfrac{W\sin\alpha}{\overline{AC}}} = \frac{\tan\varphi}{\tan\alpha} \tag{8-1}$$

从式(8-1)可见，当 $\alpha = \beta$ 时稳定安全系数最小，即土坡面上的一层土是最易滑动的。因此，砂性土的土坡滑动稳定安全系数为：

$$K = \frac{\tan\varphi}{\tan\beta} \tag{8-2}$$

一般要求 $K > 1.25 \sim 1.30$。

第三节　黏性土土坡稳定分析

土坡的坍滑是和当地的工程地质条件有关的，在非均质土层中，如果土坡下面有软弱层，则滑动面很大部分将通过软弱土层，形成曲折的复合滑动面，如图 8-3a)所示。如果土坡位于倾斜的岩层面上，则滑动面往往沿岩层面产生，如图 8-3b)所示。

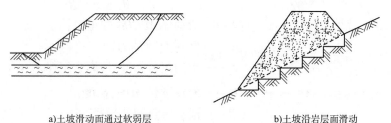

a)土坡滑动面通过软弱层　　　　　　b)土坡沿岩层面滑动

图 8-3　非均质土中的滑动面

均质黏性土的土坡失稳破坏时，其滑动面常常是一曲面，通常近似地假定为圆弧滑动面。圆弧滑动面的形式一般有下述三种：

(1)圆弧滑动面通过坡脚 B 点[图 8-4a)]，称为坡脚圆。
(2)圆弧滑动面通过坡面 E 点[图 8-4b)]，称为坡面圆。
(3)圆弧滑动面发生在坡脚以外的 A 点[图 8-4c)]，称为中点圆。

上述三种圆弧滑动面的产生，是与土坡的坡角 β 大小、土的强度指标，以及土中硬层的位置等因素有关。

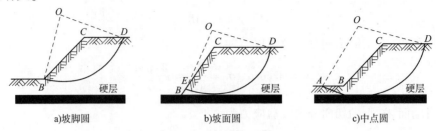

a)坡脚圆　　　　b)坡面圆　　　　c)中点圆

图 8-4　均质黏性土土坡的三种圆弧滑动面

土坡稳定分析时采用圆弧滑动面首先由瑞典工程师彼得森(K. E. Petterson,1916)提出,此后费伦纽斯(W. Fellenius,1927)和泰勒(D. W. Taylor,1948)作了研究和改进。他们提出的分析方法可以分成两种:

(1)土坡圆弧滑动体按整体稳定分析法,主要适用于均质简单土坡。所谓简单土坡是指土坡上、下两个土面是水平的,坡面 BC 是一平面,如图 8-5 所示。

(2)用条分法分析土坡稳定。此方法对于非均质土坡、土坡外形复杂、土坡部分在水下时等情况适用。

一、土坡圆弧滑动体的整体稳定分析

1. 基本概念

分析图 8-5 所示均质简单土坡,若可能的圆弧滑动面为 AD,其圆心为 O,半径为 R。分析时在土坡长度方向上截取单位长土坡,按平面问题分析。滑动土体 ABCD 的重力为 W,它是促使土坡滑动的力;沿着滑动面 AD 上分布的土的抗剪强度 τ_f 是抵抗土坡滑动的力。将滑动力 W 及抗滑力 τ_f 分别对滑动面圆心 O 取矩,得滑动力矩 M_s 及稳定力矩 M_r 为

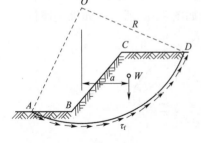

$$M_s = Wa \quad (8\text{-}3)$$

$$M_r = \tau_f LR \quad (8\text{-}4)$$

式中:W——滑动体 ABCDA 的重力;

a——W 对 O 点的力臂;

τ_f——土的抗剪强度,按库仑定律 $\tau_f = c + \sigma\tan\varphi$;

L——滑动圆弧 AD 的长度;

R——滑动圆弧面的半径。

图 8-5　土坡的整体稳定分析

土坡滑动的稳定安全系数 K 也可以用稳定力矩 M_r 与滑动力矩 M_s 的比值表示,即

$$K = \frac{M_r}{M_s} = \frac{\tau_f LR}{W \cdot a} \quad (8\text{-}5)$$

式(8-5)中,土的抗剪强度 τ_f 沿滑动面 AD 上的分布是不均匀的,因此直接按式(8-5)计算土坡的稳定安全系数有一定误差。

2. 摩擦圆法

摩擦圆法由泰勒提出,他认为如图 8-6 所示滑动面 AD 上的抵抗力包括土的摩阻力及黏聚

力两部分,它们的合力分别为 F 及 C。假定滑动面上的摩阻力首先得到充分发挥,然后才由土的黏聚力补充。下面分别讨论作用在滑动土体 ABCDA 上的 3 个力:

第一个力是滑动土体的重力 W,它等于滑动土体 ABCD 的面积与土的重度 γ 的乘积,其作用点位置在滑动土体面积 ABCD 的形心。因此,W 的大小和作用点都是已知的。

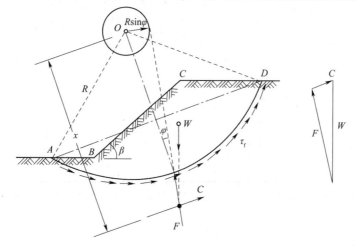

图 8-6 摩擦圆法

第二个力是作用在滑动面 AD 上黏聚力的合力 C。为了维持土坡稳定,沿滑动面 AD 上分布的需要发挥的黏聚力为 c_1,可以求得黏聚力的合力 C 及其对圆心 O 的力臂 x 分别为:

$$C = c_1 \times \overline{AD} \qquad (8\text{-}6)$$

$$x = \frac{AD}{\overline{AD}} \times R$$

式中:AD、$\overline{AD}$——AD 的弧长及弦长。

所以 C 的作用线是已知的,但其大小未知。

第三个力是作用在滑动面 AD 上的法向力及摩擦力的合力,用 F 表示。泰勒假定 F 的作用线与圆弧 AD 的法线呈 φ 角,也即 F 与圆心 O 点处半径为 $R \times \sin\varphi$ 的圆相切,同时 F 还一定通过 W 与 C 的交点。因此,F 的作用线是已知的,其大小未知。

根据滑动土体 ABCDA 上 3 个作用力 W、F、C 的静力平衡条件,可以从图 8-6 所示的力三角形中求得 C 值,由式(8-6)可求得维持土坡平衡时滑动面上所需要发挥的黏聚力 c_1 值。这时,土坡的稳定安全系数 K 为:

$$K = \frac{c}{c_1} \qquad (8\text{-}7)$$

式中:c——土的实际黏聚力。

上述计算中,滑动面 AD 是任意假定的。因此,需要试算许多个可能的滑动面。相应于最小稳定安全系数 $K_{\min}$ 的滑动面才是最危险的滑动面。$K_{\min}$ 值必须满足规定数值。由此可以看出,土坡稳定分析的计算工作量是很大的。为此,费伦纽斯和泰勒对均质的简单土坡做了大量的计算分析工作,提出了确定最危险滑动面圆心的方法,以及计算土坡稳定安全系数的图表。

3. 费伦纽斯确定最危险滑动面圆心的方法

(1)土的内摩擦角 $\varphi = 0$ 时。费伦纽斯提出,当土的内摩擦角 $\varphi = 0$ 时,土坡的最危险滑动面通过坡脚,其圆心为 D 点,如图 8-7 所示。D 点是由坡脚 B 及坡顶 C 分别作 BD 及 CD 线的交点,BD 与 CD 线分别与坡面及水平面呈 β_1 及 β_2 角,与土坡坡角 β 有关,可由表 8-1 查得。

β_1 及 β_2 数值表　　　　　　　　表 8-1

土坡坡度(竖直:水平)	坡角 β	β_1	β_2
1:0.58	60°	29°	40°
1:1	45°	28°	37°
1:1.5	33°41′	26°	35°
1:2	26°34′	25°	35°
1:3	18°26′	25°	35°
1:4	14°02′	25°	37°
1:5	11°19′	25°	37°

(2) 土的内摩擦角 $\varphi > 0$ 时。费伦纽斯提出这时最危险滑动面也通过坡脚,其圆心在 ED 的延长线上,如图 8-7 所示。

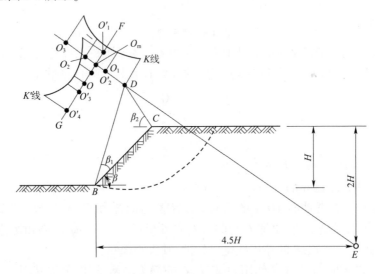

图 8-7　确定最危险滑动面圆心的位置

E 点的位置距坡脚 B 点的水平距离为 $4.5H$,竖直距离为 H。φ 值越大,圆心越向外移。计算时从 D 点向外延伸取几个试算圆心 O_1、O_2、$\cdots$,分别求得其相应的滑动稳定安全系数 K_1、K_2、$\cdots$,绘制 K 值曲线可得到最小安全系数值 $K_{\min}$,其相应的圆心 O_m 即为最危险滑动面的圆心。

实际上土坡的最危险滑动面圆心有时不一定在 ED 的延长线上,而可能在其左右附近,因此圆心 O_m 可能并不是最危险滑动面圆心,这时可以通过 O_m 点作 DE 线的垂线 FG,在 FG 上取几个试算滑动面的圆心 O'_1、O'_2、$\cdots$,求得其相应的滑动稳定安全系数 K'_1、K'_2、$\cdots$,绘得 K' 值曲线,相应于 $K'_{\min}$ 值的圆心 O 才是最危险滑动面圆心。

从上述可见,根据费伦纽斯提出的方法,虽然可以把最危险滑动面圆心的位置缩小到一定范围,但其试算工作量还是很大的。泰勒对此作了进一步的研究,提出了确定均质简单土坡稳定安全系数的图表。

4. 泰勒的分析方法

泰勒认为圆弧滑动面的三种类型是与土的内摩擦角 φ 值、坡角 β 以及硬层埋置深度等因素有关。泰勒经过大量计算分析后提出：

当 $\varphi>3°$ 时，滑动面为坡脚圆，其最危险滑动面圆心位置，可根据 φ 及 β 角值，从图 8-8 中的曲线查得 θ 及 α 值作图求得。

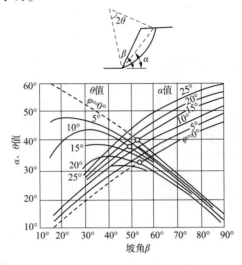

图 8-8　按泰勒方法确定最危险滑动面圆心
（当 $\varphi>3°$ 或 $\varphi=0°$ 且 $\beta>53°$ 时）

当 $\varphi=0°$ 且 $\beta>53°$ 时，滑动面也是坡脚圆，其最危险滑动面圆心位置，可根据 φ 及 β 角值，从图 8-8 中的曲线查得 θ 及 α 值作图求得。

当 $\varphi=0°$ 且 $\beta<53°$ 时，滑动面可能是中点圆，也可能是坡脚圆或坡面圆，它取决于硬层的埋置深度。当土坡高度为 H，硬层的埋置深度为 n_dH［图 8-9a)］。若滑动面为中点圆，则圆心位置在坡面中点 M 的铅垂线上，且与硬层相切，如图 8-9a) 所示，滑动面与土面的交点为 A，A 点距坡脚 B 的距离为 n_xH，n_x 值可根据 n_d 及 β 值由图 8-9b) 查得。若硬层埋置较浅，则滑动面可能是坡脚圆或坡面圆，其圆心位置需试算确定。

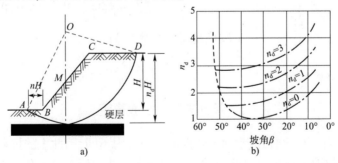

图 8-9　按泰勒方法确定最危险滑动面圆心位置
（当 $\varphi=0°$ 且 $\beta<53°$ 时）

泰勒提出在土坡稳定分析中共有 5 个计算参数，即土的重度 γ、土坡高度 H、坡角 β 以及土的抗剪强度指标 c、φ，若知道其中 4 个参数时就可以求出第 5 个参数值。为了简化计算，泰勒把 3 个参数 c、γ、H 组成一个新的参数 N_s，称为稳定因数，即

$$N_s = \frac{\gamma H}{c} \tag{8-8}$$

通过大量计算可以得到 N_s 与 φ 及 β 间的关系曲线,如图 8-10 所示。图 8-10a)给出 $\varphi = 0°$ 时,稳定因数 N_s 与 β 的关系曲线。图 8-10b)中给出 $\varphi > 0°$ 时,N_s 与 β 的关系曲线,从图中可以看到,当 $\beta < 53°$ 时滑动面类型与硬层埋置深度 n_d 值有关。

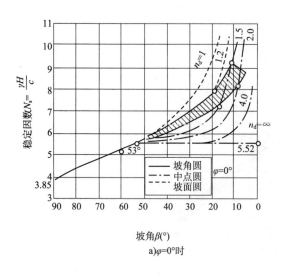
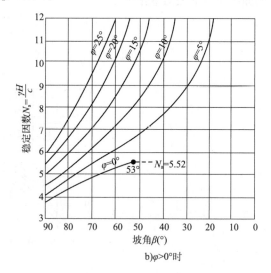

图 8-10 泰勒的稳定因数 N_s 与坡角 β 的关系

泰勒分析简单土坡的稳定性时,假定滑动面上土的摩阻力首先得到充分发挥,然后才由土的黏聚力补充。因此,在求得满足土坡稳定时滑动面上所需要的黏聚力 c_1 与土的实际黏聚力 c 进行比较,即可求得土坡的稳定安全系数。

[**例题 8-1**] 图 8-11 所示简单土坡,已知土坡高度 $H = 8\text{m}$,坡角 $\beta = 45°$,土的性质为:$\gamma = 19.4\text{kN/m}^3$,$\varphi = 10°$,$c = 25\text{kPa}$。试用泰勒的稳定因数曲线计算土坡的稳定安全系数。

解:当 $\varphi = 10°$,$\beta = 45°$ 时,由图 8-10b)查得 $N_s = 9.2$。由式(8-8)可求得此时滑动面上所需要的黏聚力 c_1 为:

$$c_1 = \frac{\gamma H}{N_s} = \frac{19.4 \times 8}{9.2} = 16.9\text{kPa}$$

土坡稳定安全系数 K 为:

$$K = \frac{c}{c_1} = \frac{25}{16.9} = 1.48$$

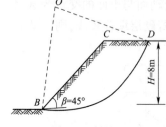

图 8-11 例题 8-1 图

二、条分法分析土坡稳定

由前文分析可知,由于圆弧滑动面上各点的法向应力不同,因此土的抗剪强度各点也不相同,这样就不能直接应用式(8-5)计算土坡的稳定安全系数。而泰勒的分析方法是在对滑动面上的抵抗力大小作了一些假定的基础上,才得到分析均质土坡稳定的计算图表。它对于非均质的土坡或比较复杂的土坡(如土坡形状比较复杂、土坡上有荷载作用、土坡中有水渗流时)均不适用。费伦纽斯提出的条分法是解决这一问题的基本方法,至今仍得到广泛应用,该方法又称为瑞典圆弧条分法。

1. 基本原理

如图 8-12 所示土坡，取单位长度土坡按平面问题计算。设可能滑动面是一圆弧 AD，圆心为 O，半径 R，将滑动土体 $ABCDA$ 分成许多竖向土条，土条宽度一般可取 $b = 0.1R$，任一土条 i 上的作用力包括：

土条的重力 W_i，其大小、作用点位置及方向均已知。

滑动面 ef 上的法向反力 N_i 及切向反力 T_i，假定 N_i、T_i 作用在滑动面 ef 的中点，它们的大小均未知。

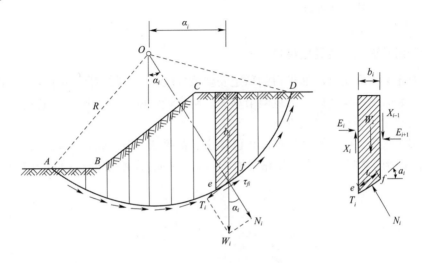

图 8-12 用条分法计算土坡稳定

土条两侧的法向力 E_i、E_{i+1} 及竖向剪切力 X_i、X_{i+1}，其中 E_i 和 X_i 可由前一个土条的平衡条件求得，而 E_{i+1} 和 X_{i+1} 的大小位置，E_{i+1} 的作用点位置也未知。

由此看到，土条 i 上的作用力中有 5 个未知数，但只能建立 3 个平衡方程，故为超静定问题。为了求得 N_i、T_i 值，必须对土条两侧作用力的大小和位置作适当假定。费伦纽斯的条分法是不考虑土条两侧的作用力，即假定 E_i 和 X_i 的合力等于 E_{i+1} 和 X_{i+1} 的合力，同时它们的作用线重合，因此土条两侧的作用力相互抵消。这时，土条 i 上仅有作用力 W_i、N_i、T_i，根据平衡条件可得：

$$N_i = W_i \cos\alpha_i$$
$$T_i = W_i \sin\alpha_i$$

滑动面 ef 上的土的抗剪强度为：

$$\tau_{fi} = \sigma_i \tan\varphi_i + c_i = \frac{1}{l_i}(N_i \tan\varphi_i + c_i l_i) = \frac{1}{l_i}(W_i \cos\alpha_i \tan\varphi_i + c_i l_i)$$

式中：α_i——土条 i 滑动面的法线（即半径）与竖直线的夹角；

l_i——土条 i 滑动面 ef 的弧长；

c_i、φ_i——滑动面上土的黏聚力及内摩擦角。

土条 i 上的作用力对圆心 O 产生的滑动力矩 M_s 及稳定力矩 M_r 分别为：

$$M_s = T_i R = W_i R \sin\alpha$$
$$M_r = \tau_{fi} l_i R = (W_i \cos\alpha_i \tan\varphi_i + c_i l_i) R$$

整个土坡相应于滑动面 AD 时的稳定安全系数为：

$$K = \frac{M_r}{M_s} = \frac{R\sum_{i=1}^{i=n}(W_i\cos\alpha_i\tan\varphi_i + c_i l_i)}{R\sum_{i=1}^{i=n}W_i\sin\alpha_i} \tag{8-9}$$

对于均质土坡，$\varphi_i = \varphi, c_i = c$，则得：

$$K = \frac{\tan\varphi\sum_{i=1}^{i=n}W_i\cos\alpha_i + c\overset{\frown}{L}}{\sum_{i=1}^{i=n}W_i\sin\alpha_i} \tag{8-10}$$

式中：$\overset{\frown}{L}$——滑动面 AD 的弧长；

n——土条分条数。

2. 最危险滑动面圆心位置的确定

上面是对于某一假定滑动面求得的稳定安全系数，因此需要试算许多个可能的滑动面，相应于最小安全系数的滑动面即为最危险滑动面。确定最危险滑动面圆心位置的方法，同样可利用前述费伦纽斯或泰勒的经验方法。

[**例题 8-2**] 某土坡如图 8-13 所示，已知土坡高度 $H = 6\text{m}$，坡角 $\beta = 55°$，土的重度 $\gamma = 18.6\text{kN/m}^3$，土的内摩擦角 $\varphi = 12°$，黏聚力 $c = 16.7\text{kPa}$。试用条分法验算土坡的稳定安全系数。

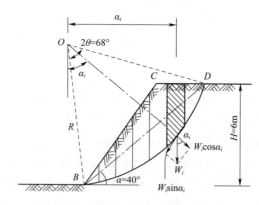

图 8-13 例题 8-2 图

解：

(1) 按比例绘出土坡的剖面图（图 8-13）。按泰勒的经验方法确定最危险滑动面圆心位置及滑动面类型。当 $\varphi = 12°, \beta = 55°$ 时，可知土坡的滑动面是坡脚圆，其最危险滑动面圆心的位置，可从图 8-8 中的曲线得到 $\alpha = 40°, \theta = 34°$，由此作图求得圆心 O。

(2) 将滑动土体 $BCDB$ 划分成若干竖直土条。滑动圆弧 BD 的水平投影长度为 $H\cot\alpha = 6 \times \cot 40° = 7.15\text{m}$，把滑动土体划分成 7 个土条，从坡脚 B 开始编号，把 1～6 条的宽度 b 均取为 1m，而余下的第 7 条的宽度则为 1.15m。

①计算各土条滑动面中点与圆心 O 的连线同竖直线间的夹角 α_i 值。可按下式计算：

$$\sin\alpha_i = \frac{a_i}{R}$$

$$R = \frac{d}{2\sin\theta} = \frac{H}{2\sin\alpha\sin\theta} = \frac{6}{2 \times \sin 40°\sin 34°} = 8.35\text{m}$$

式中：a_i——土条 i 的滑动面中点与圆心 O 的水平距离；

R——圆弧滑动面 BD 的半径;

d——BD 弦的长度,$d = \dfrac{H}{\sin\alpha}$;

θ、α——求圆心 O 位置时的参数,其意义见图 8-8。

将求得的各土条 α_i 值列于表 8-2 中。

②从图中量取各土条的中心高度 h_i 计算各土条的重力 $W_i = \gamma b_i h_i$ 及 $W_i\sin\alpha_i$、$W_i\cos\alpha_i$ 值,将结果列于表 8-2。

③计算滑动面圆弧长度 $\overset{\frown}{L}$。

$$\overset{\frown}{L} = \dfrac{\pi}{180}2\theta R = \dfrac{2 \times \pi \times 34 \times 8.35}{180} = 9.91\text{m}$$

④按式(8-10)计算土坡的稳定安全系数 K。

$$K = \dfrac{\tan\varphi \sum\limits_{i=1}^{i=7} W_i\cos\alpha_i + c\overset{\frown}{L}}{\sum\limits_{i=1}^{i=7} W_i\sin\alpha_i} = \dfrac{258.63 \times \tan12° + 16.7 \times 9.91}{186.6} = 1.18$$

土坡稳定计算结果 表 8-2

土条编号	土条宽度 b_i(m)	土条中心高 h_i(m)	土条重力 W_i(kN)	α_i (°)	$W_i\sin\alpha_i$ (kN)	$W_i\cos\alpha_i$ (kN)	$\overset{\frown}{L}$ (m)
1	1	0.60	11.16	9.5	1.84	11.1	
2	1	1.80	33.48	16.5	9.51	32.1	
3	1	2.85	53.01	23.8	21.39	48.5	
4	1	3.75	69.75	31.6	36.55	59.41	
5	1	4.10	76.26	40.1	49.12	58.33	
6	1	3.05	56.73	49.8	43.33	36.62	
7	1.15	1.50	27.90	63.0	24.86	12.67	
合计					186.60	258.63	9.91

三、毕肖普条分法

用条分法分析土坡稳定问题时,任一土条的受力情况是一个静不定问题。为了解决这一问题,费伦纽斯的简单条分法假定不考虑土条间的作用力,一般来说,这样得到的稳定安全系数是偏小的。在工程实践中,为了改进条分法的计算精度,许多人都认为应该考虑土条间的作用力,以求得比较合理的结果。目前已有许多解决的方法,其中毕肖普提出的简化方法是比较合理实用的。

如图 8-12 所示土坡,前面已经指出任一土条 i 上的受力条件是静不定问题,土条 i 上的作用力中有 5 个未知,故属二次静不定问题。毕肖普在求解时补充了两个假设条件:忽略土条间的竖向剪切力 X_i 及 X_{i+1} 的作用;对滑动面上的切向力 T_i 的大小作了规定。

根据土条 i 的竖向平衡条件可得:

$$W_i - X_i + X_{i+1} - T_i\sin\alpha_i - N_i\cos\alpha_i = 0$$

即

$$N_i\cos\alpha_i = W_i + (X_{i+1} - X_i) - T_i\sin\alpha_i \tag{8-11}$$

若土坡的稳定安全系数为 K，则土条 i 滑动面上的抗剪强度 τ_{fi} 也只发挥了一部分，毕肖普假设 τ_{fi} 与滑动面上的切向力 T_i 相平衡，即

$$T_i = \tau_{fi} l_i = \frac{1}{K}(N_i \tan\varphi_i + c_i l_i) \tag{8-12}$$

将式(8-12)代入式(8-11)得：

$$N_i = \frac{W_i + (X_{i+1} - X_i) - \dfrac{c_i l_i}{K}\sin\alpha_i}{\cos\alpha_i + \dfrac{1}{K}\tan\varphi_i \sin\alpha_i} \tag{8-13}$$

由式(8-9)可知，土坡的稳定安全系数 K 为

$$K = \frac{M_r}{M_s} = \frac{\sum(N_i \tan\varphi_i + c_i l_i)}{\sum W_i \sin\alpha_i} \tag{8-14}$$

将式(8-13)代入式(8-14)得：

$$K = \frac{\displaystyle\sum_{i=1}^{i=n} \frac{[W_i + (X_{i+1} - X_i)]\tan\varphi_i + c_i l_i \cos\alpha_i}{\cos\alpha_i + \dfrac{1}{k}\tan\varphi_i \sin\alpha_i}}{\displaystyle\sum_{i=1}^{i=n} W_i \sin\alpha_i} \tag{8-15}$$

由于上式中 X_i 及 X_{i+1} 是未知的，故求解尚有困难。毕肖普假定土条间的竖向剪切力均略去不计，即 $(X_{i+1} - X_i) = 0$，则式(8-15)可简化为：

$$K = \frac{\displaystyle\sum_{i=1}^{i=n} \frac{1}{m_{\alpha i}}(W_i \tan\varphi_i + c_i l_i \cos\alpha_i)}{\displaystyle\sum_{i=1}^{i=n} W_i \sin\alpha_i} \tag{8-16}$$

$$m_{\alpha i} = \cos\alpha_i + \frac{1}{k}\tan\varphi_i \sin\alpha_i \tag{8-17}$$

式(8-16)就是简化毕肖普计算土坡稳定安全系数公式。由于式中 $m_{\alpha i}$ 也包含 K 值，因此式(8-16)须用迭代法求解，即先假定一个 K 值，按式(8-17)求得 $m_{\alpha i}$ 值，代入式(8-16)求出 K 值，若此 K 值与假定值不符，则用此 K 值重新计算 $m_{\alpha i}$ 求得新的 K 值，如此反复迭代，直至假定的 K 值与求得的 K 值相近为止。为了计算方便，可将式(8-17)的 $m_{\alpha i}$ 值制成曲线(图8-14)，可按 α_i 及 $\dfrac{\tan\varphi_i}{k}$ 值直接查得 $m_{\alpha i}$ 值。

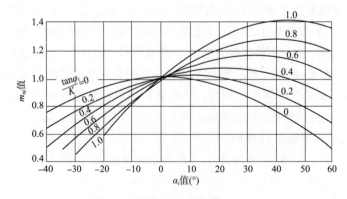

图 8-14 $m_{\alpha i}$ 值曲线

最危险滑动面圆心位置的确定方法,仍可按前述经验方法确定。

[**例题 8-3**] 用简化毕肖普条分法计算例题 8-2 土坡的稳定安全系数。

解:土坡的最危险滑动面圆心 O 的位置以及土条划分情况均与例题 8-2 相同。按式(8-16)和式(8-17)计算各土条的有关各项列于表 8-3 中。

土坡稳定计算表　　　　　　　　表 8-3

土条编号	α_i (°)	l_i (m)	W_i (kN)	$W_i \sin\alpha_i$ (kN)	$W_i \tan\alpha_i$ (kN)	$c_i l_i \cos\alpha_i$	$m_{\alpha i}$ $K=1.20$	$m_{\alpha i}$ $K=1.19$	$\frac{1}{m_{\alpha i}}(W_i\tan\varphi_i + c_i l_i \cos\alpha_i)$ $K=1.20$	$\frac{1}{m_{\alpha i}}(W_i\tan\varphi_i + c_i l_i \cos\alpha_i)$ $K=1.19$
1	9.5	1.01	11.16	1.84	2.37	16.64	1.016	1.016	18.71	18.71
2	16.5	1.05	33.48	9.51	7.12	16.81	1.009	1.010	23.72	23.69
3	23.8	1.09	53.01	21.39	11.27	16.66	0.986	0.987	28.33	28.30
4	31.6	1.18	69.75	36.55	14.83	16.73	0.945	0.945	33.45	33.45
5	40.1	1.31	76.26	49.12	16.21	16.73	0.879	0.880	37.47	37.43
6	49.8	1.56	56.73	43.33	12.06	16.82	0.781	0.782	36.98	36.93
7	63.0	2.68	29.70	24.86	5.93	20.32	0.612	0.613	42.89	42.82
合计				186.60					221.55	221.33

第一次试算假定稳定安全系数 $K = 1.20$,计算结果列于表 8-3,可按式(8-16)求得稳定安全系数:

$$K = \frac{\sum_{i=1}^{i=n} \frac{1}{m_{\alpha i}}(W_i \tan\varphi_i + c_i l_i \cos\alpha_i)}{\sum_{i=1}^{i=n} W_i \sin\alpha_i} = \frac{221.55}{186.6} = 1.187$$

第二次试算假定 $K = 1.19$,计算结果列于表 8-3,可得:

$$K = \frac{221.33}{186.6} = 1.186$$

计算结果与假定接近,故得土坡的稳定安全系数 $K = 1.19$。

第四节　土坡稳定分析的几个问题

一、土的抗剪强度指标及安全系数的选用

黏性土边坡的稳定计算,不仅要求提出计算方法,更重要的是如何测定土的抗剪强度指标、如何规定安全系数。这对于软黏土尤为重要,因为采用不同的试验仪器及试验方法得到的抗剪强度指标有很大的差异。

在实践中,应该结合土坡的实际加载情况、填土性质和排水条件等,选用合适的抗剪强度指标。如验算土坡施工结束时的稳定情况,若土坡施工速度较快,填土的渗透性较差,则土中孔隙水压力不易消散,这时宜采用快剪或三轴不排水剪试验指标,用总应力法分析。如验算土坡长期稳定性时,应采用排水剪试验或固结不排水剪试验强度指标,用有效应力法分析。

《公路路基设计规范》(JTG D30—2015)规定,土坡稳定的安全系数要求大于 1.25。但应该看到允许安全系数是同选用的抗剪强度有关的,同一个边坡稳定分析采用不同试验方法得

到的强度指标,会得到不同的安全系数。

二、坡顶开裂时的土坡稳定分析

在黏性土路堤的坡顶附近,可能因土的收缩及张力作用而发生裂缝,如图 8-15 所示。表水渗入裂缝后,将产生静水用力 P_w,它是促使土坡滑动的作用力,故在土坡稳定分析中应该考虑进去。坡顶裂缝的开展深度 h_0 可近似地按挡土墙后为黏性土填土时,在墙顶产生的拉力区高度按式(8-18)计算。

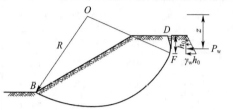

图 8-15 土坡开裂时稳定计算

$$h_0 = \frac{2c}{\gamma \sqrt{K_a}} \quad (8-18)$$

裂缝内因积水产生的静水压力 $P_w = \frac{1}{2}\gamma_w h_0^2$,它对最危险滑动面的圆心 O 的力臂为 z。按前述各种方法分析土坡稳定时,应考虑 P_w 引起的滑动力矩。同时土坡滑动面的弧长也将由 BD 减短为 BF。

坡顶出现裂缝对土坡的稳定是不利的,在工程中应当避免这种情况出现。例如,对于暴露时间较长、雨水较多的基坑边坡,应在土坡滑动范围外边设置水沟拦截水流,在土坡滑动范围内的坡面上采用水泥砂浆或塑料布铺面防水。如果坡顶出现裂缝,则应立即采用水泥砂浆嵌缝,以防止水流入土坡内而造成对土坡的损害。

三、有水渗流时的土坡稳定分析

当河道水位缓慢上涨而急剧下降时,沿河路堤内的水将向外渗流,此时路堤内水的渗流所产生的动水压力 D,其方向指向路堤边坡(图 8-16),它对路堤的稳定是不利的。

图 8-16 所示土坡,由于水位骤降,路堤内水向外渗流。已知浸润线(渗流水位线)为 efg,滑动土体在浸润线以下部分 $fgBf$ 的面积为 A,作用在这一部分土体上的动水力合力为 D。用条分法分析土体稳定时,土条 i 的重力 W_i 计算,在浸润线以下部分应考虑水的浮力作用,采用浮重度,动水力合力 D 可按式(8-19)计算:

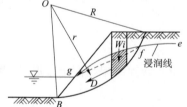

图 8-16 水渗流时的土坡稳定分析

$$D = G_D A = \gamma_w I A \quad (8-19)$$

式中:G_D ——作用在单位体积土体上的动水力(kN/m^3);

γ_w ——水的重度(kN/m^3);

A ——滑动土体在浸润线以下部分 $fgBf$ 的面积(m^2);

I ——在面积 $fgBf$ 范围内的水头梯度平均值,可近似地假设 I 等于浸润线两端 fg 的连线的坡度。

动水力合力 D 的作用点在面积 $fgBf$ 的形心,其作用方向假定与 fg 连线平行,动水力合力 D 对滑动面圆心 O 的力臂为 r。

这样考虑动水力后,用条分法分析土坡稳定安全系数的计算式(8-9)可以写为:

$$K = \frac{M_r}{M_s} = \frac{R(\tan\varphi \sum_{i=1}^{n} W_i \cos\alpha_i + c\sum_{i=1}^{n} l_i)}{R\sum_{i=1}^{n} W_i \sin\alpha_i + rD} \tag{8-20}$$

式中：D——作用在浸润线以下部分滑动土体 $fgBf$ 上的动水力合力；

r——动水力合力 D 对滑动面圆心 O 的力臂；

其余符号意义同式(8-9)。

需要指出的是，关于有水渗流时的土坡稳定分析，还有其他的计算和处理方法，对于如何考虑渗流影响，目前仍还存在着不同的观点和意见。

四、按有效应力法分析土坡稳定

前文所介绍的土稳定安全系数计算公式都是属于总应力法，采用的抗剪强度指标也是总应力指标。若土坡是用饱和黏土填筑，因填土或施加的荷载速度较快，土中孔隙水来不及排除，将产生孔隙水压力，使土的有效应力减小，增加土坡滑动的危险。这时土坡稳定分析应考虑孔隙水压力的影响，采用有效应力法分析。其稳定安全系数计算公式，可将前述总应力方法修正后得到。如条分法的式(8-10)可改写为：

$$K = \frac{\tan\varphi' \sum_{i=1}^{n}(W_i\cos\alpha_i - u_i l_i) + c'\hat{L}}{\sum_{i=1}^{n} W_i \sin\alpha_i} \tag{8-21}$$

式中：φ'、c'——土的有效内摩擦角和有效黏聚力；

u_i——作用在土条 i 滑动面上的平均孔隙水压力；

其余符号意义同前。

练 习 题

[8-1] 有一土坡坡高 $H = 5\mathrm{m}$，已知土的重度 $\gamma = 18\mathrm{kN/m^3}$，土的强度指标 $\varphi = 10°$，$c = 12.5\mathrm{kPa}$，要求土坡的稳定安全系数 $K \geq 1.25$，试用泰勒图表法确定土坡的容许坡角 β 值及最危险滑动面圆心位置。

[8-2] 已知某土坡坡角 $\beta = 60°$，土的内摩擦角 $\varphi = 0°$。按费伦纽斯方法及泰勒方法确定其最危险滑动面圆心位置，并比较两者得到的结果是否相同？

[8-3] 设土坡高度 $H = 5\mathrm{m}$，坡角 $\beta = 30°$；土的重度 $\gamma = 18\mathrm{kN/m^3}$，土的抗剪强度指标 $\varphi = 0°$，$c = 18\mathrm{kPa}$。试用泰勒方法分析计算：在坡角下 $2.5\mathrm{m}$、$0.75\mathrm{m}$、$0.25\mathrm{m}$ 处有硬层时，土坡稳定安全系数及圆弧滑动面的类型。

[8-4] 用条分法计算图所示土坡的稳定安全系数（按有效应力法计算）。

已知土坡高度 $H = 5$，边坡坡度为 $1:1.6$（即坡角 $\beta = 32°$），土的性质及试算滑动面圆心位置如题图8-1所示。计算时将土条分成7条，各土条宽度 b_i、平均高度 h_i、倾角 α_i、滑动面弧长 l_i 及作用在土条底面的平均孔隙水压力 u_i 均列于题表8-1。

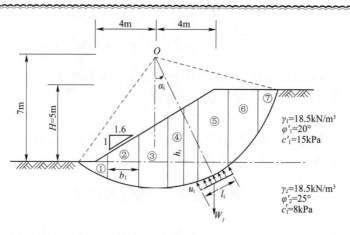

题图 8-1

土条计算数据　　　　　　　　　　　　　　　　　题表 8-1

土条编号	b_i(m)	h_i(m)	α_i	l_i(m)	u_i(kN/m²)
1	2	0.7	-27.7	2.3	2.1
2	2	2.6	-13.4	2.1	7.1
3	2	4.0	0	2.0	11.1
4	2	5.1	13.4	2.1	13.8
5	2	5.4	27.7	2.3	14.8
6	2	4.0	44.2	2.8	11.2
7	2	1.8	68.5	3.2	5.7

思 考 题

[8-1] 土坡失稳破坏的原因有哪几种？

[8-2] 土坡稳定安全系数的意义是什么？在本章中有哪几种表达方式？

[8-3] 何为坡脚圆、中点圆、坡面圆？其产生的条件与土质、土坡形状及土层构造有何关系？

[8-4] 砂性土土坡的稳定性只要坡角不超过其内摩擦角，坡高 H 可不受限制，而黏性土土坡的稳定还同坡高有关，试分析其原因。

[8-5] 试述摩擦圆法的基本原理。如何用泰勒的稳定因数图表确定土坡的稳定安全系数？

[8-6] 试述条分法的基本原理及计算步骤。

第九章 地基承载力

第一节 概述

建筑物或构筑物因地基问题引起破坏,一般有两种情形:一是建筑物荷载过大,超过了地基所能承受的荷载能力,而使地基破坏失稳,即强度和稳定性问题;二是在建筑物荷载作用下,地基和基础产生了过大的沉降和沉降差,使建筑物产生结构性损坏或丧失使用功能,即变形问题。因此,在进行地基基础设计时,必须满足上部结构荷载通过基础传到地基土的压力不得大于地基承载力的要求,以确保地基土不丧失稳定性。

地基承载力是指地基土单位面积上所能承受荷载的能力,以千帕(kPa)计。通常把地基不致失稳时地基上单位面积上所能承受的最大荷载称为地基极限承载力 p_u。由于工程设计中必须确保地基有足够的稳定性,必须限制建筑物基础基底的压力 p,使其不得超过地基的承载力特征值 f_a,因此地基承载力特征值是指考虑一定安全储备后的地基承载力。同时,根据地基承载力进行基础设计时,应考虑不同建筑物对地基变形的控制要求,进行地基变形验算。

当地基土受到荷载作用后,地基中有可能出现一定的塑性变形区。当地基土中将要出现但尚未出现塑性区时,地基所承受的相应荷载称为临塑荷载;当地基土中的塑性区发展到某一深度时,其相应的荷载称为临界荷载;当地基土中的塑性区充分发展并形成连续滑动面时,其相应荷载则为极限荷载。

本章主要从强度和稳定性角度介绍由于承载力问题引起的地基破坏及地基承载力确定。

一、地基破坏的性状

为了了解地基承载力的概念以及地基土受荷后剪切破坏的过程及性状,可以通过现场荷载试验或室内模型试验来研究,这些试验实际上是一种基础受荷的模拟试验。现场荷载试验是在要测定的地基土上放置一块模拟基础的荷载板,如图9-1所示。荷载板的尺寸较实际基础为小,一般为 $0.25 \sim 1.0 m^2$。然后在荷载板上逐级施加荷载,同时测定在各级荷载下载荷板的沉降量及周围土的位移情况,直到地基土破坏失稳为止。

通过试验得到荷载板下各级压力 p 与相应的稳定沉降量 s 间的关系,绘得 p-s 曲线,如图9-2所示。对 p-s 曲线的特性进行分析,可以了解地基破坏的机理。

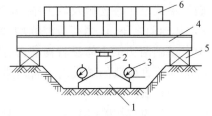

图9-1 荷载试验
1-荷载板;2-千斤顶;3-百分表;4-反力架;5-枕木垛;6-荷载

太沙基根据试验研究提出两种典型的地基破坏类型,即整体剪切破坏及局部剪切破坏。整体剪切破坏的特征是,当基础上荷载较小时,基础下形成一个三角形压密区 I

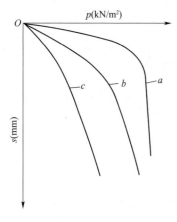

图 9-2　$p\text{-}s$ 曲线

(图 9-3a),随同基础压入土中,这时 $p\text{-}s$ 曲线呈直线关系(图 9-2 中曲线 a)。随着荷载增大,压密区 Ⅰ 向两侧挤压,土中产生塑性区,塑性区先在基础边缘产生,然后逐步扩大形成图 9-3a) 中的 Ⅱ、Ⅲ 塑性区。这时基础的沉降增长率较前一阶段增大,故 $p\text{-}s$ 曲线呈曲线状。当荷载达到最大值后,土中形成连续滑裂面,并延伸到地面,土从基础两侧挤出并隆起,基础沉降急剧增加,整个地基失稳破坏,如图 9-3a) 所示。这时 $p\text{-}s$ 曲线上出现明显的转折点,其相应的荷载称为极限荷载 p_u,见图 9-2 曲线 a。整体剪切破坏常发生在浅埋基础下的密砂或硬黏土等坚实地基中。

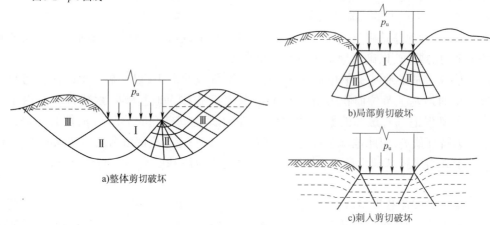

图 9-3　地基破坏类型

局部剪切破坏的特征是,随着荷载的增加,基础下也产生压密区 Ⅰ 及塑性区 Ⅱ,但塑性区仅仅发展到地基某一范围内,土中滑动面并不延伸到地面,如图 9-3b) 所示,基础两侧地面微微隆起,没有出现明显的裂缝。其 $p\text{-}s$ 曲线如图 9-2 中曲线 b 所示,曲线也有一个转折点,但不像整体剪切破坏那么明显。$p\text{-}s$ 曲线在转折点后,其沉降量增长率虽较前一阶段为大,但不像整体剪切破坏那样急剧增加,在转折点之后,$p\text{-}s$ 曲线还是呈线性关系。局部剪切破坏常发生在中等密实砂土中。

魏锡克(A. S. Vesic,1963)提出除上述两种破坏情况外,还有一种刺入剪切破坏。这种破坏形式发生在松砂及软土中,其破坏的特征是,随着荷载的增加,基础下土层发生压缩变形,基础随之下沉,当荷载继续增加,基础周围附近土体发生竖向剪切破坏,使基础刺入土中。基础两边的土体没有移动,如图 9-3c) 所示。刺入剪切破坏的 $p\text{-}s$ 曲线如图 9-2 中曲线 c,沉降随着荷载的增大而不断增加,但 $p\text{-}s$ 曲线上没有明显的转折点,没有明显的比例界限及极限荷载。

地基的剪切破坏类型,除了与地基土的性质有关外,还同基础埋置深度、加荷速度等因素有关。如在密砂地基中,一般会出现整体剪切破坏,但当基础埋置很深时,密砂在很大荷载作用下也会产生压缩变形,而出现刺入剪切破坏;在软黏土中,当加荷速度较慢时会产生压缩变形而出现刺入剪切破坏,但当加荷速度很快时,由于土体不能产生压缩变形,就可能发生整体剪切破坏。

表 9-1 综合列出了条形基础在中心荷载下不同剪切破坏形式的各种特征。

条形基础中心荷载下地基破坏形式的特征 表 9-1

破坏形式	地基中滑动面	p-s 曲线	基础四周地面	基础沉降	基础表现	控制指标	事故出现情况	适用条件		
								地基土	埋深	加荷速率
整体剪切	连续,至地面	有明显拐点	隆起	较小	倾斜	强度	突然倾倒	密实	小	缓慢
局部剪切	连续,地基内	拐点不易确定	有时稍有隆起	中等	可能倾斜	变形为主	较慢下沉时有倾斜	松散	中	快速或冲击荷载
刺入剪切	不连续	拐点无法确定	沿基础下陷	较大	仅有下沉	变形	缓慢下沉	软弱	大	快速或冲击荷载

格尔谢万诺夫(1948)根据载荷试验结果,提出地基破坏的过程经历 3 个过程,如图 9-4 所示。

1. 压密阶段(或称直线变形阶段)

相当于 p-s 曲线上的 oa 段。在这一阶段,p-s 曲线接近于直线,土中各点的剪应力均小于土的抗剪强度,土体处于弹性平衡状态。在这一阶段,荷载板的沉降主要是由于土的压密变形引起的,如图 9-4a)、b)所示,p-s 曲线上相应于 a 点的荷载称为临塑荷载 p_{cr}。

2. 剪切阶段

相当于 p-s 曲线上的 ab 段。在这一阶段,p-s 曲线已不再保持直线关系,沉降的增长率 $\Delta s/\Delta p$ 随荷载的增大而增加。在这个阶段,地基土中局部范围内(首先在基础边缘处)的剪应力达到土的抗剪强度,土体发生剪切破坏,这个区域称为塑性区。随着荷载的继续增加,土中塑性区的范围也逐步扩大(图 9-4c),直到土中形成连续滑动面,由荷载板两侧挤出而破坏。因此,剪切阶段也是地基中塑性区发生发展阶段。相应于 p-s 曲线上 b 点的荷载称为极限荷载 p_u。

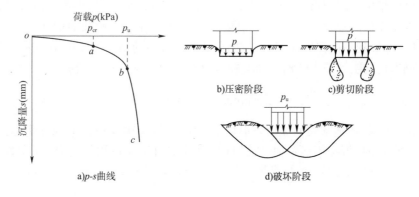

图 9-4 地基破坏过程的三个阶段

3. 破坏阶段

相当于 p-s 曲线上的 bc 段。当荷载超过极限荷载后,荷载板急剧下沉,即使不增加荷载,沉降也不能稳定,因此 p-s 曲线陡直下降。在这一阶段,由于土中塑性区范围的不断扩展,最后在土中形成连续滑动面,土从荷载板四周挤出隆起,地基土失稳破坏。

二、确定地基承载力的方法

确定地基承载力,一般有以下 3 种方法:

1. 根据荷载试验的 *p-s* 曲线来确定地基承载力

从荷载试验曲线确定地基承载力时,可以有 3 种确定方法:

(1)用极限承载力 P_u 除以安全系数 K 可得到承载力特征值,一般安全系数取 2~3。

(2)取 *p-s* 曲线上临塑荷载(比例界限荷载)p_{cr} 作为地基承载力特征值。

(3)对于拐点不明显的试验曲线,可以用相对变形来确定地基承载力特征值。当荷载板面积为 $0.25 \sim 0.5 \text{m}^2$,可取相对沉降 $s/b = 0.01 \sim 0.015$(b 为荷载板宽度)所对应的荷载为地基承载力特征值。

2. 根据设计规范确定地基承载力

《公路桥涵地基与基础设计规范》(JTG 3363—2019)给出了各种土类的地基承载力特征值表,这些表是根据在各类土上所做的大量的荷载试验资料,以及工程经验总结,并经过统计分析而得到的。使用时可根据现场土的物理力学性质指标,以及基础的宽度和埋置深度,按规范中的表格和公式得到地基承载力容许值。

3. 根据地基承载力理论公式确定地基承载力

地基承载力的理论公式中,一种是由土体极限平衡条件导得的临塑荷载和临界荷载计算公式,另一种是根据地基土刚塑性假定而导得的极限承载力计算公式。工程实践中,根据建筑物不同要求,可以用临塑荷载或临界荷载作为地基承载力特征值,也可以用极限承载力公式计算得到的极限承载力除以一定的安全系数作为地基承载力特征值。

第二节 临界荷载的确定

上一节已经指出,在荷载作用下地基变形的发展经历 3 个阶段,即压密阶段、剪切阶段及破坏阶段。地基变形的剪切阶段也是土中塑性区范围随着作用荷载的增加而不断发展的阶段,土中塑性区开展到不同深度时,其相应的荷载称为临界荷载。当土中塑性区开展的最大深度相当于基础宽度的 1/4 或 1/3 时,其相应的荷载即为临界荷载 $p_{1/4}$ 或 $p_{1/3}$。

一、塑性区边界方程的推导

如图 9-5a)所示,在地基表面作用条形均布荷载,计算土中任一点 M 由 p 引起的最大与最小主应力 σ_1 与 σ_3 时,可按第四章中有关均布条形荷载作用下的附加应力公式计算:

$$\sigma_1 = \frac{p}{\pi}(2\alpha + \sin2\alpha)$$
$$\sigma_3 = \frac{p}{\pi}(2\alpha - \sin2\alpha)$$
(9-1)

若条形基础的埋置深度为 D 时,计算基底下深度 z 处 M 点的主应力时,可将作用在基底水平面上的荷载(包括作用在基底的均布荷载 p 以及基础两侧埋置深度 D 范围内土的自重应力 $\gamma_0 D$,分解为图 9-5c)所示两部分,即无限均布荷载 $\gamma_0 D$ 以及基底范围内的均布荷载($p - \gamma_0 D$)。这时,假定土的侧压力系数 $K_0 = 1$,即土的重力产生的压应力将如同静水压力一样,在各个方向是相等的,均为 $\gamma_0 D + \gamma z$。这样,当基础有埋置深度 D 时,土中任意点 M 的主应力为:

$$\sigma_1 = \frac{p - \gamma_0 D}{\pi}(2\alpha + \sin 2\alpha) + \gamma_0 D + \gamma z$$

$$\sigma_3 = \frac{p - \gamma_0 D}{\pi}(2\alpha - \sin 2\alpha) + \gamma_0 D + \gamma z$$

(9-2)

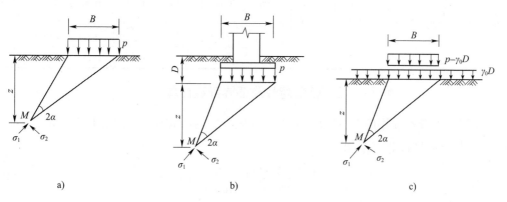

图 9-5 塑性区边界方程的推导

若 M 点位于塑性区的边界上,它就处于极限平衡状态。根据土体强度理论知道,土中某点处于极限平衡状态时,其主应力间满足下述条件:

$$\sin\varphi = \frac{\frac{1}{2}(\sigma_1 - \sigma_3)}{\frac{1}{2}(\sigma_1 + \sigma_3) + c\cot\varphi}$$

整理后得:

$$z = \frac{p - \gamma_0 D}{\gamma \pi}\left(\frac{\sin 2\alpha}{\sin\varphi} - 2\alpha\right) - \frac{c\cot\varphi}{\gamma} - \frac{\gamma_0}{\gamma}D$$

(9-3)

式(9-3)就是土中塑性区边界线的表达式。若已知条形基础的尺寸 D、荷载 p,以及土的指标 γ、c、φ 时,假定不同的视角 2α 值代入式(9-3),求出相应的深度 z 值,把一系列由对应的 2α 与 z 值决定其位置的点连接起来,就得到条形均布荷载 p 作用下土中塑性区的边界线,也即绘得土中塑性区的发展范围。

[**例题 9-1**] 有一条形基础,如图 9-6 所示,基础宽度 $B = 3m$,埋置深度 $D = 2m$,作用在基础底面的均布荷载 $p = 190kPa$,已知土的内摩擦角 $\varphi = 15°$,黏聚力 $c = 15kPa$,重度 $\gamma = 18kN/m^3$。求此地基中的塑性区范围。

解:地基土中塑性区边界线的表达式见式(9-3)。

$$z = \frac{p - \gamma_0 D}{\gamma \pi}\left(\frac{\sin 2\alpha}{\sin\varphi} - 2\alpha\right) - \frac{c\cot\varphi}{\gamma} - \frac{\gamma_0}{\gamma}D$$

$$= \frac{190 - 18 \times 2}{18\pi}\left(\frac{\sin 2\alpha}{\sin 15°} - 2\alpha\right) - \frac{15 \times \cot 15°}{18} - \frac{18}{18} \times 2$$

$$= 10.52\sin 2\alpha - 5.45\alpha - 5.11$$

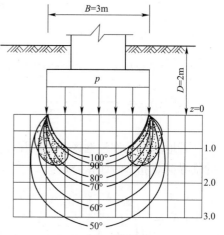

图 9-6 条形基础塑性区计算

将不同的 α 值代入上式,求得其相应的值,列于表9-2。按表9-2的计算结果,绘出土中塑性区范围,如图9-6所示。

塑性区边界线计算　　　　　　　　　表9-2

$\alpha(°)$	15	20	25	30	35	40	45	50	55
$10.52\sin2\alpha - 5.45\alpha - 5.11$	5.26 -1.43 -5.11	6.76 -1.90 -5.11	8.06 -2.38 -5.11	9.11 -2.86 -5.11	9.88 -3.33 -5.11	10.36 -3.81 -5.11	10.52 -4.28 -5.11	10.35 -4.75 -5.11	9.88 -5.22 -5.11
$z(m)$	-1.28	-0.25	0.57	1.14	1.44	1.44	1.13	0.49	-0.45

二、临塑荷载及临界荷载计算

在条形均布荷载 p 作用下,计算地基中塑性区开展的最大深度 z_{max} 值时,可以把式(9-3)对 α 求导数,并令此导数等于零,即

$$\frac{dz}{d\alpha} = \frac{2(p - \gamma_0 D)}{\gamma \pi}\left(\frac{\cos2\alpha}{\sin\varphi} - 1\right) = 0 \tag{9-4}$$

由此解得:

$$\cos2\alpha = \sin\varphi \tag{9-5}$$

或

$$2\alpha = \frac{\pi}{2} - \varphi \tag{9-6}$$

将式(9-6)中的 2α 值代入式(9-3),即得地基中塑性区开展最大深度的表达式为:

$$z_{max} = \frac{p - \gamma_0 D}{\gamma \pi}\left[\cot\varphi - \left(\frac{\pi}{2} - \varphi\right)\right] - \frac{c\cot\varphi}{\gamma} - \frac{\gamma_0}{\gamma}D \tag{9-7}$$

由式(9-7)也可得到如下相应的基底均布荷载 p 的表达式:

$$p = \frac{\pi}{\cot\varphi + \varphi - \frac{\pi}{2}}\gamma z_{max} + \frac{\cot\varphi + \varphi + \frac{\pi}{2}}{\cot\varphi + \varphi - \frac{\pi}{2}}\gamma_0 D + \frac{\pi\cot\varphi}{\cot\varphi + \varphi - \frac{\pi}{2}}c \tag{9-8}$$

式(9-8)是计算临塑荷载及临界荷载的基本公式。

如令 $z_{max}=0$,代入式(9-8),此时的基底压力 p 即为临塑荷载 p_{cr},得其计算公式为:

$$p_{cr} = N_q\gamma_0 D + N_c c \tag{9-9}$$

$$N_q = \frac{\cot\varphi + \varphi + \frac{\pi}{2}}{\cot\varphi + \varphi - \frac{\pi}{2}}$$

式中: $N_c = \dfrac{\pi\cot\varphi}{\cot\varphi + \varphi - \dfrac{\pi}{2}}$。

若地基中允许塑性区开展的深度 $z_{max}=B/4$(B 为基础的宽度),则代入式(9-8),即得相应的临界荷载 $p_{1/4}$ 的计算公式:

$$p_{1/4} = \gamma B N_r + \gamma_0 D N_q + c N_c \tag{9-10}$$

式中: $N_r = \dfrac{\pi}{4\left(\cot\varphi + \varphi - \dfrac{\pi}{2}\right)}$;

其余符号意义同前。

N_r、N_q、N_c 称为承载力系数,它只与土的内摩擦角 φ 有关,可从表9-3查用。

临塑荷载 p_{cr} 及临界荷载 $p_{1/4}$ 的承载力系数 N_r、N_q、N_c 值　　　　表9-3

φ (°)	N_r	N_q	N_c	φ (°)	N_r	N_q	N_c
0	0	1.00	3.14	22	0.61	3.44	6.04
2	0.03	1.12	3.32	24	0.72	3.87	6.45
4	0.06	1.25	3.51	26	0.84	4.37	6.90
6	0.10	1.39	3.71	28	0.98	4.93	7.40
8	0.14	1.55	3.93	30	1.15	5.59	7.95
10	0.18	1.73	4.17	32	1.34	6.35	8.55
12	0.23	1.94	4.42	34	1.55	7.21	9.22
14	0.29	2.17	4.69	36	1.81	8.25	9.97
16	0.36	2.43	5.00	38	2.11	9.44	10.80
18	0.43	2.72	5.31	40	2.46	10.84	11.73
20	0.51	3.06	5.66	45	3.66	15.64	14.64

[**例题 9-2**] 求例题 9-1 中条形基础的临塑荷载 p_{cr} 及临界荷载 $p_{1/4}$。

解:已知土的内摩擦角 $\varphi = 15°$,由表9-3得承载力系数 $N_r = 0.33$、$N_q = 2.30$、$N_c = 4.85$。由式(9-9)得临塑荷载为:

$$P_{cr} = N_q \gamma_0 D + N_c c = 2.3 \times 18 \times 2 + 4.85 \times 15 = 155.6 \text{kPa}$$

由式(9-10)得临界荷载为:

$$p_{1/4} = \gamma B N_r + \gamma_0 D N_q + c N_c = 0.33 \times 18 \times 3 + 2.3 \times 18 \times 2 + 4.85 \times 15 = 173.4 \text{kPa}$$

第三节　极限荷载计算

地基极限承载力除了可以从载荷试验求得外,还可以用半理论半经验公式计算,这些公式都是在刚塑体极限平衡理论基础上解得的。下面介绍常用的几个地基极限承载力公式。

一、普朗特尔地基极限承载力公式

1. 普朗特尔基本解

假定条形基础置于地基表面($d = 0$),地基土无重量($\gamma = 0$)且基础底面光滑无摩擦力时,如果基础下形成连续的塑性区而处于极限平衡状态时,普朗特尔根据塑性力学得到的地基滑动面形状如图9-7所示。地基的极限平衡区可分为3个区:在基底下的Ⅰ区,因为假定基底无摩擦力,故基底平面是最大主应力面,两组滑动面与基底底面间呈 $45° + \dfrac{\varphi}{2}$,也就是说Ⅰ区是朗金主动状态区;随着基础下沉,Ⅰ区土楔向两侧挤压,因此Ⅲ区为朗金被动状态区,滑动面也是由两组平面组成,由于地基表面为最小主应力平面,故滑动面与地基表面呈 $45° - \dfrac{\varphi}{2}$;Ⅰ区与Ⅲ区的中间是过渡区Ⅱ区,Ⅱ区的滑动面一组是辐射线,另一组是对数螺旋曲线,如图9-8中的 CD 及 CE,其方程式为:

$$\gamma = \gamma_0 e^{\theta\tan\varphi} \tag{9-11}$$

对于以上情况,普朗特尔得出条形基础的地基极限荷载公式如下:

$$p_u = c\left[e^{\pi\tan\varphi} \times \tan^2\left(\frac{\pi}{4}+\frac{\varphi}{2}\right)-1\right] \times \cot\varphi = c \times N_c \tag{9-12}$$

式中,承载力系数 $N_c = \left[e^{\pi\tan\varphi} \times \tan^2\left(\frac{\pi}{4}+\frac{\varphi}{2}\right)-1\right] \times \cot\varphi$,是土内摩擦角 φ 的函数,可从表9-4查得。

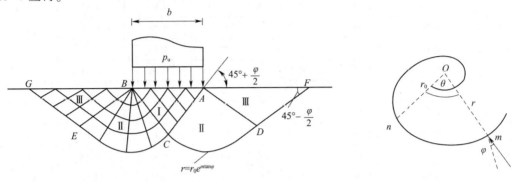

图9-7 普朗特尔公式的滑动面形状　　　　图9-8 对数螺旋线

2. 雷斯诺对普朗特尔公式的补充

普朗特尔公式是假定基础置于地基的表面,但一般基础均有一定的埋置深度,若埋置深度较浅时,为简化起见,可忽略基础底面以上土的抗剪强度,而将这部分土作为分布在基础两侧的均布荷载 $q = \gamma_0 d$ 作用在 GF 面上,如图9-9所示。雷斯诺(1924)在普朗特尔公式假定的基础上,导得了由超载 q 产生的极限荷载公式:

$$P_u = qe^{\pi\tan\varphi} \times \tan^2\left(\frac{\pi}{4}+\frac{\varphi}{2}\right) = q \times N_q \tag{9-13}$$

式中,承载力系数 $N_q = e^{\pi\tan\varphi} \times \tan^2\left(\frac{\pi}{4}+\frac{\varphi}{2}\right)$,是土内摩擦角 φ 的函数,可从表9-4查得。

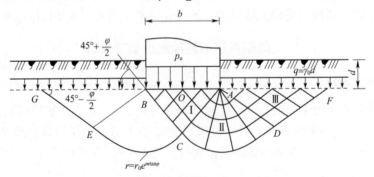

图9-9 基础有埋置深度时的雷斯诺解

将式(9-12)及式(9-13)合并,得到当不考虑土重力时,埋置深度为 d 的条形基础的极限荷载公式:

$$p_u = qN_q + cN_c \tag{9-14}$$

承载力系数 N_q、N_c 可按土的内摩擦角 φ 值由表9-4查得。

普朗特尔公式的承载力系数表　　　　　　　　　　表 9-4

φ	0°	5°	10°	15°	20°	25°	30°	35°	40°	45°
N_r	0	0.62	1.75	3.82	7.71	15.2	30.1	62.0	135.5	322.7
N_q	1.00	1.57	2.47	3.94	6.40	10.7	18.4	33.3	64.2	134.9
N_c	5.14	6.49	8.35	11.0	14.8	20.7	30.1	46.1	75.3	133.9

上述普朗特尔及雷斯诺导得的公式，均是假定土的重度 $\gamma=0$，但是由于土的强度很小，同时内摩擦角 φ 不等于零，因此不考虑土的重力是不妥当的。若考虑土的重力时，普朗特尔导得的滑动面Ⅱ区中的 CD、CE，就不再是对数螺旋曲线了，其滑动面形状复杂，目前尚无法按极限平衡理论求得其解析解，只能采用数值计算方法求得。

3. 泰勒(D. W. Taylor, 1948)对普朗特尔公式的补充

普朗特尔-雷斯诺公式是假定土的重度 $\gamma=0$ 时，按极限平衡理论解得的极限荷载公式。若考虑土体的重力时，目前尚无法得到其解析解，但许多学者在普朗特尔公式的基础上作了一些近似计算。

泰勒在 1948 年提出，若考虑土体重力时，假定其滑动面与普朗特尔公式相同，那么滑动土体的重力将使滑动面上土的抗剪强度增加。泰勒假定其增加值可用一个换算黏聚力 $c' = \gamma t \tan\varphi$ 来表示，其中 γ、φ 为土的重度及内摩擦角，t 为滑动土体的换算高度，假定 $t = \dfrac{b}{2}\tan\left(\dfrac{\pi}{4}+\dfrac{\varphi}{2}\right)$。这样用 $c+c'$ 代替式(9-13)中的 c，即得考虑滑动土体重力时得普朗特尔极限荷载计算公式：

$$\begin{aligned}p_u &= qN_q + (c+c')N_c = qN_q + cN_c + c'N_c \\ &= qN_q + cN_c + \gamma\frac{b}{2}\tan\left(\frac{\pi}{4}+\frac{\varphi}{2}\right)\left[e^{\pi\tan\varphi}\tan^2\left(\frac{\pi}{4}+\frac{\varphi}{2}\right)-1\right] \\ &= \frac{1}{2}\gamma b N_r + qN_q + cN_c\end{aligned} \quad (9\text{-}15)$$

式中，承载力系数 $N_r = \tan\left(\dfrac{\pi}{4}+\dfrac{\varphi}{2}\right)\left[e^{\pi\tan\varphi}\tan^2\left(\dfrac{\pi}{4}+\dfrac{\varphi}{2}\right)-1\right]$，可按 φ 值由表(9-4)查得。

二、太沙基地基极限承载力公式

太沙基在 1943 年提出了确定条形浅基础的极限荷载公式。太沙基认为从实用考虑，当基础的长宽比 $l/b \geq 5$ 及基础的埋置深度 $d \leq b$ 时，就可视为是条形浅基础。基底以上的土体看作是作用在基础两侧的均布荷载 $q = \gamma_0 d$。

太沙基假定基础底面是粗糙的，地基滑动面的形状如图 9-10 所示，也可分成 3 个区：Ⅰ区为在基础底面下的土楔 ABC，由于假定基底是粗糙的，具有很大的摩擦力，因此 AB 面不会发生剪切位移，Ⅰ区内土体不是处于朗金主动状态，而是处于弹性压密状态，它与基础底面一起移动。太沙基假定滑动面 AC（或 BC）与水平面呈 φ 角。Ⅱ区假定与普朗特尔公式一样，滑动面一组是通过 A、B 点的辐射线，另一组是对数螺旋曲线 CD、CE。如果考虑土的重度时，滑动面不是对数螺旋曲线，目前尚不能求得两组滑动面的解析解。因此，太沙基是忽略了土的重度对滑动面形状的影响，是一种近似解。由于滑动面 AC 与 CD 间的夹角应该等于 $\left(\dfrac{\pi}{2}+\varphi\right)$，所以对数螺旋曲线在 C 点的切线是竖直的。Ⅲ区是朗金被动状态区，滑动面 AD 及 DF 与水平面

呈 $\left(\dfrac{\pi}{4} - \dfrac{\varphi}{2}\right)$ 角。

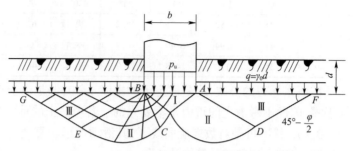

图 9-10　太沙基公式的滑动面形状

若作用在基底的极限荷载为 p_u 时,假设此时发生整体剪切破坏,那么基底下的弹性压密区(Ⅰ区)ABC 将贯入土中,向两侧挤压土体 $ACDF$ 及 $BCEG$ 达到被动破坏。因此,在 AC 及 BC

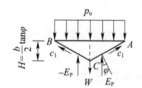

图 9-11　太沙基公式的推导

面上将作用被动力 E_p,E_p 与作用面的法线方向呈 δ 角,已知摩擦角 $\delta = \varphi$,故 E_p 是竖直向的,如图 9-11 所示。取脱离体 ABC,考虑单位长基础,根据平衡条件:

$$p_u b = 2c_1 \sin\varphi + 2E_p - W \quad (9-16)$$

式中:c_1——AC 及 BC 面上土黏聚力的合力,$c_1 = c \times \overline{AC} = \dfrac{CB}{2\cos\varphi}$;

W——土楔体 ABC 的重力,$W = \dfrac{1}{2}\gamma Hb = \dfrac{1}{4}\gamma b^2 \tan\varphi$。

由此,式(9-16)可写成

$$p_u = c\tan\varphi + \dfrac{2E_p}{b} - \dfrac{1}{4}\gamma b\tan\varphi \quad (9-17)$$

被动力 E_p 是由土的重度 γ、黏聚力 c 及超载 q(也即基础埋置深度)三种因素引起的总值,要精确地确定它是很困难的。太沙基认为,从实际工程要求的精度出发,可以用下述简化方法分别计算由三种因素引起的被动力:

(1)土是无质量、有黏聚力和内摩擦角,没有超载,即 $\gamma = 0, c \neq 0, q = 0$。

(2)土是无质量、无黏聚力,有内摩擦角、有超载,即 $\gamma = 0, c = 0, \varphi \neq 0, q \neq 0$。

(3)土是有质量的,没有黏聚力,但有内摩擦角,没有超载。即 $\gamma \neq 0, c = 0, \varphi \neq 0, q = 0$。

最后代入式(9-18)即得太沙基地极限荷载公式:

$$p_u = \dfrac{1}{2}\gamma b N_r + q N_q + c N_c \quad (9-18)$$

式中:N_r、N_q、N_c——承载力系数。

太沙基导得其表达式如式(9-18),它们都是无量纲系数,仅与土的内摩擦角 φ 有关,可由表 9-5 查得。

太沙基公式承载力系数表　　　　　　　　　　　　　　　表 9-5

φ	0°	5°	10°	15°	20°	25°	30°	35°	40°	45°
N_r	0	0.51	1.20	1.80	4.0	11.0	21.8	45.4	125	326
N_q	1.0	1.64	2.69	4.45	7.42	12.7	22.5	41.4	81.3	173.3
N_c	5.71	7.32	9.58	12.9	17.6	25.1	37.2	57.7	95.7	172.2

式(9-18)只适用于条形基础,对于圆形或方形基础,太沙基提出了半经验的极限荷载

公式。

圆形基础：
$$p_u = 0.6\gamma R N_r + qN_q + 1.2cN_c \quad (9\text{-}19)$$

式中：R——圆形基础的半径；

其余符号意义同前。

方形基础：
$$p_u = 0.4\gamma B N_r + qN_q + 1.2cN_c \quad (9\text{-}20)$$

式(9-18)~式(9-20)只适用于地基土是整体剪切破坏情况，即地基土较密实，其 p-s 曲线有明显的转折点，破坏前沉降不大等情况。对于松软土质，地基破坏是局部剪切破坏，沉降较大，其极限荷载较小。太沙基建议在这种情况下采用较小的 φ'、c' 值代入上列各式计算极限荷载。即令

$$\tan\varphi' = \frac{2}{3}\tan\varphi \quad c' = \frac{2}{3}c \quad (9\text{-}21)$$

根据 φ' 值从表 9-5 中查承载力系数，并用 c' 代入公式计算。

用太沙基极限荷载公式计算地基承载力时，其安全系数应取为 3。

[**例题 9-3**] 某路堤如图 9-12 所示，试验算路堤下地基承载力是否满足。采用太沙基公式计算地基极限荷载(取安全系数 $K=3$)。计算时要求按下述两种施工情况进行分析：

(1) 路堤填土填筑速度很快，它比荷载在地基中所引起的超孔隙水压力的消散速率快。

(2) 路堤填土填筑速度很慢，地基土中不引起超孔隙水压力。

已知路堤填土性质：$\gamma_1 = 18.8\text{kN/m}^3$，$c_1 = 33.4\text{kPa}$，$\varphi_1 = 20°$。

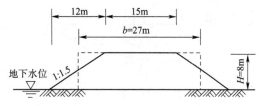

图 9-12 路堤下地基承载力计算

地基土(饱和黏土)性质：$\gamma_2 = 15.7\text{kN/m}^3$，土的不排水抗剪强度指标为 $c_u = 22\text{kPa}$，$\varphi_u = 0°$，土的固结排水抗剪强度指标为 $c_d = 4\text{kPa}$，$\varphi_d = 22°$。

解：将梯形断面路堤折算成等面积和等高度的矩形断面（如图中虚线所示），求得其换算路堤宽度 $B = 27\text{m}$，地基土的浮重度 $\gamma_2' = \gamma_2 - 9.81 = 15.7 - 9.81 = 5.9\text{kN/m}^3$。

用太沙基公式计算极限荷载：

$$p_u = \frac{1}{2}\gamma b N_r + qN_q + cN_c$$

情况(1)：

$\varphi_u = 0°$，由表 9-5 查得承载力系数为：

$$N_r = 0, \quad N_q = 1.0, \quad N_c = 5.71$$

已知：$\gamma_2' = 5.9\text{kN/m}^3$，$c_u = 22\text{kPa}$，$D = 0$，$q = \gamma_1 D = 0$，$B = 27\text{m}$。

代入上式得：

$$p_u = \frac{1}{2} \times 5.9 \times 27 \times 0 + 0 \times 1 + 22 \times 5.71 = 125.4\text{kPa}$$

路堤填土压力 $p = \gamma_1 H = 18.8 \times 8 = 150.4\text{kPa}$。

地基承载力安全系数 $K = \dfrac{p_u}{p} = \dfrac{125.4}{150.4} = 0.83 < 3$，故路堤下的地基承载力不能满足要求。

情况(2):

$\varphi_d = 22°$,由表 9-5 查得承载力系数为:

$$N_r = 6.8, \quad N_q = 9.17, \quad N_c = 20.2$$

$$p_u = \frac{1}{2} \times 5.9 \times 27 \times 6.8 + 0 + 4 \times 20.2 = 541.6 + 80.8 = 622.4 \text{kPa}$$

地基承载力系数 $K = \dfrac{622.4}{150.4} = 4.1 > 3$,故地基承载力满足要求。

由上述可知,当路堤填土填筑速度较慢,允许地基土中的超孔隙水压力能充分消散时,则能使地基承载力得到满足。

三、考虑其他因素影响时的极限荷载计算公式

前面所介绍的普朗特尔、雷斯诺及太沙基等的极限荷载公式,都只适用于中心竖向荷载作用时的条形基础,同时不考虑基底以上土的抗剪强度的作用。因此,若基础上作用的荷载是倾斜的或有偏心,基底的形状是矩形或圆形,基础的埋置深度较深,计算时需要考虑基底以上土的抗剪强度影响,或土中有地下水时,就不能直接应用前述极限荷载公式。但要导得考虑这么多影响因素的极限荷载公式是很困难的,许多学者做了一些对比的试验研究,提出了对上述极限荷载公式(如普朗特尔-雷斯诺公式)进行修正的公式,可供一般使用。下面介绍汉森(B. Hanson,1961,1970)提出的在中心倾斜荷载作用下,不同基础形状及不同埋置深度时的极限荷载计算公式(图 9-13)。

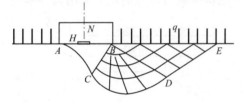

图 9-13 倾斜荷载作用下滑动面形状(汉森公式)

$$p_u = \frac{1}{2}\gamma b N_r i_r s_r d_r + q N_q i_q s_q d_q + c N_c i_c s_c d_c \tag{9-22}$$

式中:$N_r、N_q、N_c$——承载力系数;$N_q、N_c$ 值与普朗特尔-雷斯诺公式相同,见式(9-12)及式(9-13),或由表 9-4 查得;汉森建议 $N_r = 1.8(N_q - 1)\tan\varphi$ 计算;

$i_r、i_q、i_c$——荷载倾斜系数;

$s_r、s_q、s_c$——基础形状系数;

$d_r、d_q、d_c$——深度系数;

其余符号意义同前。

荷载倾斜系数,基础形状系数及深度系数见表 9-6

荷载倾斜系数、基础形状系数及深度系数表   表 9-6

荷载倾斜系数
$i_r = \left(1 - \dfrac{0.7H}{N + Fc \times \cot\varphi}\right)^5 > 0$
$i_q = \left(1 - \dfrac{0.5H}{N + Fc \times \cot\varphi}\right)^5 > 0$
$i_c = i_q - \dfrac{1 - i_q}{N_q - 1}$ (当 $\varphi > 0$)   (9-23)
$i_c = 0.5 - 0.5\sqrt{1 - \dfrac{H}{Fc}}$ (当 $\varphi = 0$)

式中:$N、H$——作用在基础底面的竖向荷载及水平荷载;

F——基础底面积,$F = b \times l$,偏心荷载时为有效。

续上表

基础形状系数	
矩形基础	方形或圆形基础
$s_r = 1 - 0.4 i_r \dfrac{b'}{l'}$ $s_q = 1 + i_q \dfrac{b'}{l'} \sin\varphi$ $s_c = 1 + 0.2 i_c \dfrac{b'}{l'}$	$s_r = 1 - 0.4 i_r$ $s_q = 1 + i_q \sin\varphi$ $s_c = 1 + 0.2 i_c$ (9-24)
深度系数	
$\dfrac{d}{b} \le 1$	$\dfrac{d}{b} > 1$
$d_r = 1$ $d_q = 1 + 2\tan\varphi (1 - \sin\varphi)^2 \left(\dfrac{d}{b}\right)$ $d_c = d_q - \dfrac{1 - d_q}{N_q - 1}$ $(\varphi > 0)$ $d_c = 1 + 0.4 \left(\dfrac{d}{b}\right)$ $(\varphi = 0)$	$d_r = 1$ $d_q = 1 + 2\tan\varphi (1 - \sin\varphi)^2 \arctan\left(\dfrac{d}{b}\right)$ $d_c = d_q - \dfrac{1 - d_q}{N_q - 1}$ $d_c = 1 + 0.4 \arctan\left(\dfrac{d}{b}\right)$ (9-25)

注：偏心荷载时，表中的 b、l 均采用有效宽（长）度 b'、l'。

1. 荷载偏心及倾斜的影响

如果作用在基础底面的荷载是竖直偏心荷载，那么计算极限荷载时，可引入假想的基础有效宽度 $b' = b - 2e_b$ 来代替基础的实际宽度 b，其中 e_b 为荷载偏心距。这个修正方法对基础长度方向的偏心荷载也同样适用，即有效长度 $l' = l - 2e_l$ 代替基础实际长度 l。

如果作用的荷载使倾斜的，汉森建议可以把中心竖向荷载作用时的极限荷载公式中的各项分别乘以荷载倾斜系数 i_r、i_q、i_c [见式(9-23)]，作为考虑荷载倾斜的影响。

2. 基础底面形状及埋置深度的影响

矩形或圆形基础的极限荷载计算在数学上求解比较困难，目前都是根据各种形状基础所做的对比荷载试验，提出了将条形基础极限荷载公式进行逐项修正的公式。式(9-24)给出了汉森提出的基础形状系数 s_r、s_q、s_c 的表达式。

前述的极限荷载计算公式，都忽略了基础底面以上土的抗剪强度，也即假定滑动面发展到基底水平面为止。这对基础埋深较浅，或基底以上土层较弱时是适用的，但当基础埋深较大，或基底以上土层的抗剪强度较大时，就应该考虑这一范围内土的抗剪强度影响。汉森建议用深度系数 d_r、d_q、d_c 对前述极限荷载公式进行逐项修正，见式(9-25)。他所提出的深度系数列于表9-6中的式(9-25)。

3. 地下水的影响

式(9-22)中的第一项 γ 是基底下最大滑动深度范围内地基土的重度，第二项 $(q = \gamma d)$ 中的 γ 是基底以上地基土的重度，在进行承载力计算时，水下的土均应采用有效重度，如果在各自范围内的地基由重度不同的多层土组成，应按层厚加权平均取值。

[**例题9-4**] 有一矩形基础如图9-14所示。已知 $b = 5\text{m}$，$l = 15\text{m}$，埋置深度 $d = 3\text{m}$；地基为饱和软黏土，饱和重度 $\gamma_{sat} =$

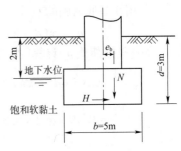

图9-14 例题9-4图

19kN/m³,土的抗剪强度指标为 $c = 4$kPa,$\varphi = 20°$;地下水位在地面下 2m 处;作用在基底的竖向荷载 $p = 10000$kN,其偏心距 $e_b = 0.4$m,$e_l = 0$,水平荷载 $H = 200$kN。试求其极限荷载。

解:当 $\varphi = 20°$ 时,由表9-4查得:
$$N_q = 6.4, N_c = 14.8$$
$$N_r = 1.8(N_q - 1)\tan\varphi = 1.8 \times (6.4 - 1)\tan20° = 3.54$$

(1)基础的有效面积计算。

基础的有效宽度及长度
$$b' = b - 2e_b = 5 - 2 \times 0.4 = 4.2\text{m}$$
$$l' = l - 2e_l = 15\text{m}$$

基础的有效面积
$$A = b' \times l' = 4.2 \times 15 = 63\text{m}^2$$

(2)荷载倾斜系数计算(按表9-6中公式计算)。
$$i_r = \left(1 - \frac{0.7H}{P + A_c \times \cot\varphi}\right)^5 = \left(1 - \frac{0.7 \times 200}{10000 + 63 \times 4 \times \cot20°}\right)^5 = 0.94$$

$$i_q = \left(1 - \frac{0.5H}{P + A_c \times \cot\varphi}\right)^5 = \left(1 - \frac{0.5 \times 200}{10000 + 63 \times 4 \times \cot20°}\right)^5 = 0.95$$

$$i_c = i_q - \frac{1 - i_q}{N_q - 1} = 0.95 - \frac{1 - 0.95}{6.4 - 1} = 0.94$$

(3)基础形状系数计算(按表9-6中计算公式)。
$$s_r = 1 - 0.4 i_r \frac{b'}{l'} = 1 - 0.4 \times 0.94 \times \frac{4.2}{15} = 0.895$$

$$s_q = 1 + i_q \frac{b'}{l'}\sin\varphi = 1 + 0.95 \times \frac{4.2}{15}\sin20° = 1.091$$

$$s_c = 1 + 0.2 i_c \frac{b'}{l'} = 1 + 0.2 \times 0.94 \times \frac{4.2}{15} = 1.053$$

(4)深度系数计算(按表9-6中计算公式)。
$$d_r = 1$$
$$d_q = 1 + 2\tan\varphi (1 - \sin\varphi)^2 \left(\frac{d}{b'}\right) = 1 + 2\tan20° (1 + \sin20°)^2 \left(\frac{3}{4.2}\right) = 1.23$$

$$d_r = 1 + 0.4\left(\frac{d}{b'}\right) = 1 + 0.4 \times \frac{3}{4.2} = 1.29$$

(5)超载 q 计算。

水下土的浮重度:
$$\gamma' = r_{sat} - r_w = 19 - 9.81 = 9.19\text{kN/m}^3$$

作用在基底两侧的超载:
$$q = \gamma(d - z) + \gamma'z = 19 \times (3 - 1) + 9.19 \times 1 = 47.2\text{kPa}$$

(6)极限荷载 p_u 计算[按式(9-22)]。
$$p_u = \frac{1}{2}\gamma b' N_r i_r s_r d_r + q N_q i_q s_q d_q + c N_c i_c s_c d_c$$

$$= \frac{1}{2} \times 9.19 \times 4.2 \times 3.54 \times 0.94 \times 0.895 \times 1 + 47.2 \times 6.4 \times 0.95 \times 1.091 \times 1.23 +$$

$$4 \times 14.8 \times 0.94 \times 1.053 \times 1.29 = 57.48 + 385.10 + 75.59 = 518.2\text{kPa}$$

第四节　按规范方法确定地基容许承载力

一、《公路桥涵地基与基础设计规范》地基承载力确定方法

我国《公路桥涵地基与基础设计规范》(JTG 3363—2019)采用地基承载力特征值方法确定地基承载力。

地基承载力特征值,是指由荷载试验测定的地基土压力变形曲线线性变形段内规定的变形所对应的压力值,其最大值为比例界限值。因此,地基承载力特征值实质上就是地基承载力容许值。地基承载力特征值可由载荷试验或其他原位测试方法实测取得,其值不应大于地基极限承载力的 1/2。对于小桥、涵洞,当受现场条件限制或开展荷载试验和其他原位测试确有困难时,可按《公路桥涵地基与基础设计规范》(JTG 3363—2019)提供的承载力表来确定地基承载力特征值,步骤如下:

(1)根据岩土种类、状态、物理力学特性指标及工程经验确定地基承载力特征值 f_{a0} 时,可按表9-7~表9-13的规定进行。

①一般岩石地基可根据强度等级、节理按表9-7确定其承载力特征值,对复杂的岩层(如溶洞、断层、软弱夹层、易溶岩石、崩解性岩石、软化岩石等)应按各项因素综合确定。

岩石地基承载力特征值 f_{a0}(单位:kPa)　　　　　　　　　　表9-7

坚硬程度	节理发育程度		
	节理不发育	节理发育	节理很发育
坚硬岩、较硬岩	>3000	3000~2000	2000~1500
较软岩	3000~1500	1500~1000	1000~800
软岩	1200~1000	1000~800	800~500
极软岩	500~400	400~300	300~200

②碎石土地基可根据其类别和密实程度按表9-8确定其承载力特征值 f_{a0}。

碎石土地基承载力特征值 f_{a0}(单位:kPa)　　　　　　　　　　表9-8

土　名	密实程度			
	密实	中密	稍密	松散
卵石	1200~1000	1000~650	650~500	500~300
碎石	1000~8000	800~550	550~400	400~200
圆砾	800~600	600~400	400~300	300~200
角砾	700~500	500~400	400~300	300~200

注:1. 由硬质岩组成,填充砂土者取高值;由软质岩组成,填充黏性土者取低值。
　　2. 半胶结的碎石土按密实的同类土提高10%~30%。
　　3. 松散的碎石土在天然河床中很少遇见,需特别注意鉴定。
　　4. 漂石、块石参照卵石、碎石取值并适当提高。

③砂土地基可根据土的密实度和水位情况按表9-9确定其承载力特征值 f_{a0}。

砂土地基承载力特征值f_{a0}(单位:kPa)　　　　　表 9-9

土 名	湿 度	密实程度			
		密实	中密	稍密	松散
砾砂、粗砂	与湿度无与关	550	430	370	200
中砂	与湿度无与关	450	370	330	150
细砂	水上	350	270	230	100
	水下	300	210	190	—
粉砂	水上	300	210	190	—
	水下	200	110	90	—

④粉土地基可根据土的天然孔隙比 e 和天然含水率 ω(%)按表 9-10 确定其承载力特征值 f_{a0}。

粉土地基承载力特征值f_{a0}(单位:kPa)　　　　　表 9-10

e	ω(%)					
	10	15	20	25	30	35
0.5	400	380	355	—	—	—
0.6	300	290	280	270	—	—
0.7	250	235	225	215	205	—
0.8	200	190	180	170	165	—
0.9	160	150	145	140	130	125

⑤老黏性土地基可根据压缩模量 E_s 按表 9-11 确定其承载力特征值 f_{a0}。

老黏性土地基承载力特征值f_{a0}(单位:kPa)　　　　　表 9-11

E_s(MPa)	10	15	20	25	30	35	40
f_{a0}(kPa)	380	430	470	510	550	580	620

注:当老黏性土 E_s < 10MPa 时,地基承载力特征值 f_{a0} 按一般黏性土确定。

⑥一般黏性土可根据液性指数 I_L 和天然孔隙比 e 按表 9-12 确定其承载力特征值 f_{a0}。

一般黏性土地基承载力特征值f_{a0}(单位:kPa)　　　　　表 9-12

e	I_L												
	0	0.1	0.2	0.3	0.4	0.5	0.6	0.7	0.8	0.9	1.0	1.1	1.2
0.5	450	440	430	420	400	380	350	310	270	240	220	—	—
0.6	420	410	400	380	360	340	310	280	250	220	200	180	—
0.7	400	370	350	330	310	290	270	240	220	190	170	160	150
0.8	380	330	300	280	260	240	230	210	180	160	150	140	130
0.9	320	280	260	240	220	210	190	180	160	140	130	120	100
1.0	250	230	220	210	190	170	160	150	140	120	110	—	—
1.1	—	—	160	150	140	130	120	110	100	90	—	—	—

注:1. 土中含有粒径大于 2mm 的颗粒质量超过总质量的 30% 以上者,f_{a0} 可适当提高。

2. 当 e < 0.5 时,取 e = 0.5;当 I_L < 0 时,取 I_L = 0。此外,超过表列范围的一般黏性土 f_{a0} = 57.22 $E_S^{0.57}$。

⑦新进沉积黏性土地基可根据液性指数 I_L 和天然孔隙比 e 按表 9-13 确定其承载力特征值 f_{a0}。

新近沉积黏性土地基承载力特征值f_{a0}（单位：kPa）　　　　表 9-13

e	I_L		
	≤0.25	0.75	1.25
≤0.8	140	120	100
0.9	130	110	90
1.0	120	100	80
1.1	110	90	—

（2）地基承载力特征值的修正和提高。

从前述极限荷载计算公式可以看到，当基础越宽，埋置深度越大，土的强度指标 c、φ 值越大时，地基承载力也增加。因此，当设计的基础宽度 $b>2\text{m}$，埋置深度 $h>3\text{m}$ 时，地基承载力特征值 f_a 可以在 f_{a0} 的基础上修正提高，修正后的地基承载力特征值 f_a 按式（9-26）确定，当基础位于水中不透水地层上时，f_a 可按平均常水位至一般冲刷线的水深 10kPa/m 提高。

$$f_a = f_{a0} + k_1 \gamma_1 (b - 2) + k_2 \gamma_2 (h - 3) \tag{9-26}$$

式中：f_a——修正后的地基承载力特征值（kPa）；

b——基础底面的最小边宽（m），当 $b<2\text{m}$ 时，取 $b=2\text{m}$；当 $b>10\text{m}$ 时，取 $b=10\text{m}$；

h——基础的埋置深度（m），从自然地面起算，有水冲刷时自一般冲刷线起算；当 $h<3\text{m}$ 时，取 $h=3\text{m}$；当 $h/b>4$ 时，取 $h=4b$。

k_1、k_2——基础宽度、深度的修正系数，根据基底持力层土的类别按表 9-14 确定；

γ_1——基础底面持力层土的天然重度（kN/m³）；若持力层在水下且为透水性土时，应取浮重度；

γ_2——基底以上土层的加权平均重度（kN/m³）；换算时若持力层在水面以下且不透水时，不论基底以上土的透水性质如何，均取饱和重度；当透水时，水中部分土层取浮重度。

地基土承载力宽度、深度修正系数　　　　表 9-14

系数	黏 性 土			粉土	砂 土								碎 石 土			
	老黏性土	一般黏性土	新进沉积黏性土	—	粉砂		细砂		中砂		砾砂、粗砂		碎石、圆砾、角砾		卵石	
					中密	密实	中密	密实	中密	密实	中密	密实	中密	密实	中密	密实
k_1	0	0	0	0	1.0	1.2	1.5	2.0	2.0	3.0	3.0	4.0	3.0	4.0	3.0	4.0
k_2	2.5	1.5	2.5	1.0	1.5	2.0	2.5	3.0	4.0	4.0	5.5	5.0	6.0	5.0	6.0	6.0	10.0

注：1. 对于稍密和松散状态的砂、碎石土，k_1、k_2 值可采用表列中密值的 50%。

2. 强风化和全风化的岩石，可参照所风化成的相应土类取值；其他状态下的岩石不修正。

（3）软土地基承载力确定方法。

①软土地基承载力特征值 f_{a0} 应由荷载试验或原位测试取得。荷载试验和原位测试确有困难时，对中小桥涵洞基底未经处理的软土地基修正后的地基承载力特征值 f_a 可采用下列两种方法确定：

A. 根据原状土天然含水率 ω，按表 9-15 确定软土地基承载力特征值 f_{a0}，然后按式（9-27）计算修正后的地基承载力特征值 f_a：

$$f_a = f_{a0} + \gamma_2 h \tag{9-27}$$

软土地基承载力特征值 f_{a0}　　　　　　　　　表9-15

天然含水率 ω(%)	36	40	45	50	55	65	75
f_{a0} (kPa)	100	90	80	70	60	50	40

B. 根据原状土强度指标确定软土地基修正后的地基承载力特征值 f_a：

$$f_a = \frac{5.14}{m}k_p C_u + \gamma_2 h \quad (9-28)$$

$$k_p = \left(1 + 0.2\frac{b}{l}\right)\left(1 - \frac{0.4H}{bl\,C_u}\right) \quad (9-29)$$

式中：m——抗力修正系数，可视软土灵敏度及基础长宽比等因素选用 1.5~2.5；

C_u——地基土不排水抗剪强度标准值(kPa)；

k_p——系数；

H——由作业(标准值)引起的水平力(kN)；

b——基础宽度(m)，有偏心作用时，取 $b - 2e_b$；

l——垂直于 b 边的基础长度(m)，有偏心作用时，取 $l - 2e_l$；

e_b、e_l——偏心作用在宽度和长度方向的偏心距。

②经排水固结方法处理的软土地基，其承载力特征值 f_{a0} 应通过荷载试验或其他原位测试方法确定；经复合地基方法处理的软土地基，其承载力特征值应通过荷载试验确定；然后按式(9-27)计算修正后的软土地基承载力特征值 f_a。

[例题9-5]　某桥墩基础如图9-15所示，已知基础底面宽度 $b=5\mathrm{m}$，长度 $l=10\mathrm{m}$，埋置深度 $h=4\mathrm{m}$，作用在基底中心的竖直荷载 $N=8000\mathrm{kN}$，地基土的性质如图9-15所示。验算地基强度是否满足。

解：按《公路桥涵地基与基础设计规范》(JTG 3363—2019)确定地基承载力特征值：

$$f_a = f_{a0} + k_1\gamma_1(b-2) + k_2\gamma_2(h-3)$$

已知基底下持力层为中密粉砂(水下)，土的重度 γ_1 应考虑浮力作用，故 $\gamma_1 = \gamma_{sat} - \gamma_w = 20 - 10 = 10\mathrm{kN/m^3}$。由表9-9查得粉砂的承载力特征值 $f_{a0} = 100\mathrm{kPa}$。由表9-14查得宽度及深度修正系数 $k_1 = 1.0$、$k_2 = 2.0$，基底以上土的重度 $\gamma_2 = 20\mathrm{kN/m^3}$。

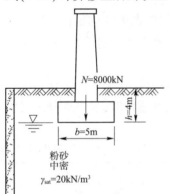

图9-15　桥墩基础下地基强度验算

由式(9-27)可得粉砂经过修正提高的承载力特征值 f_a 为：

$$f_a = 100 + 1 \times 10 \times (5-2) + 2 \times 20 \times (4-3) = 100 + 30 + 40 = 170\mathrm{kPa}$$

基底压力

$$p = \frac{N}{b \times l} = \frac{8000}{5 \times 10} = 160\mathrm{kPa} < f_a$$

故地基强度满足。

二、《建筑地基基础设计规范》地基承载力确定方法

《建筑地基基础设计规范》(GB 50007—2011)采用地基承载力特征值方法，其承载力计算表达式为：

$$P_k \leq f_a$$

式中：P_k——相应于荷载效应标准组合时，基础底面的平均总压力(kPa)；

f_a——修正后的地基承载力特征值。

1. 按荷载试验确定地基承载力特征值

荷载试验是对现场试坑中的天然上层中的承压板施加竖直荷载，测定承压板压力与地基变形的关系，从而确定地基土承载力和变形模量等指标。

承压板面积为 $0.25 \sim 0.5 \text{m}^2$（一般尺寸：$50\text{cm} \times 50\text{cm}$、$70\text{cm} \times 70\text{cm}$），加荷等级不少于 8 级，第一级荷载（包括设备重量）的最大加载量不应少于设计荷载的 2 倍，一般相当于基础埋深范围的土重。每级加载按 10min、10min、10min、15min、15min 间隔测读沉降。以后隔半小时测读，当连续 2h 内，每小时沉降小于 0.1mm 时，则认为已稳定，可加下一级荷载。直到地基达到极限状态为止。

将成果绘成压力—沉降关系 p-s 曲线。根据下列规定，确定地基承载力特征值：

（1）当 p-s 曲线有比例界限时，取该比例界限所对应的荷载值。

（2）当极限荷载小于对应比例界限值的 2 倍时，取极限荷载值的一半。

（3）当不能按上述两款要求确定时，当压板面积为 $0.25 \sim 0.5\text{m}^2$，可取 $s/b = 0.01 \sim 0.015$ 所对应的荷载，但其值不应大于最大加载量的 1/2。

除了荷载试验外，静力触探、动力触探、标准贯入试验等原位测试，在我国已经积累了丰富经验，《建筑地基基础设计规范》(GB 50007—2011) 允许将其应用于确定地基承载力特征值。但是强调必须有地区经验，即当地的对比资料，还应对承载力特征值进行基础宽度和埋置深度修正。同时还应注意，当地基基础设计等级为甲级和乙级时，应结合室内试验成果综合分析，不宜单独应用。

当基础宽度大于 3m 或埋置深度大于 0.5m 时，从载荷试验或其他原位测试、经验值等方法确定的地基承载力特征值尚应按下式修正：

$$f_a = f_{ak} + \eta_b \gamma (b - 3) + \eta_d \gamma_m (d - 0.5) \tag{9-30}$$

式中：f_a——修正后的地基承载力特征值(kPa)；

f_{ak}——地基承载力特征值(kPa)；

η_b、η_d——基础宽度和埋深的地基承载力修正系数，按基底下土的类别查表 9-16 取值；

d——基础埋置深度(m)，当 $d < 0.5\text{m}$ 时 0.5m 取值，自室外地面高程算起。在填方整平地区，可自填土地面高程算起，但填土在上部结构施工后完成时，应从天然地面高程算起。对于地下室，如采用箱形基础或筏板时，基础埋置深度自室外地面高程算起；当采用独立基础或条形基础，应从室内地面高程算起。

地基承载力修正系数表　　　　　　　　　　　表 9-16

土 的 类 别		η_b	η_d
淤泥和淤泥质土		0	1.0
人工填土，e 或 I_L 大于或等于 0.85 的黏性土		0	1.0
红黏土	含水比 $a_w > 0.8$	0	1.2
	含水比 $a_w \leq 0.8$	0.15	1.4
大面积压密填土	压密系数大于 0.95、黏粒含量 $\rho_c \geq 10\%$ 的粉土	0	1.5
	最大干密度大于 2100kg/m^3 的级配砂石	0	2.0

续上表

土 的 类 别		η_b	η_d
粉土	黏粒含量 $\rho_c \geq 10\%$ 的粉土	0.3	1.5
	黏粒含量 $\rho_c < 10\%$ 的粉土	0.5	2.0
e 或 I_L 均小于 0.85 的黏性土		0.3	1.6
粉砂、细砂(不包括很湿与饱和时的稍密状态)		2.0	3.0
中砂、粗砂、砾砂和碎石土		3.0	4.4

注：1. 强风化和全风化的岩石，可参照所风化的相应土类取值，其他状态下的岩石不修正。
2. 地基承载力特征值按《建筑地基基础设计规范》(GB 50007—2011)附录 D 深层平板载荷试验时确定 时 η_d 取 0。
3. 含水比是指土的天然含水率与液限的比值。
4. 大面积压实填土是指填土范围大于 2 倍基础宽度的填土。

2. 按理论公式确定

对于荷载偏心距 $e \leq 0.033b$（b 为偏心方向基础边长）时，《建筑地基基础设计规范》(GB 50007—2011)以界限荷载 $p_{1/4}$ 为基础的理论公式结合经验给出计算地基承载力特征值的公式：

$$f_a = M_b \gamma b + M_d \gamma_m d + M_c c_k \tag{9-31}$$

式中：f_a——由土的抗剪强度指标确定的地基承载力特征值(kPa)；
M_b、M_d、M_c——承载力系数，根据 φ_k 按表 9-17 查取；
b——基础底面宽度(m)，大于 6m 时按 6m 取值，对于砂土，小于 3m 时按 3m 取值；
d——基础埋置深度(m)；
c_k——基底下 1 倍短边宽度的深度范围内土的黏聚力标准值(kPa)；
φ_k——基底下 1 倍短边宽度的深度范围内土的内摩擦角标准值；
γ——基础底面以下土的重度，地下水位以下取浮重度(kN/m³)；
γ_m——基础埋深范围内各层土的加权平均重度，地下水位以下取浮重度(kN/m³)。

承载力系数 M_b、M_d、M_c 表 9-17

土的内摩擦角标准值 φ_k	M_b	M_d	M_c
0	0	1.00	3.14
2	0.03	1.12	3.32
4	0.06	1.25	3.51
6	0.10	1.39	3.71
8	0.14	1.55	3.93
10	0.18	1.73	4.17
12	0.23	1.94	4.42
14	0.29	2.17	4.69
16	0.36	2.43	5.00
18	0.43	2.72	5.31
20	0.51	3.06	5.66
22	0.61	3.44	6.04
24	0.80	3.87	6.45

续上表

土的内摩擦角标准值 φ_k	M_b	M_d	M_c
26	1.10	4.37	6.90
28	1.40	4.93	7.40
30	1.90	5.59	7.95
32	2.60	6.35	8.55
34	3.40	7.21	9.22
36	4.20	8.25	9.97
38	5.00	9.44	10.80
40	5.80	10.84	11.73

第五节 关于地基承载力的讨论

地基承载力的研究是土力学的主要课题之一,地基承载力的确定也是一个比较复杂的问题,影响因素较多。其大小的确定除了与地基土的性质有关以外,还取决于基础的形状、荷载作用方式以及建筑物对沉降控制要求等多种因素。因此本节着重对前几节介绍的确定地基承载力的几种方法中的一些主要问题进行简要讨论,以便读者加深理解和准确运用。

一、关于载荷板试验确定地基承载力

首先,在第一节中所介绍的从荷载试验曲线中用三种方法确定的地基承载力,从理论上讲,均未包括基础埋置深度对地基承载力的影响,而基础的埋深对地基承载力影响是很显著的。因此,用荷载试验曲线确定地基承载力容许值或地基承载力特征值时,应进行深度修正。

其次,大多情况下,荷载试验的压板宽度总是小于实际基础的宽度,这种尺寸效应是不能忽略的。这里,一方面要考虑到基础宽度较压板宽度大而导致实际承载比试验承载力高(宽度修正);另一方面要考虑到基础宽度大,必然导致附加应力影响深度增加而使基础的变形要远大于载荷试验结果。因此,即使采用相对变形方法确定的承载力特征值,也不能确切反映基础的变形控制要求,因而必要对应进行地基和基础的变形验算。

二、关于临塑荷载和临界荷载

从第二节临塑荷载与临界荷载计算公式推导中,可以看出：

(1)计算公式适用于条形基础。这些计算公式是从平面问题的条形均布荷载情况下导得的,若将它近似地用于矩形基础,其结果是偏于安全的。

(2)计算土中由自重产生的主应力时,假定土的侧压力系数 $K_0=1$,这与土的实际情况不符,但这样可使计算公式简化。一般来说,这样假定的结果会导致计算的塑性区范围比实际偏小一些。

(3)在计算临界荷载 $p_{1/4}$ 时,土中已出现塑性区,但这时仍按弹性理论计算土中应力,这在理论上相互矛盾的,其所引起的误差随着塑性区范围的扩大而加大。

三、关于极限承载力计算公式

1. 极限承载力公式的含义

确定地基极限承载力的理论公式很多,但基本上都是在普朗特尔解的基础上经过不同修

正发展起来的,适用于一定的条件和范围。对于平面问题,若不考虑基础形状和荷载的作用方式,则地基极限承载力的一般计算公式为:

$$p_u = \gamma b N_r + q N_q + c N_c$$

上式表明,地基极限承载力由换算成单位基础宽度的三部分土体抗力组成。

(1)滑裂土体自重所产生的摩擦抗力。

(2)基础两侧均布荷载 $q = \gamma d$ 所产生的抗力。

(3)滑裂面上黏聚力 c 所产生的抗力。

上述三部分抗力中,第一种抗力的大小,除了决定于土的重度 γ 和内摩擦角 φ 以外,还决定于滑裂土体的体积。由于滑裂土体的体积与基础的宽度大体上是平方的关系。因此,极限承载力将随基础宽度 b 的增加而线性增加。

另外,承载力系数 N_r、N_q 和 N_c 的大小取决于滑裂面形状,而滑裂面的大小首先取决于 φ 值,因此,N_r、N_q 和 N_c 都是 φ 的函数。但不同承载力公式对滑裂面形状有不同的假定,使得不同承载力公式的承载力系数不尽相同,但它们都有相同的趋势,分析它们的趋势,可得到如下结论:

(1) N_r、N_q 和 N_c 随 φ 值得增加变化较大,特别是 N_r 值。当 $\varphi = 0$ 时,$N_r = 0$,这时可不计土体自重对承载力贡献。随着 φ 值的增加,N_r 值增加较快,这时土体自重对承载力的贡献增加。

(2)对于无黏性土($c = 0$),基础的埋深对承载力起着重要作用,这时,基础埋深太浅,地基承载力会显著下降。

2. 用极限承载力公式确定地基承载力时安全系数的选用

不同极限承载力公式是在不同假定情况下推导出来,因此在确定地基承载力特征值时,其选用的安全系数不尽相同。一般用太沙基极限承载力公式,安全系数采用3;用汉森公式,对于无黏性土可取2,对于黏性土可取3。

另外,汉森还提出了用局部安全系数的概念。局部安全系数的含义是,先将土的抗剪强度指标分别除以强度安全系数,得到容许强度指标,再根据容许强度指标计算地基的极限承载力,最后将计算得到的极限承载力再除以荷载系数即为地基的承载力特征值。局部安全系数可按表9-18所列的数据选用。

汉森局部安全系数表　　　　　表9-18

强度系数	荷载系数	
黏聚力 $c = 2.0(1.8)$	静荷载	1.0
	恒定的水压力	1.0
	波动的水压力	1.2(1.1)
内摩擦角 $\varphi = 1.20(1.10)$	一般的活荷载	1.5(1.25)
	风荷载	1.5(1.25)
	土或者土中颗粒压力	1.2(1.1)

注:括号中的数值属于临时建筑或者附加荷载(如静荷 + 最不利的活荷 + 最不利风荷)。

3. 极限承载力公式的局限性

最后应当指出的是,所有极限承载力公式,都是在土体刚塑性假定下推导出来的,实际上土体在荷载作用下不但会产生压缩变形而且也会产生剪切变形,这是目前极限承载力公式中共同存在的主要问题。因此,地基变形较大时,用极限承载力公式计算的结果有时并不能反映地基土的实际情况。

四、关于按规范法确定地基承载力

在《公路桥涵地基与基础设计规范》(JTG 3363—2019)中所给出的各类土的地基承载力特征值表及有关计算公式,是根据大量的地基荷载试验资料及已建成桥梁的使用经验,经过统计分析后得到的。按规范确定地基承载力特征值比较简便,在一般的桥涵基础设计中得到广泛应用。但也应指出,由于我国地域广阔,土质情况比较复杂,制定规范时所收集资料的代表性也有很大局限性,因此有些地区的土类、特殊土类或性质比较复杂的土类,在规范中均未列入,或所给的数值与实际情况差异较大,这时就应采用多种方法综合分析确定。

练 习 题

[9-1] 某条形基础如题图9-1所示,试求临塑荷载p_{cr}、临界荷载$p_{1/4}$及用普朗特尔公式求极限荷载p_u。试问其地基承载力是否满足(取用安全系数$K=3$)?已知亚黏土的重度$\gamma=18\text{kN/m}^3$,黏土层$\gamma=19.8\text{kN/m}^3$,$c=15\text{kPa}$,$\varphi=25°$。作用在基础底面的荷载$p=250\text{kPa}$。

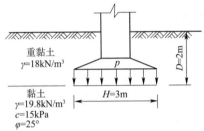

题图 9-1

[9-2] 如题图9-2所示路堤,已知路堤填土$\gamma=18.8\text{kN/m}^3$,地基土的$\gamma=16.0\text{kN/m}^3$,$c=8.7\text{kPa}$,$\varphi=10°$。试求:

(1)用太沙基公式验算路堤下地基承载力是否满足(取安全系数$K=3$)?

(2)若在路堤两侧采用填土压重的方法,以提高地基承载力,试问填土厚度需要多少才能满足要求?

[9-3] 某矩形基础如题图9-3所示。已知基础宽度$B=4\text{m}$,长度$L=12\text{m}$,埋置深度$D=2\text{m}$;作用在基础底面中心的荷载$N=5000\text{kN}$,$M=1500\text{kN}\cdot\text{m}$,偏心距$e_1=0$;地下水位在地面以下$4\text{m}$处;土的性质$\gamma_{sat}=19.8\text{kN/m}^3$,$c=25\text{kPa}$,$\varphi=10°$。试用汉森公式验算地基承载力(采用安全系数$K=3$)。

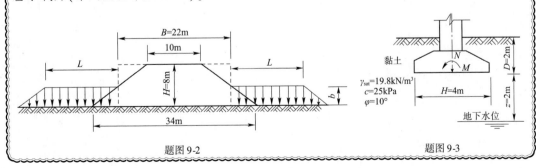

题图9-2　　　　　　　　　　　题图9-3

思 考 题

[9-1] 地基破坏的形式有哪几种？它与土的性质有何关系？
[9-2] 地下水位的升降，对地基承载力有什么影响？
[9-3] 地基土破坏经历哪几个过程？分别有何特点？
[9-4] 本章所介绍的几个极限荷载公式有何特点？

第十章　土工试验与原位测试

第一节　概　　述

一、土工试验与原位测试的作用

土体是自然界的产物,其形成过程、物质成分以及工程特性是极为复杂的,并且随受力状态、应力历史、加载速率和排水条件等的不同而变得更加复杂。所以,在进行各类工程项目设计和施工之前,必须对工程项目所在场地的土体进行土工试验及原位测试,以充分了解和掌握岩土的物理和力学性质,从而为现场岩土工程条件的正确评价提供必要的依据。

土工试验是对岩土试样进行测试,并获得岩土的物理性质指标、力学性质指标、渗透性指标以及特性质指标等的试验工作,从而为工程设计和施工提供参数,是正确评价工程地质条件不可缺少的依据。

原位测试是指在保持岩土体天然结构、天然含水率以及天然应力状态的条件下,测试岩土体在原有位置上的工程性质的测试手段,原位测试不仅是岩土工程勘察的重要组成部分,而且还是岩土工程施工质量检验的主要手段。

采用原位测试方法对岩土体的工程性质进行测定,可不经钻孔取样,直接在原位测定岩土体的工程性质,从而可避免取土扰动和取土卸荷回弹等对试验结果的影响。它的试验结果可以直接反映原位土层的物理力学性状。某些不易采取原状土样的土层(如深层的砂)只能采用原位测试的方法,原位测试还可在较大范围内测试岩土体,故其测试结果更具有代表性,并可在现场重复进行验证。目前,各种原位测试方法已受到越来越广泛的重视和应用,并向多功能和综合测试方面发展。

二、土工试验与原位测试项目

室内土工试验大致可以分为以下几类。

土的物理性质试验:包括土的含水率试验、密度试验、比重试验、颗粒分析试验、界限含水率试验。

土的水理性质试验:土的渗透试验、湿化试验。

土的力学性质试验:土的压缩试验、击实试验、承载比试验、直剪试验、三轴试验、无侧限抗压强度试验。

土的特殊性质试验:黄土湿陷试验、土的膨胀性试验、冻土试验、有机质试验等。

原位测试可分为定量方法和半定量方法。定量方法是指在理论上和方法上能形成完整体系的原位测试方法,例如,静力荷载试验、旁压试验、十字板剪切试验、渗透试验等;半定量方法是指由于试验条件限制或方法本身还不具备完整的理论用以指导试验,因此必须借助于某种经验或相关关系才能得出所需成果的原位测试方法,例如,静力触探试验、圆锥动力触探试验、标准贯入试验等。

本章主要介绍土的物理性质试验、力学性质试验以及部分原位测试项目。

第二节　土的物理性质试验

土是由三相组成的体系,土的物理性质主要讨论土的物质组成以及定性、定量描述其物质组成的方法,包括土的颗粒特征、土的三相比例指标、黏质土的界限含水率以及砂土的密实度等,这些土的物理性质需要一定的指标表示,而土的物理性质指标的数值需要通过土工试验进行测定,具体试验包括:土的颗粒分析试验、含水率试验、密度试验、土的颗粒比重试验、界限含水率试验等。其中,土的界限含水率试验第二章已经介绍,在此不再重述。

一、含水率试验

1. 烘干法

(1)目的和适用范围。

烘干法试验适用于测定黏质土、粉质土、砂类土、砂砾土、有机质土和冻土体类的含水率。

(2)试验步骤。

①取具有代表性试样,放入称量盒内,称质量。

②将试样和盒放入烘箱内,在温度 105~110℃ 恒温下烘干。

③将烘干后的试样和盒取出,冷却后称质量。

2. 酒精燃烧法

(1)目的和适用范围。

酒精燃烧法试验适用于快速简易测定土(含有机质和盐渍土除外)的含水率。

(2)试验步骤。

①称取空盒的质量。

②取代表性试样不小于10g,放入称量盒内,称盒与湿土的总质量。

③将酒精注入放有试样的称量盒中,点燃盒中酒精,燃至火焰熄灭。

④火焰熄灭并冷却数分钟,再次滴入酒精,如此再燃烧两次。

⑤待第三次火焰熄灭后,盖好盒盖,称干土和盒的质量。

二、密度试验

1. 环刀法

(1)目的和适用范围。

本方法适用于细粒土。

(2)试验步骤。

①按工程需要取原状土或制备所需状态的搅动土样,整平两端,刀口向下放在土样上。

②用修土刀将土样上部削成略大于环刀直径的土柱,然后将环刀垂直下压,边压边削,至土样伸出环刀上部为止。

③擦净环刀外壁,称环刀与土合质量。

2. 灌砂法

(1)适用范围。

本试验法适用于现场测定细粒土、砂类土和砾类土的密度。试样的最大粒径一般不得超过15mm,测定密度层的厚度为150~200mm。

(2)试验步骤。

①在试验地点,选一块约40cm×40cm的平坦表面,并将其清扫干净;将基板放在表面上,沿基板中孔凿洞。

②从挖出的全部试样中取有代表性的样品,放入铝盒中,测定其含水率。

③将基板安放在试洞上,将灌砂筒安放在基板中间,使灌砂筒的下口对准基板的中孔及试洞。打开灌砂筒开关,让砂流入试洞内。关闭开关。小心取走灌砂筒,称量筒内剩余砂的质量。

三、颗粒分析试验

颗粒分析试验是测定土中各种粒组所占土总质量的百分数的试验方法,分为筛分析法和沉降分析法,其中沉降分析法又有密度计法和移液管法。对于粒径大于0.075mm的土粒,可用筛分析的方法测定,而对于粒径小于0.075mm的土粒,则用沉降分析法(密度计法或移液管法)测定。这里只介绍筛分析法。

(1)筛分法目的和适用范围。

本试验法适用于分析粒径大于0.075mm的土颗粒组成。对于粒径大于60mm的土样,本试验方法不适用。

(2)筛分法试验步骤。

①对于无凝聚性的土。

A. 按规定称取试样,将试样分批过2mm筛。

B. 将大于2mm的试样按从大到小的次序,通过大于2mm的各级粗筛,并将留在筛上的土分别称量。

C. 2mm筛下的土按从大到小的顺序通过小于2mm各级细筛。

D. 由最大孔径的筛开始,顺序将各筛取下,分别称量。

E. 筛后各级筛上和筛底土的总质量与筛前试样总质量之差,不应大于1%。

F. 如2mm筛下的土不超过试样总质量的10%,可省略细筛分析;如2mm筛上的土不超过试样总质量的10%,可省略粗筛分析。

②对于含有黏土粒的砂砾土。

A. 将土样放在橡皮板上,用木碾将黏结的土团充分碾散,拌匀、烘干、称量。

B. 将试样置于盛有清水的瓷盆中,浸泡并搅拌,使粗细颗粒分散。

C. 将浸润后的混合液过2mm筛,然后将筛上洗净的砂砾风干,称量。进行粗筛分析。

D. 通过2mm筛下的混合液存放在盆中,将上部悬液过0.075mm洗筛。

E. 将大于0.075mm的净砂烘干称量,并进行细筛分析。

F. 如果小于0.075mm颗粒质量超过总质量的10%,有必要时,将这部分土烘干,取样,再做密度计或移液管分析。

第三节　土的力学性质试验

　　土的力学性质是指土在外荷载作用下的变形特征及强度性质,研究土的力学性质对土的工程应用非常重要,要保证结构物稳定安全运行,必须保证变形稳定以及强度稳定,因此,必须研究土的力学性质。土的力学性质试验主要包括:土的压缩试验(固结试验)、击实试验、承载比试验、直剪试验、三轴试验、无侧限抗压强度试验。其中击实试验、直剪试验、三轴试验前面几章已经介绍过,本章只简介固结试验。

　　根据《公路土工试验规程》(JTG 3430—2020),土的固结试验分为标准固结试验与快速固结试验方法,本章主要介绍快速固结试验方法。

1. 目的与适用范围

　　本试验适用于饱和的细粒土,当只进行固结试验时,可用于非饱和土。

2. 试验步骤

　　(1)在切好土样的环刀外壁涂一薄层凡士林,然后将刀口向下放入护环内。

　　(2)放下加压导环和传压活塞,使各部密切接触,保持平稳。

　　(3)加荷载,荷载等级一般规定为 50kPa、100kPa、200kPa、300kPa 和 400kPa。有时根据土的软硬程度,第一级荷载可考虑用 25kPa。

　　(4)如系饱和试样,则在施加第一级荷载后,立即向容器中注水至满。如系非饱和试样,须以湿棉纱围住上下透水面四周,避免水分蒸发。

　　(5)如需测定沉降速率、固结系数等指标,一般按 0s、15s、1min、6min、9min、12min、16min、20min、25min、35min、45min、60min 至稳定为止。固结稳定的标准是最后 1h 变形量不超过 0.01mm。

第四节　原　位　测　试

　　采用原位测试方法测定土的工程性质可以避免钻孔取土时对土的扰动和卸荷时土样的回弹对试验结果的影响。原位测试方法试验结果直接反映了原位土层的物理状态,是一种比较有效的勘察手段,已经在工程勘察中得到广泛的应用。工程勘察报告在给出取土试验结果的同时,常常还提供各种原位测试的成果,工程师可通过比较室内试验与原位测试的数据,校核钻孔取土试验的结果,并通过综合分析以确定土的工程性质指标。

　　原位测试有两类,一类是可以直接用以测定土的工程性质指标,如十字板剪切试验和旁压试验的结果可以直接作为设计参数;但另一类测定的则是综合性指标,如贯入阻力和锤击数等,这种指标本身并不是设计参数,需要通过对比试验取得这些综合性指标与土的设计参数之间的经验关系,才能用以估计土的工程性质指标,这一类原位测试如静力触探试验和标准贯入试验等。这些经验关系一般都在一定的适用范围内才能使用,包括指标适用范围和地区适用范围,超出适用范围便不能使用。

　　前面几章已经介绍过标准贯入试验、静荷载试验,本章简单介绍静力触探试验。

　　静力触探是用静力以一恒定的贯入速率将金属探头压入土中,通过测定探头的贯入阻力来判别土的工程性质的原位测试方法。20世纪60年代发展起来的电测静力触探是将电应变式传感器置于探头内,可直接测定探头的阻力,根据电测探头的不同结构和功能,可以分为单桥探头、双桥探头和孔压探头。

  静力触探试验得到的结果是贯入阻力随深度变化的连续贯入曲线,根据静力触探贯入曲线的形态和变化,可以将不同工程性质的土层划分出来。与钻探取土孔相比,用静力触探划分的层位比较准确;在贯入曲线上还可以判别作为桩端持力层的砂层或硬土层的层位,为桩基础提供可靠的资料;静力触探贯入阻力还可用于估计土的物理力学指标和单桩承载力。

参 考 文 献

[1] 钱建固,袁聚云,等. 土质学与土力学[M]. 5 版. 北京:人民交通出版社股份有限公司,2015.

[2] 洪毓康. 土质学与土力学[M]. 2 版. 北京:人民交通出版社,2001.

[3] 袁聚云,钱建固,等. 土质学与土力学[M]. 4 版. 北京:人民交通出版社,2011.

[4] 李广信,张丙印,等. 土力学[M]. 2 版. 北京:清华大学出版社,2013.

[5] 邵光辉,吴能森. 土力学与地基基础[M]. 北京:人民交通出版社,2007.

[6] 高大钊,袁聚云. 土质学与土力学[M]. 3 版. 北京:人民交通出版社,2001.

[7] 中华人民共和国交通运输部. 公路土工试验规程:JTG 3430—2020[S]. 北京:人民交通出版社股份有限公司,2020.

[8] 中华人民共和国住房和城乡建设部. 公路桥涵地基与基础设计规范:JTG 3363—2019[S]. 北京:人民交通出版社股份有限公司,2019.

[9] 中华人民共和国住房城乡建设部. 建筑地基基础设计规范:GB 50007—2011[S]. 北京:中国建筑工业出版社,2011.

[10] 中华人民共和国建设部. 土的工程分类标准:GB/T 50145—2007[S]. 北京:中国计划出版社,2008.

[11] 中华人民共和国建设部. 岩土工程勘察规范:GB 50021—2001[S]. 北京:中国建筑工业出版社,2009.

[12] 中华人民共和国交通运输部. 公路路基设计规范:JTG D30—2015[S]. 北京:人民交通出版社股份有限公司,2015.